高职高专计算机实用规划教材——案例驱动与项目实践

可编程控制器原理与实践
(三菱 FX 系列)(第 2 版)

殷庆纵　李洪群　孙　岚　主　编

臧华东　徐月兰　凌　璟　副主编

清华大学出版社

北　京

内 容 简 介

本书以三菱 FX3U 可编程控制器的应用为主线，全面而系统地介绍了常用工厂电器，基本继电器控制线路的构成与原理，PLC 的组成、工作原理、内部组件、指令系统、编程方法和组态技术；深入浅出地介绍了 PLC 的输入、输出单元的内部电路特点，接口电路的设计，控制程序设计与调试方法等。全书共分 11 章，内容包括电器控制基本知识、可编程控制器基础、三菱 FX 指令系统、可编程控制器程序设计、GX Works2 编程软件的使用、可编程控制器的通信及组网、PLC 控制系统应用设计、组态技术介绍、可编程控制器基本应用实践、可编程控制器综合应用实践、PLC 在 MPS 中的应用。书中给出了大量典型的应用实例，有利于培养学生对 PLC 实际工程的应用能力。

本书可作为高等学校、高职高专机电一体化、自动控制、应用电子、电子信息类及相关专业高技能型人才培养的教材，也可供工程技术人员参考和使用。

图书在版编目(CIP)数据

可编程控制器原理与实践：三菱 FX 系列/殷庆纵，李洪群，孙岚主编. —2 版. —北京：清华大学出版社，2019（2022.1重印）

(高职高专计算机实用规划教材——案例驱动与项目实践)

ISBN 978-7-302-52147-1

Ⅰ. ①可… Ⅱ. ①殷… ②李… ③孙… Ⅲ. ①可编程序控制器—高等职业教育—教材 Ⅳ. ①TM571.61

中国版本图书馆 CIP 数据核字(2019)第 010555 号

责任编辑：汤涌涛
装帧设计：李　坤
责任校对：吴春华
责任印制：丛怀宇

出版发行：清华大学出版社
网　　　址：http://www.tup.com.cn, http://www.wqbook.com
地　　　址：北京清华大学学研大厦 A 座　　　邮　　编：100084
社 总 机：010-62770175　　　　　　　　　　邮　　购：010-62786544
投稿与读者服务：010-62776969, c-service@tup.tsinghua.edu.cn
质量反馈：010-62772015, zhiliang@tup.tsinghua.edu.cn
课件下载：http://www.tup.com.cn, 010-62791865

印 装 者：三河市铭诚印务有限公司
经　　销：全国新华书店
开　　本：185mm×260mm　　印　张：18.5　　字　数：447 千字
版　　次：2010 年 3 月第 1 版　2019 年 5 月第 2 版　　印　次：2022 年 1 月第 4 次印刷
定　　价：49.00 元

产品编号：077754-01

前　言

本书依据高职教育高技能型人才的培养要求和办学特点，由多年从事 PLC 应用工程项目开发和 PLC 课程教学的教师编写，力求做到对 PLC 应用系统的全面介绍，以使学生掌握关键技术，达到工程综合应用的目的。在内容安排上，将继电器电路控制和 PLC 梯形图程序设计相对照，理论教学、实验操作和综合性设计训练有机结合，硬件设计与软件设计相结合，使用方法介绍和计算机编程操作相结合，并列举了大量典型的应用实例，使学生在由容易到复杂的项目任务引领下，通过学习、思考，可以逐步掌握 PLC 课程的知识要点。本书打破了以往教材的编写思路，立足应用型人才的培养目标，具有以下特点。

1. 课程内容新颖实用，紧跟时代，新型 PLC，新版编程软件

本书以国内应用广泛、具有较高性价比的三菱 FX 系列 PLC 为例，介绍了 PLC 的组成、指令系统、编程方法和组态技术以及通信技术，同时还介绍了多个真实的自动化控制产品的设计开发。采用 GX Works2 编程软件，编程、监控、模拟仿真功能强。

2. 教学案例典型丰富，由易到难，层层深入

本书在项目的设置上力求难易程度循序渐进，使学生可以通过自己的思考、老师的引导完成任务；能较全面地运用 PLC 课程的主要知识点，并兼顾一些相关课程内容；可以适应工作中知识内容运用的多样性。本书不追求知识面面俱到，而是力求让学生掌握基本的方法、思路，同时培养学生的思维能力和学习能力，从而为学生今后的可持续发展打好工程应用能力方面的基础。

3. 教材内容广泛全面，启发引导，主动思考

选取有实用价值或有应用前景的实际控制电路，避免抽象、空洞，从而提高学生学习的积极性和兴趣。鼓励学生的创新思维，同一个加工工艺控制过程用不同的编程方式、不同的设计方法来实现，以加深学生对所学知识的理解。

4. 实训课题知识结构合理，学习资源丰富多样

实验实训课题实行"三级指导"(即任务目标、知识要点、实施过程)，使教、学、练紧密结合。综合应用实践课题后均安排了思考与提升内容，可以培养和提高学生的设计能力、创新意识和创新能力。项目数字化资源丰富，包括视频、PPT 演示文稿、动画、仿真软件等，即使没有实训设备，也能在仿真条件下调试、验证程序设计。

5. 引入真实企业项目全局设计，培养学生的工程应用能力

本书在体系架构方面，分为基本原理篇和实践应用篇。基本原理篇的每章开头均有本章知识的教学提示、教学目标，章后附有思考与练习，便于教师教学和学生自学，有助于学生尽快领悟书中的知识结构系统。实践应用篇引入真实企业项目，由浅入深地详细介绍了工业控制现场中常见的应用案例，重视培养学生的工程应用能力。

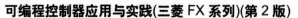
　　本书由苏州工业职业技术学院殷庆纵、李洪群、孙岚任主编，臧华东、徐月兰、凌璟任副主编。具体分工为：殷庆纵编写第 6 章、第 7 章；李洪群编写第 9 章、第 10 章；臧华东编写第 8 章、第 11 章；孙岚编写第 3 章；凌璟编写第 1 章、第 2 章；徐月兰编写第 4 章、第 5 章。全书由李洪群负责统稿。特在此对本书出版给予支持帮助的单位和个人表示诚挚的感谢！

　　由于作者水平有限，加之时间仓促，书中的错误和不足在所难免，真诚希望得到广大专家和读者的批评和指正。

编　者

目 录

第一部分 基本原理篇

第二部分　实践应用篇

第一部分 基本原理篇

第1章 电气控制基本知识

教学提示

凡是对电能的生产、输送、分配和使用起控制、调节、检测、转换和保护作用的电工装置、设备和元件都可以称为电器。电器是所有电工机械的简称。

按电器工作电压的高低可分为高压电器和低压电器。高压电器的工作电压为交流 1200V 以上、直流 1500V 以上。低压电器用于交流 1200V、直流 1500V 级以下的电路，是起通断、保护、控制或调节作用的电器产品。

在电力拖动自动控制系统中，各类生产机械均由电动机拖动，因此，在生产过程中要对电动机进行自动控制，使生产机械各部件的动作按顺序进行，从而保证生产过程和工艺合乎要求。

因此，掌握电气控制电路的基本原理，对了解生产机械的整体电气控制电路的原理与维修非常重要。而要懂得一个控制线路的原理，必须了解其中各个电器元件的结构、动作原理以及它们的控制作用。

本章将简单介绍一些常用的控制电器，同时介绍一些基本控制线路的组成、工作原理和作用，从而为理解 PLC 控制系统打好基础。

教学目标

通过对常用低压电器、电气控制技术的学习，掌握按钮开关、接触器、继电器等常规控制电器的动作执行特点，由此学会分析机械设备电气控制原理，为理解 PLC 控制系统相关课题梯形图、识读接线图打好基础。

1.1 常用工厂电器

电器在输配电系统、电力拖动和自动控制系统中，均起着极其重要的作用。它广泛应用于电能的生产，电力的输送与分配，电气网络和电器设备的控制及保护，电路参数的检测和调节，以及非电现象的转换等方面。

电器的用途广泛、职能多样，因而品种规格繁多，构造及工作原理各异。其中电力拖动及自动控制系统中多用低压电器。低压电器按其在电气线路中的地位和作用可分为低压配电电器和低压控制电器两大类，如图 1.1 所示。

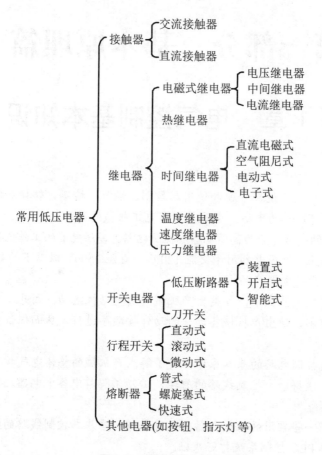

图 1.1　常用低压电器的分类

1.1.1　按钮

1. 按钮开关的原理

按钮开关简称按钮,通常用来接通和断开控制电路。它是电力拖动中发出指令的一种低压电器,是应用十分广泛的一种主令电器,在电气自动控制电路中,用于手动发出控制信号以控制接触器、继电器、电磁启动器等。其特点是安装于正在工作的机器、仪表中,大部分时间处于初始自由状态的位置,只是在有要求时才在外力作用下转换到第二种状态(位置),外力一旦除去,由于弹簧的作用,开关即回到初始位置。

按钮开关可以完成启动、停止、正反转、变速以及互锁等基本控制。通常每一个按钮开关有两对触点。每对触点由一个常开触点和一个常闭触点组成。当按下按钮时,两对触点同时动作,常闭触点断开,常开触点闭合。

为了避免误操作,通常将按钮帽做成不同的颜色,以示区别。按钮帽的颜色通常为红、绿、黑、黄、蓝、白、灰等,用于区分使用场合或作用。国标 GB 5226—85 对按钮颜色做以下规定。

(1) "停止"和"急停"按钮必须是红色。

(2) "启动"按钮为绿色。

(3) "启动"与"停止"交替动作的按钮必须是黑色、白色或灰色。

(4) "点动"按钮必须为黑色。

(5) "复位"按钮必须为蓝色。

控制按钮的分类方式有很多，除了按用途和结构分类、按使用场合和作用分类外，还可以按结构形式分为揿钮式、紧急式、钥匙式、旋钮式及带灯式等，如图 1.2 所示。

图 1.2　按钮开关的类型

按钮开关的主要参数、形式、安装孔尺寸、触点数量及触头的电流容量，在产品说明书中都有详细说明。

2. 按钮开关的结构

按钮一般由按钮帽、复位弹簧、桥式动触点、静触点、接线柱及外壳等部分组成，如图 1.3 所示。

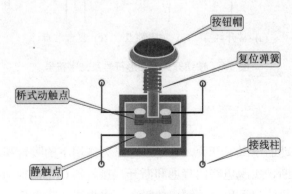

图 1.3　按钮的结构

3. 按钮开关的工作原理

按钮开关的工作原理通俗来说，即里面有一个电磁铁的吸附装置，把按钮按下去之后，里面的电磁铁就通电产生磁性，然后通过该吸附装置把电路接通或者断开，从而实现线路的远程控制等功能，如图 1.4 所示。

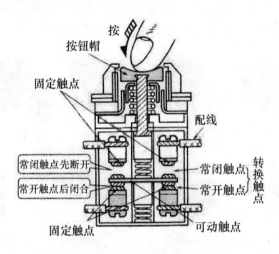

图 1.4　按钮开关工作原理示意图

按键不受外力作用(即静态)时触头的分合状态，分为启动按键(即常开按键)、停止按键(即常闭按键)和复合按键(即常开、常闭触点组合为一体的按键)。对启动按键而言，按下按键帽时触点闭合，松开后触点自动断开复位；停止按键则相反，按下按键帽时触点分开，松开后触点自动闭合复位；复合按键是按下按键帽时，桥式动触点向下运动，使常闭触点先断开后，常开触点才闭合；当松开按键帽时，则常开触点先分断复位后，常开触点再闭合复位。

4. 按钮开关的图形符号及文字符号

按钮开关的图形符号及文字符号如图 1.5 所示。

(a) 常开触点　(b) 常闭触点　(c) 复合触点

图 1.5　按钮开关的图形符号及文字符号

1.1.2　接触器

接触器是一种自动的电磁式开关，它通过电磁力作用下的吸合和反力弹簧作用下的释放，使触点闭合和分断，实现电路的接通和断开。接触器在电力拖动和自动控制系统中，主要控制对象是电动机，也可用于控制电热设备、电焊机、电容器组等其他负载。接触器

具有欠压保护、零压保护、操作频率高、控制容量大、工作可靠、使用寿命长、维护方便等优点，它是自动控制系统中应用最多的一种电器。

1. 交流接触器

交流接触器主要由四部分组成：电磁机构、触点系统、灭弧装置及其他部件。CJ10-20型交流接触器的外形与结构如图 1.6 所示。

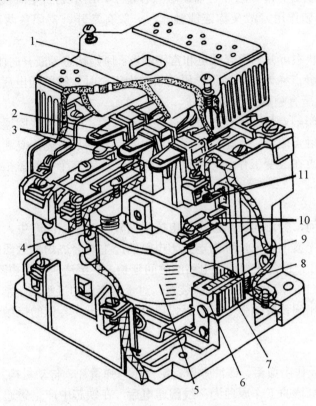

图 1.6　CJ10-20 型交流接触器

1—灭弧罩；2—触点压力弹簧片；3—主触点；4—反作用弹簧；5—线圈；6—短路环；
7—静铁芯；8—弹簧；9—动铁芯；10—辅助常开触点；11—辅助常闭触点

1) 电磁机构

电磁机构由线圈、动铁芯(衔铁)和静铁芯组成，其作用是将电磁能转换成机械能，产生电磁吸力以带动触点动作。

交流接触器的电磁机构在实际运行过程中，衔铁不但受到释放弹簧及其他机械阻力的作用，同时还受到交流励磁电流过零时的影响，这些作用和影响都使衔铁有释放的趋势，从而使衔铁产生振动，发出噪声。消除衔铁振动和噪声的措施，是在铁芯和衔铁的两个不同端部各开一个槽，槽内嵌装一个用铜、康铜或镍铬合金材料制成的短路环(又称减振环或分磁环)。

交流接触器的线圈是利用绝缘性能较好的电磁线绕制而成的，它是电磁机构动作的能源，一般并接在电源上，线圈的匝数多、阻抗大、额定电流较小。构成磁路的铁芯存在磁滞和涡流损耗，主要是因为铁芯发热，所以线圈一般做成粗而短的圆筒形且绕在绝缘骨架上，使铁芯与线圈之间有一定间隙，这样既可以增加铁芯的散热面积，又能避免线圈受热损坏。

2) 触点系统

触点系统包括主触点和辅助触点。主触点容量大，用于通断电流较大的主电路，体积较大，通常为三对或四对常开触点。辅助触点容量小，用于通断电流较小的控制电路，体积较小，起电气连锁作用，故又称连锁触点，一般有常开、常闭各两对，且分布在主触点两侧。

触点按其原始状态可分为常开触点和常闭触点：原始状态为断开时(即线圈未通电)，当线圈通电后闭合的触点称为常开触点；原始状态为闭合时，线圈通电后断开的触点称为常闭触点(线圈断电后所有触点复位)。

常开触点和常闭触点是由衔铁通过杠杆连动动作的。当电磁线圈通电时，常闭触点首先断开，继而常开触点闭合；当电磁线圈断电时，常开触点首先恢复断开，继而常闭触点恢复闭合。两种触点在改变工作状态时存在时间差，尽管这个时间差很短，但对分析电路的控制原理很重要。

3) 灭弧装置

触点断开的瞬间，触点间距离极小，电场强度较大，触点间产生大量的带电粒子，形成电子流，产生弧光放电现象，称为电弧。电弧的产生既会烧灼接触器触点，缩短使用寿命，降低工作可靠性，也会使得切断电路的时间延长，甚至造成弧光短路或引起火灾事故。

容量在 10A 以上的接触器都有灭弧装置。对于小容量的接触器，常采用双断口触点灭弧、电动力灭弧、相间弧板隔弧及陶土灭弧罩灭弧；对于大容量的接触器，则采用纵缝灭弧罩及栅片灭弧。

4) 其他部件

其他部件包括反作用弹簧、缓冲弹簧、触点压力弹簧片、传动机构及外壳等。

电磁式交流接触器的工作原理为：线圈通电后，在铁芯中产生磁通及电磁吸力。此电磁吸力克服反作用弹簧力使得衔铁吸合，带动触点机构动作，常闭触点打开，常开触点闭合，互锁或接通线路。线圈失电或线圈两端电压显著降低时，电磁吸力消失或小于反作用弹簧力，反作用弹簧力使得衔铁释放，触点机构复位，断开线路或解除互锁。

接触器的图形符号和文字符号如图 1.7 所示。

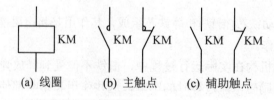

图 1.7　接触器的图形符号和文字符号

2. 直流接触器

直流接触器主要用于远距离接通或分断额定电压至 440V、额定电流至 630A 的直流电路或频繁地操作和控制直流电动机启动、停止、反转及反转制动。

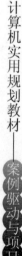

直流接触器的结构和原理基本与交流接触器相同，主要由电磁系统、触点系统及灭弧装置三部分组成。

1.1.3　继电器

继电器是根据电量或非电量(如电压、电流、转速、时间、温度等)的变化，来接通和分断控制电路，实现自动控制和保护电力推动装置的电器。

继电器主要用于反映控制信号，一般不用来直接控制电流较强的主电路，因此与接触器相比，其分断能力较小，一般不设灭弧装置。

继电器的种类较多，其工作原理和结构也各不相同，一般来说，主要由承受机构、中间机构和执行机构三大部分组成。承受机构反映和接入继电器的输入量，并传递给中间机构，将输入量与额定的整定值进行比较，当达到整定量时(过压或欠压)，中间机构就使得执行机构中的触点动作，产生相应的输出量，从而接通或断开被控电路。

由于继电器在控制线路中的重要性，要求继电器具有反应灵敏、动作准确、切换迅速、工作可靠、结构简单、体积小、重量轻等特点。

1. 电磁式继电器

电磁式继电器属于有触点自动切换电器，广泛应用于电力拖动系统中，具有控制、放大、连锁、保护与调节的作用，以实现控制过程的自动化。它是应用最早也是应用最多的一种继电器。电磁式继电器的典型结构如图 1.8 所示。

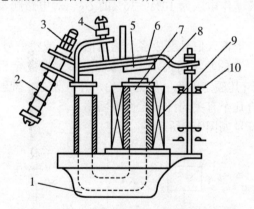

图 1.8　电磁式继电器的典型结构

1—底座；2—反力弹簧；3、4—调节螺钉；5—非磁性垫片；6—衔铁；
7—铁芯；8—极靴；9—电磁线圈；10—触点系统

电磁式继电器的吸合值和释放值可以根据保护要求在一定范围内调整。调整反力弹簧的松紧程度(即调节图 1.8 中的调节螺钉 3)，弹簧收紧，反作用力增大，吸引电流(电压)和释放电流(电压)就越大；反之则越小。改变非磁性垫片的厚度(即调节图 1.8 中的调节螺钉 4)，其厚度越厚，衔铁吸合后的磁路的气隙和磁阻就越大，释放电流(电压)也就越大；反之就越小，而吸引值不变。

电磁式继电器按吸引线圈的电流种类可分为：交流电磁继电器和直流电磁继电器；按

继电器反映的参数可分为：电流继电器、电压继电器、中间继电器等。

1) 电流继电器

电流继电器是指根据电流值的大小而动作的继电器。它串联在被测电路中，所反映的是电路中电流的变化。为使电流串入电流继电器后不影响电路的正常工作，要求电流继电器线圈的匝数少、导线粗、阻抗小，这样线圈的功率损耗会较小。

电流继电器根据用途不同可分为过电流继电器和欠电流继电器。过电流继电器主要用于频繁启动和重载启动的场合，作为电动机或主电路的过载和短路保护。一般交流过电流继电器调整在 110%～400%的 I_N(I_N 为额定电流)动作，直流过电流继电器调整在 70%～300% I_N 动作。

欠电流继电器的作用是当通过线圈的电流降低到某一整定值时，使继电器衔铁释放；在电路电流正常时，衔铁是吸合的。欠电流继电器在吸引电流时为线圈额定电流的 30%～65%，释放电流时为额定电流的 10%～20%。当继电器线圈电流降低到额定电流的 10%～20%时，继电器动作，给出信号，使控制电路做出相应的反应。

2) 电压继电器

电压继电器是指根据电压大小而动作的继电器。它并联在被测电路中，反映被测电路中电压的变化，要求线圈匝数多、导线细、阻抗大。

电压继电器有过电压、欠电压、零电压继电器之分。过电压继电器的作用是当电压超过规定电压高限时，衔铁吸合，一般动作电压为 105%～120%的 U_N(额定电压)，对电路起过电压保护；欠电压继电器的作用是当电压不足所规定的电压低限时，衔铁释放，一般动作电压为 40%～70%的 U_N，对电路起欠电压保护；零电压继电器的作用是当电压降低到接近零时，衔铁释放，一般动作电压为 10%～35%的 U_N，对电路起零压保护。

3) 中间继电器

中间继电器是指将一个输入信号变成多个输出信号，或将信号放大(即增大触点容量)，可以起到信号中转作用。它的基本结构及工作原理与接触器完全相同，所不同的是，中间继电器的触点多、容量小(其额定电流一般为 5A)，并且无主、辅触点之分，适用于在控制电路中把信号同时传递给几个有关的控制元件或回路。

中间继电器的图形符号如图 1.9 所示。

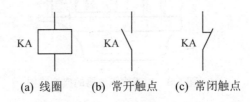

(a) 线圈　　(b) 常开触点　(c) 常闭触点

图 1.9　中间继电器的图形符号

中间继电器的主要用途有两个。

(1) 当电压或电流继电器触点容量不够时，可借助中间继电器来控制，用中间继电器作为执行元件，这时中间继电器可被看成是一级放大器。

(2) 当其他继电器或接触器触点数量不够时，可利用中间继电器来切换多条电路。

2. 时间继电器

时间继电器是一种根据电磁原理或机械动作原理在电路中控制动作时间(即触点系统自

动延时接通或断开)的继电器。

时间继电器根据触点延时的特点，可分为通电延时与断电延时两种。通电延时型时间继电器的性能是：当线圈得电时，通电延时各触点不立即动作，而是要延长一段时间才动作，断电时其触点瞬时复位。断电延时型时间继电器的性能是：当线圈得电时，通电各触点瞬时动作，断电延时，其触点不立即复位，而是要延长一段时间。

时间继电器的种类很多，按其动作原理可分为直流电磁式、空气阻尼式、电动式、晶体管式等。常用的为空气阻尼式。

1) 直流电磁式时间继电器

直流电磁式时间继电器是根据电磁系统在电磁线圈断电后磁通延缓变化的原理而工作的。为了实现延时，常在继电器电磁系统中增设阻尼圈。又由于延时的长短由磁通衰减的速度决定，因此，为了获得较大的延时时间，应让阻尼圈的电感尽可能大，电阻尽可能小。

2) 空气阻尼式时间继电器

空气阻尼式时间继电器是依据空气阻尼原理获得延时的，它由电磁机构、延时机构和触点系统三部分组成。它的结构简单、延时范围大、寿命长、价格低廉且不受电源电压及频率波动的影响；但延时误差较大($\pm10\%\sim\pm20\%$)，无调节刻度指示。常用于对延时精度要求不高的控制电路中。

时间继电器的图形符号如图 1.10 所示。

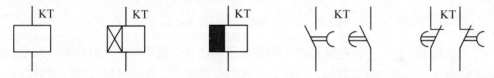

(a) 线圈一般符号　(b) 通电延时线圈　(c) 断电延时线圈　(d) 延时闭合常开触点　(e) 延时断开常闭触点

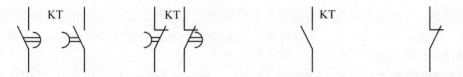

(f) 延时断开常开触点　(g) 延时闭合常闭触点　(h) 瞬时闭合常开触点　(i) 瞬时断开常闭触点

图 1.10　时间继电器的图形符号

3) 电动式时间继电器

电动式时间继电器是由同步电动机带动减速齿轮以获得延时的时间继电器，包括通电延时型和断电延时型两种。这里所说的通电和断电并不是指接通与分断电源，而是指离合电磁铁线圈的通电或断电。电动式时间继电器延时精度高，延时范围宽(0.4~72h)，但结构比较复杂，价格昂贵。

4) 晶体管式时间继电器

晶体管式时间继电器(又称为电子式时间继电器)常用的是阻容式时间继电器。它是利用电容对电压变化的阻尼作用来实现延时的。

晶体管式时间继电器的延时时间长，线路简单，延时调节方便，且温度补偿性好，电容利用率高，性能稳定，延时误差小，触点容量大；但也存在延时易受温度与电源波动的影响、抗干扰性差、维修不便且价格昂贵等缺点。

3. 热继电器

热继电器是利用电流的热效应推动动作机构，使触点系统闭合或分断的保护电器。热继电器主要用于电力拖动系统中电动机的过载保护、断相保护、电流不平衡运行的保护以及其他电器设备发热状态的控制。

热继电器主要由热元件、双金属片、导板和触点组成，如图 1.11 所示。热元件由发热电阻丝做成。双金属片由两种热膨胀系数不同的金属碾压而成，当双金属片受热时，会出现弯曲变形。使用时，把热元件串接于电动机的主电路中，而常闭触点串接于电动机的控制电路中。

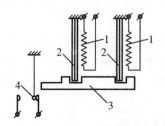

图 1.11 热继电器原理示意图

1—热元件；2—双金属片；3—导板；4—触点

当电动机正常运行时，热元件产生的热量虽能使双金属片弯曲，但还不足以使热继电器的触点动作。当电动机过载时，双金属片弯曲位移增大，推动导板使常闭触点断开，从而切断电动机控制电路，以起到保护作用。

热继电器动作后一般不能自动复位，要等双金属片冷却后按下复位按钮。

热继电器动作电流的整定主要根据电动机的额定电流来确定。热继电器的整定电流是其热元件允许长期通过又不致引起继电器动作的最大电流值，调节旋转凸轮，可达到调节整定动作电流值的目的。

热继电器的图形符号如图 1.12 所示。

图 1.12 热继电器的图形符号

1.2 继电气控制线路基础

电力拖动是指用电动机作为原动机来拖动生产机械。不同的生产机械由于工作性质和

加工工艺不同，使得它们对电动机的运转要求也不同。要使电动机按照生产机械的要求运作，必须配备一定的电气控制设备和保护设备，组成一定的控制线路，才能达到目的。

这些电气控制线路无论简单还是复杂，一般来说都由几个基本控制环节组成，在分析控制线路原理、判断故障时，都要从这些基本控制环节入手。所以掌握基本电气控制电路，对分析生产机械整个电气控制线路的工作原理及维修有重要意义。

在本节中，电气控制线路的工作原理均以电气控制原理图来表达，它是根据实物接线电路绘制的，图中以符号代表电器元件，以线条代表连接导线。电气控制原理图在设计部门和生产现场都有广泛应用。

1.2.1　电路的逻辑表示及逻辑运算

继电气控制线路实际上是按一定的逻辑关系组合的线路。因此，可以从生产工艺出发，根据控制电路中逻辑变量的相互关系，利用逻辑代数方法分析和设计这类控制线路。

电气控制系统由逻辑函数描述电路状态时，电路状态与逻辑函数之间存在着对应关系，为将电路状态用逻辑函数的方式表达，通常对电器做以下规定。

(1) 用 KM、KA、SB 等表示电器的常开触点，$\overline{KM}$、$\overline{KA}$、$\overline{SB}$ 等表示常闭触点。

(2) 触点闭合时，逻辑状态为"1"；触点断开时，逻辑状态为"0"。

(3) 线圈得电时为"1"状态；线圈失电时为"0"状态。

由此，可得出电路中各器件的逻辑关系。

1. "与"运算(逻辑乘)

逻辑代数中的运算符号"×"或"·"读作"与"。逻辑与的公式为：$J=A\cdot B$。"与"运算的真值见表 1.1。

表 1.1　"与"运算的真值表

A	B	A·B
0	0	0
0	1	0
1	0	0
1	1	1

实现逻辑乘的器件叫作"与"门，它的逻辑符号如图 1.13(a)所示。对于电路来说，逻辑与相当于触点的串联，继电气控制线路中"与"运算的实例如图 1.13(b)所示。若规定触点接通为"1"，断开为"0"，线圈通电为"1"，断电为"0"，则可以写出 $KM=KA_1\cdot KA_2$，只有触点 KA_1、KA_2 均接通，接触器线圈 KM 才能得电。

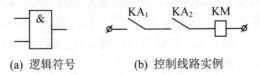

(a) 逻辑符号　　　　　(b) 控制线路实例

图 1.13　逻辑"与"

2. "或"运算(逻辑加)

逻辑代数中的运算符号"+"读作"或"。逻辑或的公式为:J=A+B。"或"运算的真值见表1.2。

表 1.2 "或"运算的真值表

A	B	A+B
0	0	0
0	1	1
1	0	1
1	1	1

实现逻辑加的器件叫作"或"门,它的逻辑符号如图 1.14(a)所示。对于电路来说,逻辑或相当于触点的并联,继电气控制线路中"或"运算的实例如图 1.14(b)所示。若规定触点接通为"1",断开为"0",线圈通电为"1",断电为"0",则有 KM=KA$_1$+KA$_2$,当触点 KA$_1$ 或 KA$_2$ 接通,或者 KA$_1$ 和 KA$_2$ 都接通时,接触器线圈均可得电。

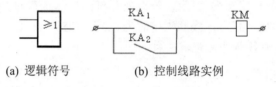

(a) 逻辑符号　　　　(b) 控制线路实例

图 1.14 逻辑 "或"

3. "非"运算(逻辑非)

逻辑代数中的"非"运算的符号用变量上面的短横线表示,读作"非"。逻辑非的公式为:F = $\overline{A}$。"非"运算的真值见表1.3。它表示事物的两个对立面之间的关系,这种因果规律称为"非"逻辑关系,也就是取反。

表 1.3 "非"运算的真值表

A	$\overline{A}$
0	1
1	0

实现逻辑"非"的器件叫作"非"门,它的逻辑符号如图 1.15(a)所示。继电气控制线路中"非"运算的实例如图 1.15(b)所示。通常称 KA 为原变量,KM1 为反变量,它们是一个变量的两种形式,如同一个继电器的一对常开、常闭触点,在向各自相补的状态切换时同步动作。在图 1.15(b)中,触点 KA 的取值与线圈 KM 的取值相同,而 KM1 与继电器 KM 的常闭触点的取值相同,故实现了非运算。

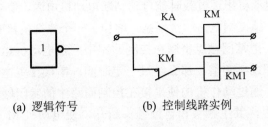

(a) 逻辑符号　　　　　　(b) 控制线路实例

图 1.15　逻辑"非"

1.2.2　典型继电气控制线路

1. 电动机单向运转

电动机单向运转可用开关或接触器控制,接触器控制电路原理图如图 1.16 所示。

在接触器控制电路图中,Q 为开关,FU1、FU2 为主电路与控制电路的熔断器,KM 为接触器,FR 为热继电器,SB1、SB2 分别为启动按钮与停止按钮,M 为笼型感应电动机。

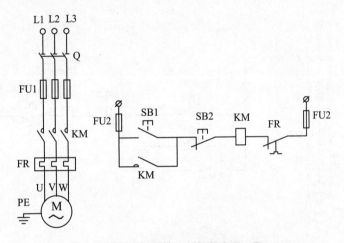

图 1.16　接触器控制电路原理图

线路工作原理是:合上转换开关 Q 后,按下启动按钮 SB1,接触器 KM 线圈得电,电动机 M 启动,开始运行。同时通过接触器 KM 的辅助常开触点,使控制回路自锁,从而使得接触器 KM 上的线圈不会因为松开启动按钮 SB1 而失电,使得电动机 M 在启动后能长时间通电运行。当电动机需要停转时,只要按下停止按钮 SB2,使接触器 KM 的线圈失电,同时断开接触器 KM 的自锁电路,即可使得电动机 M 停转。

该电路除了用熔断器 FU 作短路保护,用接触器作欠压和失压保护外,考虑到电动机在运行过程中,如长期负载过大、启动操作频繁或缺相运行等,都可能造成电动机定子绕组电流增大,超过其额定电流,而在这种情况下,熔断器往往并不熔断,就会因定子绕组过热而导致其绝缘损坏,缩短电动机使用寿命,严重时甚至会烧毁电动机定子绕组,因此对电动机还需采取过载保护措施。

过载保护是指当电动机出现过载时能自动切断电动机电源，使电动机停转的一种保护。此电路与之前接触器自锁控制电路的区别是，增加了一个热继电器 FR，并把其热元件串联在电动机的主回路上，把常闭触点串联在控制回路中。在电动机运行过程中，如果由于过载或其他原因使电流超过额定值，那么经过一定时间，串接在主电路中的热继电器的热元件会因受热发生弯曲，通过动作机构使串接在控制回路中的常闭触点断开，切断控制回路使接触器 KM 线圈失电，其主触头和自锁触头断开，使电动机 M 失电停转，从而达到过载保护的目的。

2. 电动机点动、长动控制

在生产过程中，不仅要求生产机械运动部件能连续运动，还需要能点动控制。所谓点动控制是指按下按钮，电动机就得电运转；松开按钮，电动机就失电停转。这种控制方法常用于起重电机控制和车床拖板箱快速移动的电机控制。

电动机点动、长动控制电路原理图如图 1.17 所示。控制电路既可实现点动控制，又可实现连续运转。SB3 为连续运转的停止按钮，SB1 为连续运转的启动按钮，复合按钮 SB2 为点动按钮。

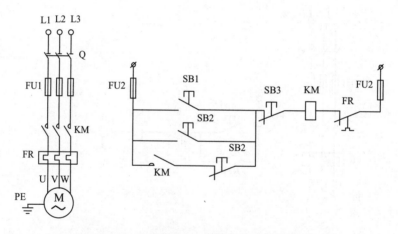

图 1.17　电动机点动、长动控制电路原理图

转换开关 Q 作为电源隔离开关，熔断器 FU1、FU2 作短路保护，按钮 SB1、SB2、SB3 控制接触器 KM 的线圈得电、失电，接触器 KM 的主触点控制电动机 M 的启动与停止。

线路工作原理是：当电动机 M 需要点动时，先合上转换开关 Q，此时电动机 M 尚未接通电源。按下点动按钮 SB2，接触器 KM 的线圈得电，使衔铁吸合，同时带动接触器 KM 的主触点闭合，电动机 M 即接通电源启动运转。当电动机需要停转时，只需松开点动按钮 SB2，使接触器 KM 的线圈失电，衔铁在复位弹簧作用下复位，带动接触器 KM 的主触点恢复断开，电动机 M 失电停转。

当电动机需要连续运行时，合上转换开关 Q 后，按下连续运行的启动按钮 SB1，接触器 KM 线圈得电，电动机 M 启动，开始运行。同时通过接触器 KM 的辅助常开触点，使控制回路自锁，使得接触器 KM 线圈不会因为松开启动按钮 SB1 而失电，使得电动机 M 在启动后能长时间通电运行。当电动机需要停转时，只需按下停止按钮 SB3，断开接触器 KM

的自锁电路，使接触器 KM 的线圈失电，从而使电动机 M 停转。

停止使用时，断开电源转换开关 Q。

3. 接触器连锁的可逆运转控制

在实际的生产生活中，经常需要设备的运动部件能实现正反两个方向的运动，如电梯的升降，机床工作台的前进、后退等，这就要求拖动电动机能做正反两个方向的运转。由电动机原理可知，改变电动机三相电源的相序即可改变电动机的旋转方向。电动机的常用可逆运转控制电路原理如图 1.18 所示。

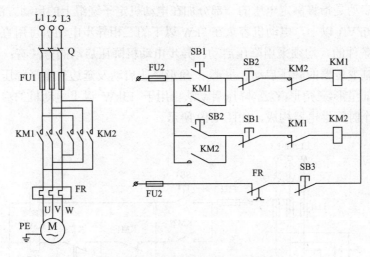

图 1.18　可逆运转控制电路原理图

由主电路可以看出，控制电路中的两个接触器主触点所接通的电源相序不同，KM1 按 L1—L2—L3 相序接线，由按钮 SB1 和 KM1 线圈等组成正转控制电路；KM2 对调了两相的相序，按 L3—L2—L1 相序接线，由按钮 SB2 和 KM2 线圈等组成反转控制电路。按钮 SB3 为公共的停止按钮。

同时，为了使控制正反转的 KM1、KM2 接触器主触点不会同时闭合，保证 L1 和 L3 两相不会产生短路故障，控制电路采用了连锁设计。所谓连锁就是在一个接触器得电动作时，通过其常闭辅助触点使另一个接触器不能得电动作，也称互锁。实现连锁作用的常闭辅助触点称为连锁触点(或互锁触点)。

在本电路中，就在正转控制电路中串接了反转接触器 KM2 的常闭辅助触头，而在反转控制电路中串接了正转接触器 KM1 的常闭辅助触点。这样，当 KM1 得电动作时，串在反转控制电路中的 KM1 的常闭触点分断，切断了反转控制电路，保证了 KM1 主触点闭合时，KM2 的主触点不能闭合；同样，当 KM2 得电动作时，其常闭触点分断，切断了正转控制电路，从而可靠地避免了两相电源短路事故的发生。

从上面的分析可知，接触器连锁可逆运转控制线路的优点是工作安全可靠；缺点是操作不便，因电动机从正转变为反转，必须先按下停止按钮，才能按反转启动按钮，否则由于接触器的连锁作用，不能实现反转。

4. 电动机降压启动

前面介绍的几种控制电路，启动时加在电动机定子绕组上的电压就是电动机的额定电压，都属于全压启动，也称直接启动。直接启动的优点是电气设备少、线路简单、维修量较小。但在电源变压器容量不够大的情况下，直接启动将导致电源变压器输出电压大幅度下降(这是因为异步电动机的启动电流比额定电流大很多)，这样不仅会减小电动机本身的启动转矩，并且会影响到同一供电电路中其他设备的正常工作。因此，对于较大容量的电动机需采用降压启动的方式。

所谓降压启动是指将额定电压的一部分加在电动机定子绕组上的启动方法。通常规定：电源容量在 180kVA 以上，电动机容量在 7kW 以下的三相异步电动机可用直接启动。凡不满足直接启动条件的，均须采用降压启动。异步电动机降压启动的方法有：定子串电阻的降压启动、自耦变压器的降压启动、星形-三角形降压启动及延边三角形降压启动等。这里介绍比较常用的星形-三角形(Y-△)降压启动法。用于 13kW 以上电动机的启动电路，由 3 个接触器和 1 个时间继电器构成，如图 1.19 所示。

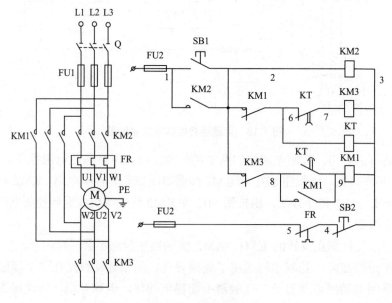

图 1.19　Y-△ 启动控制电路

凡是正常运行时三相定子绕组接成三角形运转的三相笼型感应电动机，都可采用 Y-△降压启动。启动时，定子绕组先接成 Y 联结，接入三相交流电源，启动电流下降到全压启动时的 1/3，对于 Y 系列电动机直接启动时启动电流为额定电流 I_N 的 5.5～7 倍。当转速接近额定转速时，将电动机定子绕组改成△联结，电动机正常运行。这种方法简便、经济，可用在操作较频繁的场合，但其启动转矩只有全压启动时的 1/3，Y 系列电动机启动转矩为额定转矩的 1.4～2.2 倍。

该电路采用时间继电器实现电动机从降压启动到全压运行的自动控制。只要调整好时间继电器 KT 触头的动作时间，电动机由启动过程切换成运行过程就能准确可靠地完成。

该电路的工作原理：先合上电源开关 Q，再按以下步骤运行。

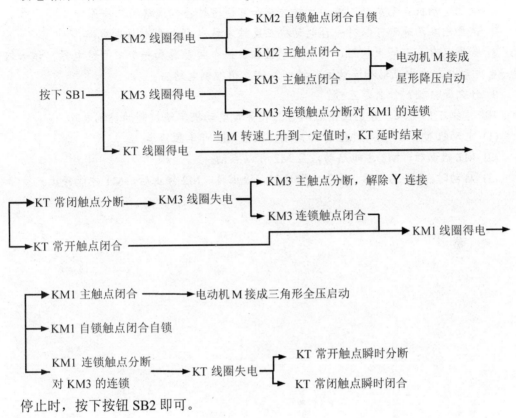

停止时，按下按钮 SB2 即可。

本 章 小 结

目前，继电接触器控制仍是被广泛应用的电力拖动自动控制方式，因此应掌握其基本原理，仔细阅读电气原理图并掌握绘制方法。这就要求掌握各种常用的低压控制电器和保护电器的基本结构、动作原理、技术性能和使用注意事项。

一个复杂的控制系统是由一些基本的控制环节所构成的。本章所介绍的电动机基本控制原理是分析和设计控制电路必须熟练掌握的。

除掌握理论知识外，还需通过实验增强接线和检查线路故障的动手能力。

思考与练习

1. 什么是低压电器？按其用途可分成哪几类？
2. 简要说明接触器的组成和工作原理。
3. 试说明电流继电器与电压继电器的区别。
4. 简要说明热继电器的工作原理及其用途、特点。

5. 叙述时间继电器的工作原理及其用途、特点。

6. 说明电动机点动启动、单向运转控制和可逆运转控制线路的工作原理。

7. 试画出在两地都可以对一台电动机正反转实施启/停控制的控制电路。

8. 如果只有一个停止按钮、两个启动按钮、一个接触器和一个中间继电器，该如何实现一台电动机单方向点动和连续运行控制？试画出控制电路。

9. 什么是自锁？什么是互锁？

10. 根据下列要求，分别画出对两台三相异步电动机实施控制的控制电路。

(1) 电动机 M1 启动后，M2 才能启动，而且 M2 可单独停车。

(2) M1 启动后，M2 才能启动，且 M2 可以点动。

(3) 启动时，M1 启动后，M2 才能启动；停止时，M2 停止后，M1 才能停止。

第2章 可编程控制器基础

教学提示

在可编程控制器问世之前，继电气控制在工业控制中占主导地位。继电气控制电路采用固定接线的硬件实现控制逻辑，当工艺发生变化或生产任务改变时，必须重新设计控制线路，改变硬件结构，会浪费时间和资金；其次，继电气控制在大型控制系统中运用大量的继电器、接触器等硬件设备，使得控制系统体积庞大，耗电量大，且工作频率低，故障率高，系统可靠性下降。为了解决这一问题，运用一种具有计算机功能，且灵活性好、通用性高且操作简单、可靠性好的控制装置来代替继电气控制系统被提上议程。

可编程控制器是在传统的顺序控制器的基础上引入微电子技术、计算机技术、自动控制技术和通信技术而形成的一代新型工业控制装置，目的是用来取代继电器，执行逻辑、计时、计数等顺序控制功能，建立柔性的程控系统。

对于 PLC 的设计应用，可编程控制器及其有关设备，都应按易于与工业控制系统形成一个整体、易于扩充其功能的原则设计。

总体来讲，PLC 是一门操作性较强的课程。本章主要介绍关于 PLC 的基础知识，包括可编程控制器的由来和发展、性能指标与分类、特点和基本应用以及工作原理，最后对将要使用的三菱 FX 系列可编程控制器进行相关介绍。

本章所介绍的是 PLC 的入门知识，因此对初学者来说特别重要。

教学目标

本章重点介绍 PLC 的历史发展、功能特点、工作原理、硬件结构和编程语言。通过对本章的学习，可使 PLC 的初学者了解什么是 PLC，PLC 与其他控制装置的区别以及 PLC 的工作机制。

2.1 可编程控制器的由来

可编程控制器(Programmable Controller)简称 PC，为了和个人计算机的简称 PC 作区分，多数书中还是沿用其旧称——PLC。可编程控制器是在计算机技术、通信技术和继电气控制技术的发展基础上开发出来的，现已广泛应用于工业控制的各个领域。它以微处理器为核心，用编写的程序进行逻辑控制、定时、计数和算术运算等，并通过数字量和模拟量的输入/输出来控制机械设备或生产过程。

20 世纪 60 年代以前，自动控制系统基本上都采用传统的继电气控制。由于这种控制方式结构简单，容易掌握，在一定范围内能满足控制要求，因此使用广泛，从 20 世纪 20 年代起在工业控制领域一直占主导地位。但是，对于复杂的控制系统，继电气控制系统存在两个缺点：一是可靠性差，排除故障困难；二是灵活性差，总体成本高。

在 60 年代初，美国汽车制造业竞争激烈，产品更新的周期越来越短，因此对生产流水线的自动控制系统更新也越来越频繁，原来的继电气控制需要经常地重新设计和安装，从而延缓了新款汽车的更新时间。人们希望能有一种通用性和灵活性较强的控制系统来替代原有的继电气控制系统。

1968 年，美国通用汽车公司首先提出了可编程控制器的概念。

1969 年，美国数字设备公司(DEC)研制出世界上第一台 PLC。它尽可能地缩短了汽车流水线控制系统的更新时间，其核心是采用编程方式代替继电器方式来实现生产线的控制。这种控制系统首先在美国通用汽车的生产线上使用，并获得了令人满意的效果。

进入 20 世纪 70 年代，随着半导体技术及微机技术的发展，PLC 也开始采用微处理器作为其中央处理器，输入/输出单元和外围电路也都采用了中、大规模甚至超大规模集成电路，使 PLC 具有多种优点，成为一种新型的工业自动控制标准设备。1971 年，日本开始生产可编程控制器，德、英、法等各国相继开发了适于本国的可编程控制器，并推广使用。1974 年，我国也开始研制生产可编程控制器。早期的可编程控制器是为取代继电器-接触器控制系统而设计的，用于开关量控制，具有逻辑运算、计时、计数等顺序控制功能，故称之为可编程逻辑控制器 PLC (Programmable Logic Controller)。

1987 年，国际电工委员会(IEC)颁布了可编程控制器标准草案第三稿。在草案中对可编程控制器定义如下："可编程控制器是一种数字运算操作的电子系统，专为在工业环境下应用而设计。它采用可编程序的存储器，用来在其内部存储执行逻辑运算、顺序控制、定时、计数和算术运算等操作的指令，并通过数字式和模拟式的输入和输出，来控制各种类型的机械或生产过程。可编程控制器及其有关外围设备，都应按易于与工业系统连成一个整体、易于扩充其功能的原则而设计。"

随着微电子技术、计算机技术及数字控制技术的高速发展，到 20 世纪 80 年代末，PLC 技术已经很成熟，并从开关量逻辑控制扩展到计算机数字控制(CNC)等领域。近年生产的 PLC 在处理速度、控制功能、通信能力等方面均有新的突破，并向电气控制、仪表控制、计算机控制一体化方向发展，性能价格比不断提高，成为工业自动化的支柱之一。这时候的可编程控制器的功能已不限于逻辑运算，而具有连续模拟量处理、高速计数、远程输入和输出及网络通信等功能。国际电工委员会(IEC)将可编程逻辑控制器改称为可编程控制器 PC(Programmable Controller)。后来由于发现其简写与个人计算机(Personal Computer)相同，所以又重新沿用 PLC 的简称。

目前在世界先进工业国家，PLC 已经成为工业控制的标准设备，它的应用几乎覆盖了所有的工业企业。PLC 技术已经成为当今世界的潮流，成为工业自动化的三大支柱(PLC 技术、机器人、计算机辅助设计和制造)之一。

2.2 可编程控制器的发展

PLC 自问世以来，经过多年发展，已成为很多发达国家的重要产业，成为当前国际市场最受欢迎的工业畅销品，用 PLC 设计自动控制系统已成为世界潮流。我国自改革开放以来，引进了许多用 PLC 实现控制的自动生产线，也引进了生产 PLC 的生产线，建立了生产 PLC 的企业，也生产出了许多规格的 PLC 产品，包括国产品牌。

为了适应市场各方面的需求，各生产厂家对 PLC 不断地进行改进，使其功能更强大、结构更完善。随着大规模集成电路和超大规模集成电路的发展，PLC 在问世后的发展极为迅速。现在，PLC 不仅能实现简单的逻辑控制功能，同时还具有数字量和模拟量的采集和控制、PID 调节(PID 调节就是根据系统的误差，利用比例、积分、微分计算出控制量进行相应的调节)、通信联网、故障自诊断及 DCS(Distributed Control System，即分布式控制系统，国内一般习惯称为集散控制系统。它是一个由过程控制级和过程监控级组成的以通信网络为纽带的多级计算机系统，综合了计算机、通信、显示和控制等 4C 技术)生产监控等功能。

21 世纪，PLC 有了更大的发展。从技术上看，计算机技术的新成果更多地应用于可编程控制器的设计和制造上，有运算速度更快、存储容量更大、智能更强的品种出现；从产品规模上看，进一步向超小型及超大型方向发展；从产品的配套性上看，产品的品种更丰富、规格更齐全，完美的人机界面、完备的通信设备更好地适应各种工业控制场合的需求；从市场上看，各国各自生产多品种产品的情况会随着国际竞争的加剧而打破，会出现少数几个品牌垄断国际市场的局面，会出现国际通用的编程语言；从网络的发展情况来看，可编程控制器和其他工业控制计算机组网构成大型的控制系统是可编程控制器技术的发展方向。计算机集散控制系统中已有大量的可编程控制器应用。伴随着计算机网络的发展，可编程控制器作为自动化控制网络和国际通用网络的重要组成部分，将在工业及工业以外的众多领域发挥越来越大的作用。

总结当前的发展情况，可编程控制器的发展趋势主要集中表现在以下几个方面。

1. 向高集成、高性能、高速度、大容量发展

微处理器技术、存储技术的发展十分迅猛，功能更强大，价格更便宜，研发的微处理器针对性更强，这为可编程控制器的发展提供了良好的环境。大型可编程控制器大多采用多 CPU 结构，不断地向高性能、高速度和大容量方向发展。

在模拟量控制方面，除了专门用于模拟量闭环控制的 PID 指令和智能 PID 模块，某些可编程控制器还具有模糊控制、自适应、参数自整定功能，使调试时间减少，控制精度提高。

2. 向普及化方向发展

由于微型可编程控制器具有价格便宜，体积小、重量轻、能耗低，适合于单机自动化，外部接线简单，容易实现或组成控制系统等优点，在很多控制领域得到广泛应用。

3. 向模块化、智能化发展

可编程控制器采用模块化的结构，方便了使用和维护。智能 I/O 模块主要有模拟量 I/O、高速计数输入、中断输入、机械运动控制、热电偶输入、热电阻输入、条形码阅读器、多路 BCD 码输入/输出、模糊控制器、PID 回路控制、通信等模块。智能 I/O 模块本身就是一个小的微型计算机系统，有很强的信息处理能力和控制功能，有的模块甚至可以自成系统，单独工作。它们可以完成可编程控制器的主 CPU 难以兼顾的功能，简化了某些控制领域的系统设计和编程，提高了可编程序控制器的适应性和可靠性。

4. 向软件化发展

编程软件可以对可编程控制器控制系统的硬件组态，即设置硬件的结构和参数，例如

设置各框架各个插槽上模块的型号、模块的参数、各串行通信接口的参数等。在屏幕上可以直接生成和编辑梯形图、指令表、功能块图和顺序功能图程序，并可以实现不同编程语言的相互转换。可编程控制器编程软件有调试和监控功能，可以在梯形图中显示触点的通断和线圈的通电情况，查找复杂电路的故障非常方便。历史数据可以存盘或打印，通过网络或 Modem 卡，还可以实现远程编程和传送。

个人计算机(PC)的价格便宜，有很强的数学运算、数据处理、通信和人机交互的功能。目前已有多家厂商推出了在 PC 上运行的可实现可编程控制器功能的软件包，如亚控公司的 KingPLC。"软 PLC"在很多方面比传统的"硬 PLC"有优势，有的场合"软 PLC"可能是理想的选择。

5. 向通信网络化发展

伴随科技的发展，很多工业控制产品都加设了智能控制和通信功能，如变频器、软启动器等，可以和现代的可编程控制器通信联网，实现更强大的控制功能。通过双绞线、同轴电缆或光纤联网，信息可以传送到几十公里远的地方，通过 Modem 和互联网可以与世界上其他地方的计算机装置通信。

相当多的大中型控制系统都采用上位机加可编程控制器的方案，通过串行通信接口或网络通信模块，实现上位计算机与可编程控制器交换数据信息。组态软件引发的上位计算机编程革命，很容易实现两者的通信，降低了系统集成的难度，节约了大量的设计时间，提高了系统的可靠性。国际上比较著名的组态软件有 Intouch、Fix 等，国内也涌现出了组态王、力控等一批组态软件。有的可编程控制器厂商也推出了自己的组态软件，如西门子公司的 WINCC。

2.3 可编程控制器的性能指标与分类

PLC 发展到现在，已有了多种形式，功能也不尽相同。PLC 之所以能够迅速发展，除了它顺应了工业自动化的客观要求外，更重要的一方面是由于它具有许多适合工业控制的优点，较好地解决了工业控制领域普遍关心的问题，如可靠性、安全性、灵活性、便利性及经济性等。

2.3.1 可编程控制器的性能指标

PLC 的技术性能指标有一般指标和技术指标两种。一般指标主要指 PLC 的结构功能情况，是用户选用 PLC 时必须首先了解的。技术指标又可分为一般的性能规格和具体的性能规格。

一般性能规格是指使用 PLC 时应注意的问题，主要包括电源电压、允许电压波动范围、耗电情况、直流输出电压、绝缘电压、耐压情况、抗噪声性能、耐机械振动及冲击情况、使用环境温度和湿度、接地要求、外形尺寸、质量等硬件指标。

具体性能规格是指 PLC 所具有的技术能力，也就是软件指标，机型不同，该指标相差

悬殊。这项指标的高低反映了 PLC 的运算规模。

如果要对 PLC 做一般了解，则只需对以下一些主要性能指标做了解即可。

1．存储容量

存储容量是指用户程序存储器的容量。用户程序存储器的容量大，可以编制出复杂的程序。一般来说，小型 PLC 的用户存储器容量为几千字，而大型机的用户存储器容量为几万字。

2．I/O 点数

输入/输出(I/O)点数是 PLC 可以接受的输入信号和输出信号的总和，是衡量 PLC 性能的重要指标。I/O 点数越多，外部可接的输入设备和输出设备就越多，控制规模就越大。

3．扫描速度

扫描速度是指 PLC 执行用户程序的速度，是衡量 PLC 性能的重要指标。一般以扫描 1K 字用户程序所需的时间来衡量扫描速度，通常以 ms/K 字为单位。PLC 用户手册一般会给出执行各条指令所用的时间，可以通过比较各种 PLC 执行相同的操作所用的时间，来衡量扫描速度的快慢。

4．指令的功能与数量

指令功能的强弱、数量的多少也是衡量 PLC 性能的重要指标。编程指令的功能越强、数量越多，PLC 的处理能力和控制能力也越强，用户编程也越简单和方便，越容易完成复杂的控制任务。

5．内部元件的种类与数量

在编制 PLC 程序时，需要用到大量的内部元件来存放变量、中间结果、保持数据、定时计数、模块设置和各种标志位等信息。这些元件的种类与数量越多，表示 PLC 存储和处理各种信息的能力越强。

6．特殊功能单元

特殊功能单元种类的多少与功能的强弱是衡量 PLC 产品的一个重要指标。近年来各 PLC 厂商非常重视特殊功能单元的开发，特殊功能单元的种类日益增多，功能越来越强，使 PLC 的控制功能日益扩大。

7．可扩展能力

PLC 的可扩展能力包括 I/O 点数的扩展、存储容量的扩展、联网功能的扩展、各种功能模块的扩展等。在选择 PLC 时，经常需要考虑 PLC 的可扩展能力。

8．通信功能

通信包括 PLC 之间的通信和 PLC 与其他设备之间的通信。通信主要涉及通信模块，通信接口、通信协议和通信指令等内容。PLC 的组网和通信能力也已成为 PLC 产品水平的重要衡量指标之一。

厂家的产品手册上还会提供 PLC 的负载能力、外形尺寸、重量、保护等级、适用的安装和使用环境(如温度、湿度等性能指标参数),供用户参考。

2.3.2　可编程控制器的分类

目前,PLC 的种类很多,规格性能不一,通常可根据它的结构形式、容量、功能等几个方面进行分类。

1. 按结构形式分类

按结构形式的不同,PLC 可分为整体式、模块式和叠装式 3 种。

1) 整体式 PLC

整体式(箱体式)结构的 PLC 是将 PLC 的基本部件,如 CPU、存储器、输入/输出部件和电源等集中配置在一起,安装在一个金属或塑料机壳内,机壳的上下两端是输入/输出接线端子,配有反映输入/输出状态的微型发光二极管,构成 PLC 的一个基本单元(主机)或扩展单元。

整体式 PLC 一般配有许多专用的特殊功能模块,如模拟量 I/O 模块、热电偶/热电阻模块、通信模块等。

整体式结构的 PLC 具有结构紧凑、体积小巧、重量轻、价格低等优点,适用于嵌入控制设备的内部,常用于单机控制。一般小型 PLC 多采用这种结构,如三菱公司的 FX3SA、FX3GA、FX3U 系列。

2) 模块式 PLC

模块式 PLC 是把各个组成部分如 CPU、I/O、电源等分开,做成独立的功能模块,各模块做成插件式,插入机架底板的插座上。用户可以按照控制要求,选用不同档次的 CPU 模块、各种 I/O 模块和其他特殊模块,构成不同功能的控制系统。

模块式结构的 PLC 配置灵活、组装方便、扩展容易,其 I/O 点数的多少、输入点数与输出点数的比例、I/O 模块的使用等方面的选择余地都比整体式 PLC 大得多。其缺点是结构较复杂,造价也较高。所以系统复杂,要求较高的大、中型 PLC 都采用这种结构,如三菱公司的 AnA/AnN/QnA 大型系列程控器,OMRON 公司的 C1000H、C2000H 及松下电工的 FP2 型机。

3) 叠装式 PLC

将整体式和模块式的特点结合起来,就构成了所谓的叠装式 PLC。叠装式 PLC 将 CPU 模块、电源模块、通信模块和一定数量的 I/O 单元集成到一个机壳内,如果集成的 I/O 模块不够用,可以进行模块扩展。其 CPU、电源、I/O 接口等也是各自独立的模块,但它们之间要靠电缆进行连接,并且各模块可以一层层地叠装。叠装式 PLC 集整体式 PLC 与模块式 PLC 的优点于一身,它不但系统配置灵活,而且体积较小,安装方便。如西门子公司的 S7-200 系列 PLC 就是叠装式的结构形式。

2. 按输入/输出点数分类

按 I/O 点数、内存容量和功能来分,PLC 可分为微型、小型、中型、大型和超大型五类,如表 2.1 所示。

表 2.1　PLC 分类

类　型	I/O 点数	存储容量/KB	机　型
微型	< 64	< 2	三菱 FX1S 系列
小型	64～128	2～4	三菱 FX3U 系列
中型	128～512	4～16	三菱 L 系列
大型	512～8192	16～64	三菱 Q 系列
超大型	> 8192	> 64	西门子 SU-155

1) 微型 PLC

I/O 点数小于 64 点的 PLC 称为微型(超小型)PLC，如德维森公司的 V80 系列 PLC 本体从 16 点到 40 点，OMRON 公司的 CPM1A 系列 PLC 从 10 点到 40 点，西门子的 Logo 仅10 点。这种迷你型的 PLC 适用于最小的封装，是希望低成本的用户在有限的 I/O 范围内寻求功能强大的控制的首选机种。由于 FX1S 提供多达 30 个 I/O，并且能通过串行通信传输数据，所以它能用在常用的紧凑型 PLC 不能使用的地方。

2) 小型 PLC

小型 PLC 的存储器容量一般为 2～4KB，I/O 点数一般在 128 点以下。它具有逻辑运算、定时和计数等功能，适合于开关量控制、定时和计数控制等场合，常用于代替继电气控制的单机线路中。现在的高性能小型 PLC 还具有一定的通信能力和少量的模拟量处理能力。如三菱 FX3U 系列是高速度、高性能的小型化 PLC，是 FX 系列中的最高档次的机型。它们还适用于在多个基本组件间的连接，具有模拟控制、定位控制等特殊用途，是一套可以满足广泛需要的 PLC。

3) 中型 PLC

中型 PLC 的存储容量一般在 8KB 左右，I/O 点数一般为 128～512 点。除具有逻辑运算、定时和计数功能外，还具有算术运算、数据传输、通信联网和模拟量输入/输出等功能。它适用于既有开关量又有模拟量的较为复杂的逻辑控制系统以及连续生产的过程控制场合。如德维森公司的 PPC11 系列可扩展到 1024 点，OMRON 公司的 C200H 机普通配置最多可达 700 多点，C200Ha 机则可达 1000 多点，德国西门子公司的 S7-300 机最多可达 512 点。

4) 大型 PLC

大型 PLC 的存储器容量一般为 16～64KB，I/O 点数一般为 512～8192 点。其性能已经与工业控制计算机相当，除具有上述中型机的功能外，还具有多种类、多信道的模拟量控制以及强大的通信联网、远程控制等功能，有些 PLC 还具有冗余能力，可用于大规模过程控制和过程监控、分布式控制系统和工厂自动化网络等场合。如三菱的 AnA/AnN/QnA 大型PLC，AnA/AnN 运算速度可达 0.15μs/步，直接控制 I/O 点数为 256～2048 点。德维森公司的 PPC22 系列可扩展到 2048 点，OMRON 公司的 C1000H、CV1000，当地配置可达 1024点。C2000H、CV2000 当地配置可达 2048 点。

5) 超大型 PLC

存储器容量和 I/O 点数比大型 PLC 更大、更高的 PLC 称为超大型 PLC。如美国 GE 公司的 90-70 机，其点数可达 24000 点，另外还可有 8000 路的模拟量；再如美国莫迪康公司的 PC－E984—785 机，其开关量总点数为 32k(32768)，模拟量有 2048 路；西门子的

SS－115U－CPU945，其开关量总点数可达 8k，另外还可有 512 路模拟量等。

3. 按 PLC 的功能强弱分类

按 PLC 的功能强弱分，大致可分为低档机、中档机和高档机三类。

1) 低档 PLC

低档 PLC 具有逻辑运算、定时、计数、移位以及自诊断、监控等基本功能，还具有少量的模拟量 I/O、算术运算、数据传送和比较、通信等功能。主要用于逻辑控制、顺序控制或少量模拟量控制的单机控制系统。

2) 中档 PLC

中档 PLC 除具有低档 PLC 的功能外，还具有较强的模拟量 I/O、算术运算、数据传送和比较、数制转换、远程 I/O、子程序、通信联网等功能。有些还可增设中断控制、PID(比例、积分、微分)控制等功能，可完成既有开关量又有模拟量的控制任务，以适用于复杂控制系统。

3) 高档 PLC

高档 PLC 除具有中档 PLC 的功能外，还增加了带符号算术运算、矩阵运算、函数、表格、CRT 显示、打印和更强的通信联网功能，可用于远程控制、大规模过程控制或构成分布式网络控制系统，实现工厂自动化。

一般低档机多为小型 PLC，采用整体式结构；中档机可为大、中、小型 PLC，其中小型 PLC 多采用整体式结构，中型和大型 PLC 采用模块式结构。

以上 PLC 的三种分类并不是绝对的，各种类型机种之间可能会有重叠，其分类的界线也将随 PLC 的发展而变化。

4. 按生产厂家分类

1) 国外生产厂家

目前国内外各生产厂家生产的 PLC 产品种类繁多、型号各异、规格也不统一，但能配套生产各种类型的不算太多。较有影响的，在中国市场占有较大份额的公司如下。

(1) 西门子(SIEMENS)公司的 PLC 产品包括 LOGO、S7-200、S7-1200、S7-300、S7-400 等。西门子 S7 系列 PLC 体积小、速度快、标准化，具有网络通信能力，功能更强，可靠性高。S7 系列 PLC 产品可分为微型 PLC(如 S7-200)，小规模性能要求的 PLC(如 S7-300)和中、高性能要求的 PLC(如 S7-400)等。

(2) 日本三菱公司的 PLC 也是较早推到我国来的。其小型机 F1 前期在国内用得很多，后又推出 FX2 机，性能有很大提高。它的中大型机为 Q、L 系列。三菱公司目前生产的 PLC 主要有 MELSEC iQ-R 系列、Q 系列、L 系列、F 系列(FX 系列)和 QS/WS 系列。

(3) GE 公司的代表产品是：小型机 GE-1、GE-1/J、GE-1/P 等，除 GE-1/J 外，均采用模块结构。GE-1 用于开关量控制系统，最多可配置 112 个 I/O 点。GE-1/J 是更小型化的产品，最多可配置 96 个 I/O 点。GE-1/P 是 GE-1 的增强型产品，增加了部分功能指令(数据操作指令)、功能模块(A/D、D/A 等)、远程 I/O 功能等，其 I/O 点最多可配置 168 个。

(4) 美国施耐德在整合了 Modicon 和 TE 品牌的自动化产品后，将 Unity Pro 软件作为未来中高端 PLC 的统一平台，目前仅支持 Quantum、Premium 和 M340 三个系列。而 Momentum 和 Micro 作为成熟产品继续沿用原来的软件平台。小型的 Twido 系列现在使用 TwidoSoft

软件。

(5) 美国 AB(Alien－Bradley)公司创建于 1903 年，在世界各地有 20 多个附属机构，10 多个生产基地。可编程控制器也是它的重要产品。如低端的 MicroLogix1500PLC，中端小型机 SLC500，中端新贵族 CompactLogix，高端主流机型 ControlLogix5000，以及高端老机型 PLC-5，目前基本上已经停止生产，市场上只有配件供应，其地位将由 ControlLogix5000 替代。

(6) 日本 OMRON 公司的 OMRON C 系列 PLC 产品门类齐、型号多、功能强、适应面广，大致可以分成微型、小型、中型和大型四大类产品。整体式结构的微型 PLC 机是以 C20P 为代表的机型。叠装式(或称紧凑型)结构的微型机以 CJ 型机最为典型，它具有超小型和超薄型的尺寸。小型 PLC 机以 P 型机和 CPM 型机最为典型，这两种都属坚固整体型结构。CPM 型机是 OMRON 产品用户目前选用最多的小型机系列产品。OMRON 中型机以 C200H 系列最为典型，主要有 C200H、C200HS、C200HX、C200HG 和 C200HE 等型号产品。

(7) 日本松下公司的 PLC 产品中，FP0 为微型机，FP1 为整体式小型机，FP3 为中型机，FP5/FP10、FP10S(FP10 的改进型)、FP20 为大型机，其中 FP20 是最新产品。松下公司近几年 PLC 产品的主要特点是：指令系统功能强；有的机型还提供可以用 FP-BASIC 语言编程的 CPU 及多种智能模块，为复杂系统的开发提供了软件手段；FP 系列各种 PLC 都配置通信机制，由于它们使用的应用层通信协议具有一致性，这给构成多级 PLC 网络和开发 PLC 网络应用程序提供了方便。

2) 我国的生产厂家

我国的 PLC 研制、生产和应用发展很快，尤其在应用方面更突出。目前，我国不少科研单位和工厂在研制和生产 PLC。主要品牌：台达、永宏、盟立、士林、丰炜、智国、台安、上海正航、深圳合信、无锡信捷、厦门海为、南大傲拓、和利时、浙大中控、兰州全志、科威、科赛恩、南京冠德、智达、海杰、易达、中山智达等。

(1) 永宏 PLC 是永宏电机股份有限公司的 PLC 产品，永宏电机股份有限公司于 1992 年创立于台湾，推出了 FB 系列、FSE、FBN 系列，2003 年自主研发系统单芯片(SoC)推出了 FBs 系列。永宏专注于高端功能的中小型及微型 PLC 市场领域，创立的自有品牌 FATEK 目前在业界已享有颇高的知名度。目前永宏的发展方向除仍以研发更高功能的 PLC 来稳固核心竞争力外，同时更积极研发运动控制器、人机接口、工业用电源供应器、伺服控制器、变频器及伺服马达。

(2) 台达 PLC 是被誉为台湾电子业的教父级人物的董事长郑崇华先生于 1972 年创办的华人民族品牌。台达 PLC 以高速、稳健、高可靠度而著称，广泛应用于各种工业自动化机械。台达 PLC 除了具有快速执行程序运算、丰富指令集、多元扩展功能卡及高性价比等特色外，还支持多种通信协议，使工业自动控制系统连成一个整体。

台达 PLC 品种齐全的各种硬件装置，可以组成能满足各种要求的控制系统，用户不必自己再设计和制作硬件装置。用户在硬件确定以后，在生产工艺流程改变或生产设备更新的情况下，不必改变 PLC 的硬件设备，而只需改编程序就可以满足要求。因此，PLC 除应用于单机控制外，在工厂自动化中也被大量采用。

如 AH500 系列是模块化中型 PLC；DVP-EH3 系列最高级主机，适合更复杂的应用，程序及数据寄存器容量加大；DVP-ES2/EX2/ES2-C 系列整合的通信功能，内置 1 组 RS-232、

2组 RS-485 通信端口,均支持 MODBUS 主/从站模式;新推出 DVP32ES2-C:CANopen 1Mbps 通信型主机,以及 DVP30EX2:模拟/温度混合型主机。

(3) 和利时 PLC 从 2003 年开始,先后推出自主开发的 LM 小型 PLC、LK 大型 PLC、MC 系列运动控制器,产品通过了 CE 认证和 UL 认证。其中 LK 大型 PLC 是国内唯一具有自主知识产权的大型 PLC,并获得国家四部委联合颁发的"国家重点新产品"证书。和利时的 PLC 和运动控制产品已经广泛应用于地铁、矿井、油田、水处理、机器装备控制行业。

(4) 丰炜是台湾最大的 PLC 生产商之一,也是台湾使用最广泛的 PLC 之一。

丰炜 PLC 的使用方式与三菱 PLC 有较多相似之处,学习起来十分方便。它具有实用的各种特殊功能,并且相对其他台系 PLC 都具有功能或价格上的优势,每台丰炜 PLC 都配备有业界首创的多功能显示屏幕,能适时告诉操作者机器的运行状况而无须另外增加成本。丰炜提供了创新的连接器形式 PLC,相比端子台形式 PLC,能有效降低配线工时,减少配线错误,也让机器的维修变得简单方便。大量使用时,效果尤其显著。公司研发了 VH、VBO、VB2 三个系列 PLC。

(5) 南大傲拓科技江苏有限公司于 2008 年 10 月成立并进驻南京大学—鼓楼高校国家大学科技园园区,致力于自主研发生产性能可靠、品质精良、技术先进的前沿工控产品。

南大傲拓自主研发生产大中小型全系列可编程控制器 NA600、NA400、NA200,具有完全自主知识产权的产品覆盖人机界面、变频器、伺服系统、组态软件等,为各行业用户提供自动化产品的整体解决方案。同时,公司积极与科研院所和行业用户紧密合作,联手开发基于行业自动化解决方案的企业管理信息系统。

(6) 信捷电气作为中国工控市场最早的参与者之一,长期专注于机械设备制造行业自动化水平的提高。主要产品有可编程控制器(PLC)、人机界面(HMI)、伺服控制系统、变频驱动、智能机器视觉系统、工业机器人等产品系列及整套自动化装备。

无锡信捷 PLC 产品现拥有 XC 系列、XD 系列,主要应用在纺织行业、机床行业、包装机械行业、食品机械行业、暖通空调行业、橡胶行业、矿用行业、塑料机械行业、印刷行业、汽车制造行业等。每个系列产品都覆盖了标准型、经济型、增强型、基本型、运动控制型、高性能型等供用户任意选择的产品。

信捷作为国产 PLC 的代表企业,其 PLC 的优势主要在于,能够将 C 语言应用于梯形图中,集运动、控制于一体,具有更加安全的程序保密功能及丰富的软元件容量和种类,快速的处理速度和 I/O 切换更方便用户使用。

(7) 黄石科威公司的嵌入式 PLC、智能伺服、运动控制器、文本显示器,已在纺织机械、电梯、工业窑炉、塑料机械、印刷包装机械、食品机械、数控机床、恒压供水设备、环保设备等行业中成功应用。 嵌入式 PLC 是将 PLC 梯形图编程语言嵌入特定的控制装置中,使该装置具有 PLC 的基本功能,开发人员在该软件平台上,能轻松、快捷地设计出通用 PLC、客制式 PLC 和各种控制板。智能伺服集通用伺服、PLC、运动控制器功能于一体,是智能机器(机器人)、智能装备的核心部件。目前生产有 LP 系列经济性 PLC(单机)以及 EX 系列 PLC(本地/远程)、EC 系列 PLC(远程/CAN)。

(8) 正航 PLC 是上海正航电子科技有限公司出品的高品质小型 PLC,属于国产 PLC 中的精品,产品性能安全、稳定、可靠、性价比高。为了满足客户对产品性能的更高要求,正航推出了 CHION——驰恩系列 PLC。CHION 驰恩系列 PLC 是正航公司引进德国技术,

在国内生产的高品质 PLC，与西门子 S7-200 系列 PLC 产品完全兼容。可以使用西门子 S7-200 的软件 STEP7-MicroWin 进行编程调试，并且其 CPU、模块可以完全兼容，互换使用。

除了最新推出的 CHION-驰恩系列外，还有一直为大家所熟悉的 A 系列和 H 系列。A 系列是经济实用型产品，具有很高的性价比。

2.4 可编程控制器的特点和基本应用

2.4.1 可编程控制器的特点

PLC 之所以能够迅速发展，除了它顺应了工业自动化的客观要求之外，更重要的一方面是 PLC 综合了继电器接触器控制的优点以及计算机灵活、方便的优点，使之具有许多其他控制器所无法比拟的特点，较好地解决了工业控制领域普遍关心的可靠、安全、灵活、方便及经济等问题。

1. 可靠性高，抗干扰能力强

传统的继电气控制系统中使用了大量的中间继电器、时间继电器，由于触点接触不良，容易出现故障。PLC 用软件代替大量的中间继电器和时间继电器，仅保留与输入和输出有关的少量硬件，接线可以减少到继电气控制系统的 1/100~10/100，进而使因触点接触不良造成的故障大为减少。同时，PLC 在软件和硬件上都采取了抗干扰的措施，以提高其可靠性，适应工业生产环境。

1) 软件措施

(1) PLC 设计了故障检测软件定期地检测外界环境，如掉电、欠电压、强干扰信号等，以便及时进行处理。

(2) PLC 偶发性故障条件出现时，由于其具有信息保护和恢复软件，将对 PLC 内部的信息进行保护，以防遭到破坏；当故障条件消失后，将恢复原来的信息，使系统继续正常工作。

(3) PLC 中设置有警戒时钟 WDT，若某次循环执行时间超过了 WTD 规定的时间，预示程序进入死循环，则立即报警。

(4) 对程序进行检查和检测，一旦程序出错，立即报警并停止执行。

2) 硬件措施

(1) PLC 的电源变压器、内部 CPU、编程器等主要部件均采用导电、导磁良好的材料进行屏蔽，以防外界干扰。

(2) PLC 内部的微处理器和输入/输出电路之间，均采用光电隔离措施，有效地隔离了输入/输出间电的联系，减少了故障和误动作。

(3) PLC 的输入/输出线路采用了多种形式的滤波，以消除或抑制高频干扰。

(4) PLC 采用模块式结构，有助于在故障情况下快速修复或更换。

由于采取了这些措施，一般 PLC 的平均无故障时间可达几万小时以上。

2. 编程方便，易于使用

PLC 是面向现场应用的一种新型的工业自动化控制设备，所以它一直采用大多数电气技术人员熟悉的梯形图语言。梯形图语言延续使用继电气控制的许多符号和规定，其形象直观、易学易懂。电气工程师和具有一定基础的技术操作人员都可以在短期内学会，使用起来得心应手。这是和计算机控制系统的一个较大区别。

同时，PLC 除了可以和计算机控制系统一样进行远程通信控制外，也可以根据现场情况，利用便携式编程器，在生产现场边调试边修改程序，以适应生产需要。

3. 通用性强，配套齐全

PLC 产品已经标准化、系列化、模块化，其开发制造商为用户配备了品种齐全的 I/O 模块和配套部件。用户在进行控制系统的设计时，可以方便灵活地进行系统配置，组成不同功能、不同规模的系统，以满足控制要求。用户只需在硬件系统选定的基础上，设计满足控制对象要求的应用程序。对于一个控制系统，当控制要求改变时，只需修改相关程序，就能变更其控制功能。

4. 安装简单，调试方便，维护工作量小

由于 PLC 用软件代替了继电气控制系统中的大量硬件，使得控制柜的设计、安装、接线工作量大大减少。同时，PLC 有较强的带载能力，可以直接驱动一般的电磁阀和中小型交流接触器，使用起来极为方便，通过接线端子可直接连接外部设备。

PLC 软件设计和调试可以在实验室中进行，而且现场统调过程中发现的问题可通过修改程序来解决。由于 PLC 本身的可靠性高，又具有完善的自我诊断能力，一旦发生故障，可以根据报警信息，快速查明故障原因。如果是 PLC 自身故障，可以更换模块来排除故障。这样既提高了维护的工作效率，同时又保证了生产的正常进行。

2.4.2 可编程控制器的基本应用

PLC 是以微处理器为核心，综合了计算机技术、自动控制技术和通信技术发展起来的一种通用的工业自动控制装置。它的应用范围宽广，目前 PLC 已经广泛应用于汽车装配、数控机床、机械制造、电力石化、冶金钢铁、交通运输、轻工纺织等各行各业，成为现代工业控制的三大支柱(PLC、机器人和 CAD/CAM)之一。根据其特点来归纳，PLC 的主要应用有以下几个方面。

1. 开关量逻辑控制

这是 PLC 最基本的应用，即用 PLC 取代传统的继电气控制系统，实现逻辑控制和顺序控制，如机床电气控制、电动机控制、注塑机控制、电镀流水线控制、电梯控制等。总之，PLC 既可用于单机控制，也可用于多机群和自动生产线的控制，其应用领域已遍及各行各业。

2. 模拟量过程控制

过程控制是指对温度、压力、流量等连续变化的模拟量的闭环控制。除了数字量之外，

PLC 还能通过模拟量 I/O 模块，实现 A/D、D/A 转换，并控制连续变化的模拟量，如温度、压力、速度、流量、液位、电压和电流等。通过各种传感器将相应的模拟量转化为电信号，然后通过 PLC 的 A/D 模块将它们转换为数字量送 PLC 内部 CPU 处理，处理后的数字量再经过 D/A 转换为模拟量进行输出控制。若使用专用的智能 PID 模块，可以实现对模拟量的闭环过程控制。现在 PLC 的 PID 闭环控制功能已广泛地应用于塑料挤压成型机、加热炉、热处理炉、锅炉等，以及轻工、化工、机械、冶金、电力、建材等行业。

3. 机械件位置控制

位置控制是指 PLC 使用专用的指令或运动控制模块来控制步进电动机或伺服电动机，从而实现对各种机械构件的运动控制，如控制构件的速度、位移、运动方向等。PLC 的位置控制典型应用有机器人的运动控制、机械手的位置控制、电梯运动控制等；PLC 还可与计算机数控(CNC)装置组成数控机床，以数字控制方式控制零件的加工、金属的切削等，实现高精度的加工。

4. 现场数据采集处理

目前，PLC 都具有数据处理指令、数据传送指令、算术与逻辑运算指令、位移与循环位移指令等，所以由 PLC 构成的监控系统，可以方便地对生产现场的数据进行采集、分析和加工处理。这些数据可以与储存在存储器中的参考值做比较，也可以用通信功能传送到其他智能装置，或者将它们打印成表格。数据处理通常用于诸如柔性制造系统、机器人和机械手的控制系统等大、中型控制系统中。

5. 通信联网、多级控制

PLC 与 PLC 之间、PLC 与上位计算机之间通信，要采用其专用通信模块，并利用 RS-232C 或 RS-422A 接口，用双绞线、同轴电缆或光缆将它们连成网络。由一台计算机与多台 PLC 组成的分布式控制系统进行"集中管理、分散控制"，建立工厂的自动化网络，满足工厂自动化系统发展的需要。PLC 还可以连接 CRT 显示器或打印机，实现显示和打印。

当然并不是所有的 PLC 都具有上述的全部功能，有些小型机只有上述的部分功能。

2.5　可编程控制器的工作原理

由于 PLC 自身的特点，在工业生产的各个领域得到了越来越广泛的应用。而作为 PLC 的使用者，要正确地使用 PLC 去完成各类控制任务，首先需要了解 PLC 的基本工作原理。

PLC 源于用计算机控制来取代继电器，所以 PLC 的工作原理与计算机的工作原理基本上是一致的。两者都是在系统程序的管理下，通过用户程序来完成控制任务。

2.5.1　PLC 的工作方式

虽然 PLC 的工作原理与计算机的工作原理基本一致，如具有相同的基本结构和相同的指令执行原理。但是，两者在工作方式上却有着重要的区别，不同点体现在计算机运行程序时，一旦执行到 END 指令，程序运行结束，且计算机对输入、输出信号进行实时处理；而 PLC 的 CPU 采用循环扫描工作方式，当程序执行到 END 时，再从头开始执行，周而复始地重复，直到停机或从运行切换到停止。对输入、输出进行集中输入采样，集中输出刷新。I/O 映像区分别存放执行程序之前的各输入状态和执行过程中各结果的状态。

1. PLC 的循环扫描工作方式

可编程控制器是在硬件的支持下，通过执行反映控制要求的用户程序实现对系统的控制。为此 PLC 采用循环扫描的工作方式。PLC 循环扫描的工作过程如图 2.1 所示，包括五个阶段：内部处理与自诊断、与外设进行通信处理、输入采样、用户程序执行、输出刷新。

PLC 有运行(RUN)和停止(STOP)两种基本的工作模式。

当处于停止(STOP)工作模式时，只执行前两个阶段，即只做内部处理与自诊断，以及与外部设备进行通信处理：上电复位后，PLC 首先做内部初始化处理，清除 I/O 映像区中的内容；接着做自诊断，检测存储器、CPU 及 I/O 部件状态，确认其是否正常；再进行通信处理，完成各外设(编程器、打印机等)的通信连接；还将检测是否有中断请求，若有，则做相应的中断处理。在通信阶段可对 PLC 联机或离线编程，如学生实验时的编程阶段。

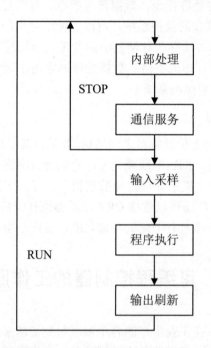

图 2.1　PLC 循环扫描的工作过程

上述阶段确认正常后，并且 PLC 方式开关置于 RUN 位置时，PLC 才进行独特的循环扫描，即周而复始地执行上述所有阶段。为了使 PLC 的输出及时地响应随时可能变化的输入信号，用户程序不是只执行一次，而是不断地重复执行，直至 PLC 停机或切换到 STOP 运行模式。由于 PLC 执行指令的速度极快，从外部输入/输出关系来看，处理的过程几乎是同时完成的。

图 2.2 反映了 RUN 状态下扫描的全部过程。

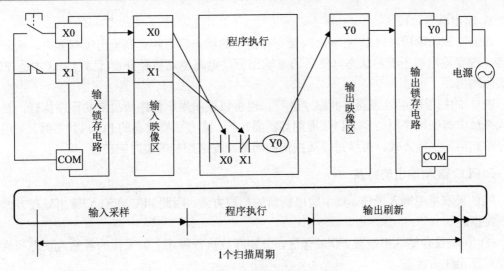

图 2.2　RUN 状态下扫描的全部过程

1) 输入采样阶段

在 PLC 的存储器中，设置了一片区域用来存放输入信号和输出信号的状态，它们分别被称为输入映像寄存器和输出映像寄存器。PLC 梯形图中的软元件也有对应的映像存储区，统称为元件映像存储器。

在输入采样阶段，PLC 的 CPU 顺序扫描每个输入端，顺序读取每个输入端的状态，并将其存入输入映像寄存器单元中。采样结束后，输入映像区被刷新，其内容将被锁存而保持着，并将作为程序执行时的条件。PLC 在运行过程中，所需的输入信号不是实时取输入端的信息，而是取输入映像寄存器中的信息。

当进入程序执行阶段后，输入映像区相应单元保存的信息被输入锁存器隔离，而不会随着输入端发生变化，因此不会造成运算结果的混乱，保证了本周期内用户程序的正确执行。在下一个扫描周期的输入采样阶段，输入端信号才会被输入锁存器再次送入输入映像寄存器的单元中，而进行输入数据的刷新。因此为了保证输入脉冲信号能被正确读入，要求输入信号的脉宽必须大于 PLC 的一个扫描周期。

2) 程序执行阶段

PLC 完成输入采样后，进入程序执行阶段，PLC 从用户程序的第 0 步开始，按先上后下、先左后右的顺序逐条扫描用户梯形图程序，对由触点构成的控制线路进行逻辑运算。这里的触点就是 I/O 映像存储器中存储的输入端状态，或称为软触点。PLC 以触点数据为依据，根据用户程序进行逻辑运算，并把运算结果存入输出映像存储器中。在程序执行阶段，输入端在 I/O 映像存储器中存放的采样值不会发生变化。

PLC 并非并行工作，因此在程序的执行过程中，上面逻辑行中线圈状态的改变，会对下面逻辑行中对应的触点状态起作用；反之，排在下面的逻辑行中线圈状态的改变，只能等到下一个扫描周期才能对其上面逻辑行中对应此线圈的触点状态起作用。因此，对于每一个元件而言，元件映像存储器中所存储的内容(除输入存储器)，会随着程序执行过程的变化而变化。当所有指令都扫描处理完后，即转入输出刷新阶段。

3) 输出刷新阶段

在输出刷新阶段，PLC 将输出映像寄存器中的状态信息转存到输出锁存器中，刷新其内容，改变输出端子上的状态，然后通过输出驱动电路驱动被控外设(负载)。这才是 PLC 的实际输出。

PLC 的扫描既可以按固定的顺序进行，也可以按照用户程序所指定的程序执行，在某些大系统中有些程序不是每个扫描周期都需要执行，或者需要处理的 I/O 点数多时，采用分时分批扫描的执行方式，可缩短循环扫描的周期，提高控制的实时响应性。

2. PLC 输入/输出的特点

PLC 采取集中输入采样、集中输出刷新的扫描方式。因此 PLC 在输入/输出处理方面有以下特点。

(1) 在映像存储区中设置 I/O 映像区，分别存放执行程序之前采样的各输入状态和执行程序后各元件的状态。

(2) 输入点在 I/O 映像存储器中的数据，取决于输入端子在本扫描周期输入采样阶段所刷新的状态，而在程序执行和输出刷新阶段，其内容不会发生改变。

(3) 输出点在 I/O 映像存储器中的数据，取决于程序中输出指令的执行结果，而在输入采样和输出刷新阶段，其内容不会发生改变。

(4) 输出锁存电路中的数据，取决于上一个扫描周期输出刷新阶段存入的内容，而在输入采样和程序执行阶段，其内容不会发生改变。

(5) 直接与外部负载连接的输出端子的状态，取决于输出锁存电路输出的数据。

(6) 程序执行中所需要的输入/输出状态，取决于 I/O 映像存储器中的数据。

3. PLC 与传统继电气控制的异同

PLC 的扫描工作方式与继电气控制有明显不同，如表 2.2 所示。

表 2.2　PLC 控制系统与继电气控制系统的比较

控制系统	控制方式	线圈通电
继电器	硬逻辑并行运行方式	所有常开/常闭触点立即动作
PLC	循环扫描工作方式	CPU 扫描到的触点才会动作

继电气控制装置采用硬逻辑并行运行的方式，一个继电器线圈的通断，将会同时影响该继电器的所有常开触点和常闭触点动作，与触点在控制线路中所处的位置无关。PLC 的 CPU 采用循环扫描工作方式，一个软继电器的线圈通断，只会影响该继电器扫描到的触点动作。但是，由于 CPU 的运算处理速度很高，使得从外观上看，用户程序似乎是同时执行的。

2.5.2　PLC 的扫描周期

1. PLC 扫描周期的定义

PLC 全过程扫描一次所需的时间定为一个扫描周期。从图 2.1 可知，在 PLC 上电复位

后，首先要进行初始化工作，如自诊断、与外设(如编辑器、上位计算机)通信等处理。当 PLC 方式开关置于 RUN 位置时，它才进入输入采样、程序执行、输出刷新。一个完整的扫描周期应包含上述五个阶段。

2. PLC 扫描周期的计算

一个完整的扫描周期可由自诊断时间、通信时间、扫描 I/O 时间和扫描用户程序时间相加得到，其典型值为 1～100ms。

(1) 自诊断时间：同型号的 PLC 的自诊断时间通常是相同的，如三菱 FX2 系列机自诊断时间为 0.96ms。

(2) 通信时间：取决于连接的外部设备数量，若连接外部设备为零，则通信时间为 0。

(3) 扫描 I/O 时间：等于扫描的 I/O 总点数与每点扫描速度的乘积。

(4) 扫描用户程序时间：等于基本指令扫描速度与所有基本指令步数的乘积。对于扫描功能指令的时间，也同样计算。当 PLC 控制系统固定后，扫描周期将随着用户程序的长短而增减。

3. PLC 扫描周期与继电气控制系统响应时间的比较

传统的继电控制系统采用硬逻辑并行工作方式，线圈控制其所属触点同时动作。而 PLC 控制系统则采用顺序扫描工作方式，软线圈控制其所属触点串行动作。这样，PLC 的扫描周期越长，响应速度越慢，会产生输入、输出的滞后。FX 系列小型 PLC 的扫描周期一般为毫秒级，而继电器、接触器触点的动作时间在 100ms 左右，相对而言，PLC 的扫描过程几乎是同时完成的。PLC 因扫描引起的响应滞后非但无害，反而可增强系统的抗干扰能力，避免了在同一时刻因有几个电器同时动作而产生的触点动作时序竞争现象，避免了执行机构频繁动作而引起的工艺过程波动。但对响应时间要求较高的设备，应选用高速 CPU、快速响应模块、高速计数模块，直至采用中断传输方式。

2.5.3　PLC 的 I/O 响应时间

I/O 响应时间是指从 PLC 的输入信号变化开始到引起相关输出端信号改变所需的时间，它反映了 PLC 的输出滞后输入的时间。引起输入/输出滞后的主要原因如下。

(1) 为了增强 PLC 的抗干扰能力，PLC 的每个开关量输入端都采用电容滤波、光电隔离等技术。

(2) 由于 PLC 采用集中 I/O 刷新方式，在程序执行阶段和输出刷新阶段，即使输入信号发生变化，输入映像区的内容也不会改变。这样，就导致了输出信号滞后于输入信号，其响应时间至少需要一个扫描周期，一般均大于一个扫描周期甚至更长。其最短的 I/O 响应时间如图 2.3 所示，输入信号的变化正好在采样阶段结束前发生，所以在本扫描周期能被及时采集，并在本扫描周期的输出刷新阶段输出。

其最长的 I/O 响应时间如图 2.4 所示，输入信号的变化正好在采样阶段结束后发生，所以要在下一次扫描周期的采样阶段才能被采集到，并且在下一扫描周期的输出刷新阶段才能被输出。

图 2.3　最短的 I/O 响应时间

图 2.4　最长的 I/O 响应时间

(3) 由于程序设计不当，产生了附加影响。

2.6　三菱 FX 系列可编程控制器介绍

三菱公司于 1981 年推出了 F 系列小型 PLC，20 世纪 90 年代 F 系列被 F1、F2 系列所取代，之后又相继推出了 FX0、FX2、FX1S、FX1N、FX2N 及 FX3G 等系列产品。目前 FX1N、FX1S、FX2N 已经停产，替代品是 FX3U、FX3G 等。

三菱公司的 FX 系列 PLC 吸收了整体式和模块式可编程控制器的优点，是国内使用得最多的 PLC 系列产品之一。FX 系列 PLC 的相互连接不用基板，仅用扁平电缆，紧密拼装后组成一个整齐的长方体，使其体积较小，适用于机电一体化产品。

特别是近年推出的 FX3U 系列 PLC，它采用一类可编程的存储器，用于其内部存储程序，执行逻辑运算、顺序控制、定时、计数与算术操作等面向用户的指令，并通过数字或模拟式输入/输出控制各种类型的机械或生产过程。它是 FX 系列中 CPU 性能最高、适应网络控制的小型 PLC。

(1) FX3U 系列 PLC 第三代微型可编程控制器，内置高达 64KB 大容量的 RAM 存储器。

(2) 内置业界最高水平的高速处理 0.065μs/基本指令。

(3) 控制规模：16～384(包括 CC-LINK I/O)点。

(4) 内置独立 3 轴 100kHz 定位功能(晶体管输出型)。

(5) 基本单元左侧均可以连接功能强大简便易用的适配器。

(6) 内置的编程口可以达到 115.2kbps 的高速通信，而且最多可以同时使用 3 个通信口。

(7) 通过 CC-Link 网络的扩展可以实现最高 84 点(包括远程 I/O 在内)的控制。

(8) 模块上可以进行软元件的监控、测试，时钟的设定。

(9) FX3U 系列还可以将该显示模块安装在控制柜的面板上。

2.6.1　FX 系列型号名称的含义

FX 系列 PLC 型号名称的含义如下。

FX□□-□□□□/□

　　　1　2　34　5

1——系列序号，如 1S、1N、2N、3U、3G 等。

2——I/O 总点数，10～256。

3——单元类型：M 为基本单元，E 为 I/O 混合扩展单元与扩展模块，EX 为输入专用扩展模块，EY 为输出专用扩展模块。

4——输出形式，R 为继电器输出，T 为晶体管输出，S 为双向晶闸管输出。

5——特殊品种区别，D 表示 DC 电源，DC 输入；A1 表示 AC 电源，AC 输入；H 表示大电流输出扩展模块(1A/1 点)；V 表示立式端子排的扩展模块；C 表示接插口输入/输出方式；F 表示输入滤波器 1ms 的扩展模块；L 表示 TTL 输入型扩展模块；S 表示独立端子(无公共端)扩展模块；es 表示晶体管输出(漏型)即 NPN；ess 表示晶体管输出(源型)即 PNP；ds 表示 DC 电源型，晶体管输出(漏型)；dss 表示 DC 电源型，晶体管输出(源型)。

例如，FX3U-64MR/ES 为 32 点输入/32 点继电器输出的基本单元。

2.6.2　FX 系列可编程控制器的基本构成

目前市场上的 PLC 产品很多，不同厂家生产的 PLC 以及同一厂家生产的不同型号的 PLC，虽然结构各不相同，但基本组成大致相同。它们都是以中央处理器为核心的结构，其功能的实现不仅是硬件的作用，更需要软件的支持。

FX PLC 体积小、使用方便，从单独使用型到高速高性能、可扩展性优良的高性能模块，包括适应各种不同需要的产品，如图 2.5 所示。

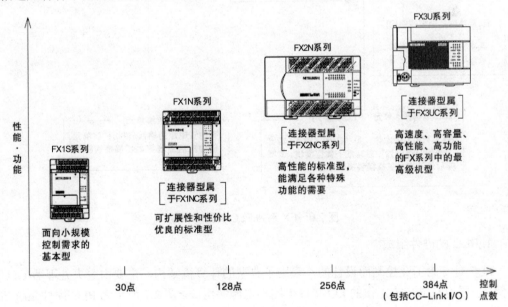

图 2.5　FX 各系列 PLC 性能功能比对

总体来说，PLC 是由基本单元、扩展单元、扩展模块及特殊功能模块构成的。基本单元包括 CPU、存储器、I/O 单元和电源，是 PLC 的主要部分；扩展单元是扩展 I/O 点数的装置，内部有电源；扩展模块用于增加 I/O 点数和改变 I/O 点数的比例，内部无电源，由基本单元和扩展单元供电。扩展单元和扩展模块内无 CPU，必须与基本单元一起使用。特殊功能模块是一些特殊用途的装置。图 2.6 以 FX3U 为例，说明 PLC 的基本构成。

如图 2.6 所示，FX 系列 PLC 基本构成中可以连接的模块的种类和数量因基本单元的系列和型号而异。以下是对 PLC 硬件和软件构成的具体介绍。

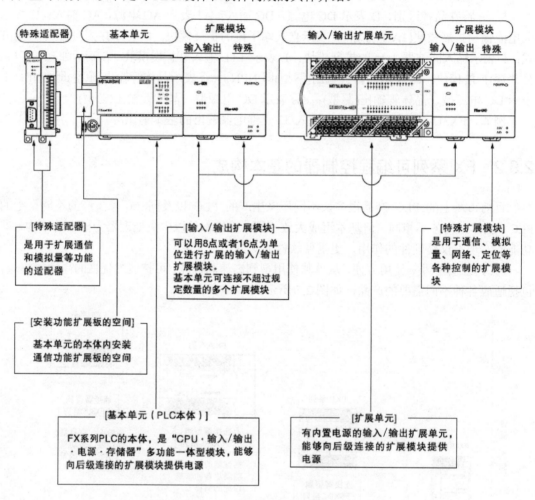

图 2.6　FX 系列 PLC 的基本构成

1. PLC 的硬件组成

PLC 是专为工业控制而设计的，采用了典型的计算机结构，主要由中央处理器(CPU)、存储器、采用扫描方式工作的 I/O 接口电路和电源等组成。图 2.7 所示为 PLC 硬件系统结构框图。图 2.8 所示为 FX3U PLC 的外部结构示意图。

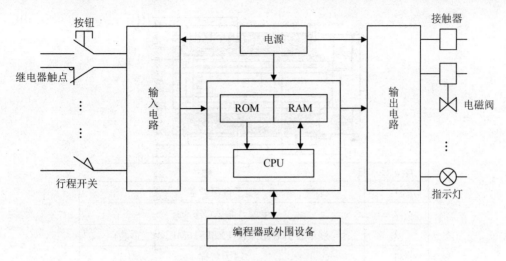

图 2.7　PLC 硬件系统结构框图

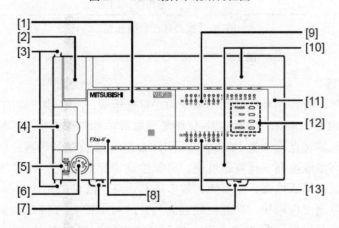

序　号	名　　称	序　号	名　　称
1	前盖	2	电池盖
3	特殊适配器连接用插孔(2 处)	4	功能扩展端口部虚拟盖板
5	RUN/STOP 开关	6	外部设备连接用接口
7	DIN 导轨安装用挂钩	8	型号显示(简称)
9	输入显示 LED(红)	10	端子台盖板
11	扩展设备连接用接口盖板	12	动作状态显示 LED
13	输出显示 LED(红)	POWER	绿	通电状态时亮灯
		RUN	绿	运行中亮灯
		BATT	红	电池电压过低时亮灯
		ERROR	红	程序出错时闪烁
			红	CPU 出错时亮灯

(a) 外观结构

图 2.8　FX3UPLC 的外部结构

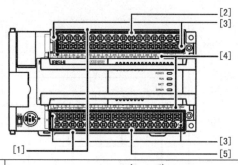

序 号	名 称
1	端子台保护盖
2	电源、输入(X)端子
3	端子台拆装用螺栓(FX3U-16M□不能拆装)
4	端子名称
5	输出(Y)端子

(b) 端子板盖打开后的外观

图 2.8 FX3UPLC 的外部结构(续)

1) 中央处理器

同计算机一样,CPU 由控制器、运算器和寄存器组成,PLC 中采用的 CPU 随机型的不同而不同。小型 PLC 大多采用 8 位、16 位微处理器或单片机作为主控芯片,这些芯片具有价格低、通用性好等优点。中型 PLC 大多采用 16 位、32 位微处理器或单片机作为主控芯片,这类芯片具有集成度高、运算速度快、可靠性高等优点。大型 PLC 大多采用高速位片式微处理器,它具有灵活性强、速度快、效率高等优点。PLC 的档次越高,所用的 CPU 的位数也越多,运算速度也越快,功能也越强。另外,对于重要的 PLC 控制系统,要考虑其安全性和可靠性,可以采用多 PLC 系统。如三菱的 Q4AR 型 PLC 是一种双机热备份 PLC,用于高可靠热备份系统,对 PLC、网络和电源能够实现冗余。

从图 2.7 中可以看出,CPU 处在主控的地位,系统中的各个部件,如 ROM、RAM 和 I/O 等都是通过地址总线、数据总线和控制总线挂靠在 CPU 上的。CPU 是 PLC 系统的控制中心和运算中心,整个 PLC 的工作过程都是在 CPU 的统一指挥下有条不紊地进行。在 PLC 中,CPU 是按照固化在 ROM 中的系统程序所赋予的功能来工作的,它能监测和诊断电源、内部电路工作状态和用户程序中的语法错误,它能按照扫描方式来完成用户程序。

2) 存储器

PLC 系统中配有两种存储器:只读存储器(ROM)和随机存取存储器(RAM)。ROM 用来存放系统管理程序,是软件固化的载体,用户不能访问和修改其中的内容;RAM 则用来存放用户编制的应用程序和工作数据、状态。

近年来,闪速存储器(简称闪存)作为一种新兴的半导体存储器件,以其独有的特点得到了迅猛的发展。闪存与 E^2PROM 有类似的特点,但其存储容量密度高、成本低,能在 3V 甚至更低的电压下工作,因而功耗小。这也就为 PLC 产品提供了一种高可靠、高密度、非易失、低电压的存储器,为 PLC 的开发带来了方便和宽广的前景。FX3U 系列 PLC 可选择安装外部的选件储存器,即闪存存储器,安装后的 PLC 数据存储示意图如图 2.9 所示。

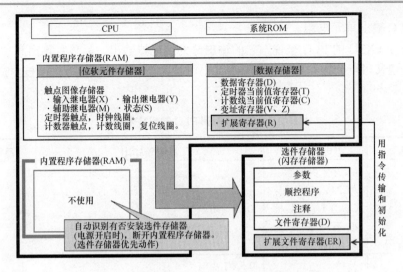

图 2.9　安装有选件存储器(未使用内部存储器)

3) 输入/输出单元

输入/输出(I/O)单元是 PLC 与输入/输出设备之间传送信息的接口。PLC 所处理的信号只能是标准电平,但 PLC 的控制对象是工业生产过程,实际生产过程中的信号电平多种多样,这就需要相应的 I/O 模块来进行信号电平的转换。

(1) PLC 输入单元电路。

PLC 以开关量顺序控制为特长,其输入电路基本相同,有直流输入方式、交流输入方式和交直流输入方式。这里以直流输入方式为例,其电路图如图 2.10 所示。

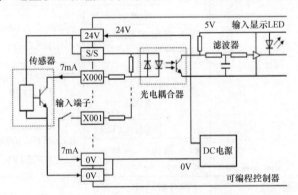

图 2.10　直流输入方式的电路图(漏型)

因为单元内部已经有 24V 的直流电源,所以输入端子和 COM 端子间既可接无电源的开关输入器件,也可接 NPN 型集电极开路晶体管。当输入端子与 COM 接通后,表示该输入的 LED 指示灯就会发亮。

输入的 1 次电路和 2 次电路之间的信号是用光电耦合器耦合,同时又可对两电路之间的直流电平起隔离作用。2 次电路设有 RC 滤波器,可防止因输入干扰而引起的误动作,同时也会引起 10ms 的 I/O 响应的延迟。

利用外接电源驱动光电开关等传感器时,要求外接电源的电压同内部电源的电压相同,允许的范围是:DC24V±4V。

(2) PLC 输出单元电路。

对于三菱 FX3U 的 PLC 来说，它的输出分为继电器输出、晶体管输出和晶闸管输出。而晶体管输出又可以分为源型输出和漏型输出两种类型。三种输出方式的技术指标如表 2.3 所示。

表 2.3 FX3U 系列 PLC 输出技术指标

指　标		继电器输出	晶闸管输出			晶体管输出
外部电源		DC30V 以下 AC24V 以下(与 CE、UL、cUL 标准不对应时为 AC250V 以下)	DC5～30V			AC85～242V
最大负载	电阻负载	2A/1 点*2	0.5A/1 点*1			0.3A/1 点*1
	感性负载	80VA	12W/DC24V*4			15VA/AC100V 30VA/AC200V
开路漏电流		—	0.1mA 以下/DC30V			1mA/AC100V 2mA/AC200V
最小负载		DC5V/2mA	—			
响应时间	OFF→ON	约 10ms	基本单元	Y000 ～ Y002	5μs 以下/10mA 以上 (DC5～24V)	1ms 以下
				Y003 以后	0.2ms 以下/200mA 以上(DC24V)	
			输入输出扩展单元/模块*7			
	ON→OFF		基本单元	Y000 ～ Y002	5μs 以下/10mA 以上 (DC5～24V)	10ms 以下
				Y003 以后	0.2ms 以下/200mA 以上(DC24V)	
			输入输出扩展单元/模块*7			
电路绝缘		机械绝缘	光耦合器绝缘			光电晶闸管隔离
动作显示		继电器线圈通电时面板上的 LED 灯亮	光耦驱动时面板上的 LED 灯亮			光电晶闸管驱动时驱动面板上的 LED 灯亮

① 继电器输出：如果是继电器输出的 PLC，在接线的时候应该注意电压的范围，对于直流应使用 DC30V 以下，对于交流应使用 AC24V 以下的电源。接线图如图 2.11 所示。

② 晶闸管输出：使用的电源为 AC100V 或 AC200V，因使用的是交流电源，所以在接线的时候可以不考虑正负方向。晶闸管 PLC 的型号为 S/ES。接线图如图 2.12 所示。

③ 晶体管输出：晶体管输出的 PLC 其输出所接电源为 DC5V～DC30V。如何来判断其是源型输出还是漏型输出呢？

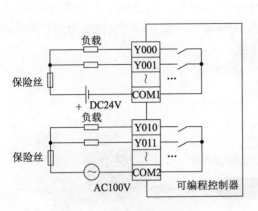

图 2.11　继电器输出的连接

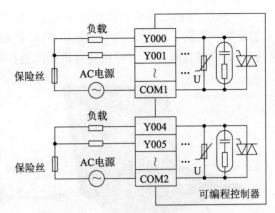

图 2.12　晶闸管输出的连接

漏型逻辑：当信号输入端子流出电流时，信号变为 ON，为漏型逻辑。源型逻辑：当信号输入端子流入电流时，信号变为 ON，为源型逻辑。对于 PLC 来说，当信号端子发出"ON"信号时，如果此时其电压为低电平(0V)，则为漏型逻辑；当信号端子发出"ON"信号时，如果此时其电压为高电平(PLC、变频器等一般为 24V)，则为源型逻辑。由此可知接线图如图 2.13 所示。

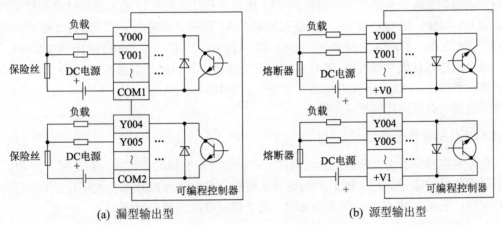

(a) 漏型输出型　　　　　　　　　　　　　　(b) 源型输出型

图 2.13　晶体管输出接线示意图

4) 电源单元

由于 PLC 内部各部件都需要电源单元来提供稳定的直流电压和电流，所以电源单元在 PLC 中是极为重要的。PLC 的内部有一个高性能的稳压电源，因此对外部电源的稳定性要求不高，一般允许外部电源电压的额定值在-15%～+10%的范围内波动。

有些 PLC 还有一个向外部传感器提供 DC24V/400mA 的稳压电源，这样可避免使用其他不合格外部电源引起的故障。一般小型 PLC 的电源包含在基本单元内，仅大中型 PLC 才配有专用电源。PLC 内部还带有锂电池作为后备电源，以防止内部程序和数据等重要信息因外部失电或电源故障而丢失。

5) 数据传输

将 PLC 与笔记本电脑通过电缆连接，作为编程工具是常用的选择，需采用 USB-SC09 通信电缆，如图 2.14 所示。只要配上 PLC 的相应编程软件，就可以用包括梯形图在内的多种编程语言进行编程，同时还具有很强的监控功能。

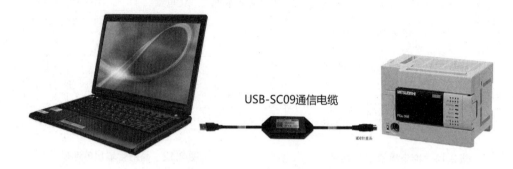

USB-SC09通信电缆

图 2.14　PLC 与计算机的通信连接

FX 系列的可编程控制器进行通信连接功能，与 RS232 连接时最大连接距离只有 15m，与 RS485 连接时最大可延长 500m(当系统中混入 485BD 时最大延长 50m)，采用半双工双向通信，波特率可设最高 19200bps，字符格式可以设定，与计算机进行 232 通信时，计算机一侧无须添加模块，直接接入计算机的 232 接口，与计算机进行 485 通信时要在计算机一侧添加 FX-485PC-IF 模块才行，SG 是信号地，485 接线时和前面一样。进行 232 通信时，RD 接 SD(TXD)，SD(TXD)接 RD(RXD)，ER(DTR)接 CS(CTS)，DR(DSR)接 RS(RTS)。

除了上述几种硬件设备外，PLC 生产厂家还提供了其他的外部设备，如 I/O 扩展单元(用来扩展输入/输出点数)、外部存储器扩展单元、EPROM 写入器、打印机等，用户可以根据需要来选用，以适应控制系统的要求。

2. PLC 的软件组成

在可编程控制器中，软件分为两大部分：一部分是系统监控程序，它是每一个 PLC 成品都必须包括的部分，是由 PLC 的制造者编制的，用于控制 PLC 本身的运行；另一部分是用户程序，它是由 PLC 的使用者编制的，用于控制被控装置的运行。

1) 系统监控程序

系统监控程序主要可分为三部分：系统管理程序、用户指令解释程序及标准程序和系统调用功能模块。

(1) 系统管理程序。

系统管理程序是监控程序中最重要的部分，整个 PLC 的运行都受它控制。其中又包括运行管理、存储空间管理和系统自检程序。

运行管理部分进行时间上的分配管理，控制 PLC 何时输入、何时输出、何时运算、何时自检、何时通信等。

存储空间的管理，即生成用户环境，由它规定各种参数、程序的存放地址，将用户使用的数据参数存储地址转化为实际的数据格式及物理存放地址。

系统自检程序包括各种系统出错检验、用户程序语法检验、句法检验、警钟时钟运行等。

(2) 用户指令解释程序。

任何计算机最终都是根据机器语言来执行的，而机器语言的编写又很麻烦，在 PLC 中用户可采用梯形图语言编程，将人们易懂的梯形图程序变为机器能懂的机器语言就是解释程序的任务。

(3) 标准程序和系统调用功能模块。

这部分是由许多独立的程序块组成的，各自完成不同的功能，如输入、输出、特殊计算等。PLC 的各种具体工作都是由这部分程序来完成的，它的功能强弱也就决定了 PLC 性能的强弱。

整个系统监控程序是一个整体，通过改进系统监控程序就可在不增加任何硬件设备的条件下大大改善 PLC 的性能，因此，系统监控程序质量的好坏在很大程度上影响了 PLC 的性能。

2) 用户程序

用户程序是 PLC 的使用者编制的针对控制问题的程序，它可以通过多种编程语言形式来编制。用户程序线性地存储在监控程序指定的存储区间内，它的最大容量由监控程序所限制。

3) 用户环境

用户环境是由监控程序生成的，包括用户数据结构、用户元件区分配、用户程序存储区、用户参数及文件存储区等。

(1) 用户数据结构。

用户数据结构主要分三类。

一类是 bit 数据，它是一类逻辑量，其值为 "0" 或 "1"，表示触点的通、断，线圈的得电、失电，标志开关的 ON、OFF 等。

另一类为字数据。其数制、位长有多种形式。为使用方便，通常采用 BCD 码形式。由于控制精度的要求越来越高，PLC 也采用浮点实数，它极大地提高了数据运算的精度。

第三类是 "字" 与 bit 的混合，即同一个元件既有 bit 元件又有字元件。

(2) 元件。

用户使用的每一个输入/输出端子及内部的每一个存储单元都称为元件。各种元件有其不同的功能，有其固定的地址。元件的数量是由监控程序规定的，每种 PLC 的元件数量都是有限的，元件数量的多少决定了 PLC 整个系统的规模及数据处理能力。具体的元件介绍将在第 3 章中做详细说明。

2.6.3　FX 系列可编程控制器的编程语言

PLC 编程语言标准(IEC 61131-3)中有 5 种编程语言，分别是顺序功能图语言(流程图语言)、梯形图语言、功能块图语言、助记符(指令表)语言和结构文本语言。其中，三菱 FX 系列主要用的是梯形图语言、助记符语言和顺序功能图(SFC)语言三种编程语言。

1．梯形图语言

1）从继电接触控制图到梯形图

梯形图语言是在继电气控制电路图的基础上发展而来的，以图形符号及其在图中的相互关系来表示控制关系的编程语言。它最大的优点是形象直观、使用简便，很容易被熟悉继电气控制的电气人员掌握、使用，特别适用于开关量逻辑控制。

例 2.1 图 2.15 是常见的电机启-停继电接触控制电路，现准备改用 PLC 来控制电机的启-停，试将其控制部分电路改用与其等效的 PLC 控制的梯形图。

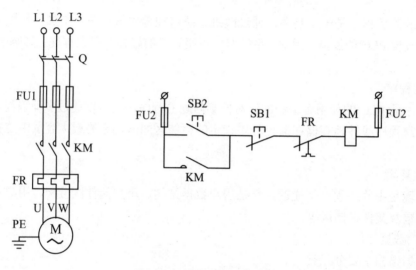

图 2.15　电机的启-停控制电路

解：图 2.15 所示的电机启-停控制电路的动作顺序如下：

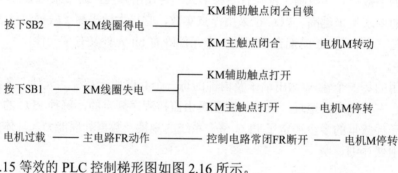

与图 2.15 等效的 PLC 控制梯形图如图 2.16 所示。

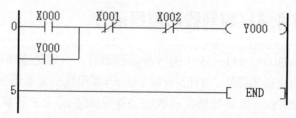

图 2.16　电机启-停控制梯形图

比较例题中的继电气控制图 2.15 和梯形图 2.16，可以得出以下结论。

(1) 对于同一控制电路，继电气控制原理图和梯形图的输入、输出信号完全相同，其输入/输出点的分配对应关系如表 2.4 所示。

表 2.4　输入/输出点分配表

输　　入			输　　出		
名　　称		输 入 点	名　　称		输 出 点
起动按钮	SB2	X000	输出接触器	KM	Y000
停止按钮	SB1	X001			
热继电器常闭	FR	X002			

(2) 对于同一控制电路，继电气控制原理图和梯形图的控制逻辑相同。两图中都是使用常开、常闭、线圈等器件来控制动作过程，只不过梯形图中使用了简化的器件符号。

(3) 两者的区别在于：前者使用硬器件，靠接线连接形成控制程序；而后者使用 PLC 中的内部存储器组成的软器件，靠软件实现控制程序，也就是用 PLC 内部的存储器位来映像外部硬器件的状态，如存储位为 1，表示对应的线圈得电或开关接通，存储位为 0，表示对应的线圈失电或开关断开。PLC 的存储过程控制具有很高的柔性，不需要改变接线即能改变控制过程。

(4) 梯形图中不存在实际的电流，而是以一种假想的能流(Power Flow)来模拟继电接触控制逻辑。

2) 梯形图中的图元符号

梯形图中的图元符号是对继电接触控制图中的图形符号的简化和抽象，主要由触点、线圈和应用指令组成。触点代表逻辑输入条件；线圈通常代表逻辑输出结果。两者的对应关系如表 2.5 所示。

表 2.5　继电接触控制图符号与梯形图图元符号的对应关系

名称	梯形图中的图元符号	继电接触控制图中的符号
常开		
常闭		
线圈		

由表 2.5 可以得出以下结论。

(1) 继电接触控制图中的各种常开符号，在梯形图中一律抽象为一种图元符号来表示。同样，继电接触控制图中的各种常闭符号，在梯形图中也一律抽象为一种图元符号来表示。

(2) 不同的 PLC 编程软件(或版本)，在其梯形图中使用的图元符号可能会略有不同。如在表 2.5 中的"梯形图中的图元符号"这一列中，有两种常闭符号，三种线圈符号。

3) 梯形图的格式

梯形图是形象化的编程语言，它用触点的连接组合表示条件，用线圈的输出表示结果，从而绘制出若干逻辑行组成顺控电路图。从图 2.16 也可看出，梯形图的绘制必须按规定的格式进行。

(1) PLC 程序按从上到下、从左到右的顺序编写，梯形图左边垂直线称为起始母线(或称左母线)、右边垂直线称为终止母线(或称右母线)。每一逻辑行都是从起始母线开始，终止于终止母线。

(2) 梯形图中的起始母线接输入触点或内部继电器触点，表示控制条件。右端的终止母线连接输出线圈，表示控制的结果，且同一标识的输出线圈只能使用一次。

(3) 梯形图中各软元件的常开触点和常闭触点均可无限多次重复使用。因为它们是 PLC 内部 I/O 映像区或 RAM 区中存储器位的映像，而存储器位的状态是可以反复读取的。继电接触控制图中的每个开关均对应一个物理实体，故使用次数有限。这也是 PLC 优于继电接触控制的一大优点。

(4) 梯形图中的触点可以任意串联和并联，而输出线圈只能并联，不能串联。

(5) 在梯形图的最后一个逻辑行要用程序结束符"END"，以告诉编译系统，用户程序到此结束。

2. 助记符语言

助记符语言是以一种与微型计算机的汇编语言中的指令相似的助记符表达式来表示控制程序的程序设计语言。梯形图编程虽然直观形象，但要求配置较大的图形显示器。而在现场调试时，小型 PLC 往往只配备显示屏，即只有几行宽度的便携式编程器，这样梯形图就无法输入了，但助记符指令却可以一条一条地输入，滚屏显示。

用助记符语言编程，其指令表较难阅读，其中的逻辑关系很难一眼看出，所以更方便的方法是先编制梯形图，再用软件将梯形图转换成对应的指令表。使用便携式编程器时，必须先把梯形图转换成指令表，方能输入到 PLC。

表 2.6 是针对图 2.16 所示梯形图的助记符指令程序，该程序共占用 6 个程序步。

表 2.6 对应图 2.16 所示梯形图的指令表

步 序	操 作 码	操 作 数	说 明
0	LD	X000	逻辑行开始，输入 X000 常开触点
1	OR	Y000	并联 Y000 的自保触点
2	ANI	X001	串联 X001 的常闭触点
3	ANI	X002	串联 X002 的常闭触点
4	OUT	Y000	输出 Y000 线圈
5	END		逻辑行结束

如果是人工将图 2.16 所示梯形图转换成指令表，编写方法也是按梯形图的逻辑行和逻辑组件的编排顺序自上而下、自左向右依次进行。按此方法得到的指令表与表 2.6 相同。

3. 顺序功能图语言

顺序功能图也称流程图，是一种描述开关量顺序控制系统功能的图解表示法。对于复杂的顺控系统，内部的互锁关系非常复杂，若用梯形图来编写，其程序步就会很长，可读性也会大大降低。以流程图形式表示机械动作，即以状态转移图方式编程，特别适合于编制复杂的顺控程序。

如图 2.17 所示为用流程图语言来描述车床前进、后退的顺序控制，它是状态转换图的原型。

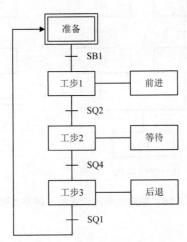

图 2.17　车床的工作流程图

用顺序功能图语言来编制复杂的顺控程序的编程思路如下。

(1) 按结构化程序设计的要求，将一个复杂的控制过程分解为若干个工步，这些工步称为状态。相邻的状态具有不同的动作。当相邻两状态之间的转移条件得到满足时，就实现转移，即上一状态的动作结束而下一状态的动作开始。可通过状态转移图来直观、简单地描述控制系统的控制过程，状态转移图是设计 PLC 顺序控制程序的一种有力工具。

(2) 顺序功能图语言主要由状态、转移和有向线段等组成。

状态表示一个控制过程中的工步。转移表示从一种状态到另一种状态的变化。不同状态之间要用有向线段连接，以表示转移的方向。从上到下、从左到右的有向线段的箭头可以省去不画。有向线段上的垂直短线和它旁边标注的文字符号或逻辑表达式是表示状态转移的条件。与状态对应的动作在该状态右边用一个或几个矩形框来表示。

(3) 顺序功能图语言的基本形式按结构来分可以分为三种，分别是单流程结构、选择结构和并行结构。

① 单流程结构是指其状态是一个接着一个地按顺序进行，每个状态仅连接一个转移，每个转移也仅连接一个状态。单流程结构如图 2.18(a)所示。

② 选择结构是指在某一状态后有几个单流程分支，当相应的转移条件满足时，一次只能选择进入一个单流程分支。选择结构的转移条件是在某一状态后连接一条水平线，水平线下再连接各个单流程分支的第一个转移。各个单流程分支结束时，也要用一条水平线

表示，而且其下不允许再有转移。选择结构如图 2.18(b)所示。

③ 并行结构是指在某一转移下，如转移条件满足，将同时触发并行的几个单流程分支，这些并行的顺序分支应画在两条双水平线之间。并行结构如图 2.18(c)所示。

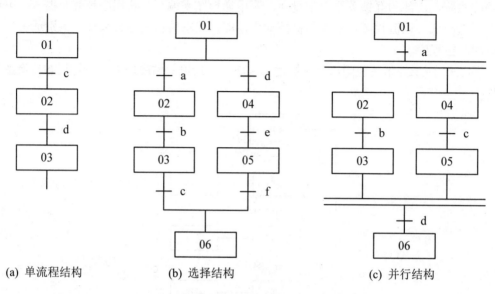

(a) 单流程结构   (b) 选择结构   (c) 并行结构

图 2.18　顺序功能图语言的三种基本形式

4. 功能块图语言

功能块图是一种类似于数字逻辑门电路的编程语言，用类似与门、或门的方框来表示逻辑运算关系，熟悉数字电路的人比较容易掌握这种编程方式。目前，国内很少有人使用这种方式编程。

5. 结构文本语言

结构文本是为 IEC 61131-3 标准创建的一种专门的高级汇编语言。与梯形图相比，它能实现复杂的数学运算，编程也非常简洁紧凑。

本 章 小 结

PLC 与 CAD/CAM、机器人技术一起被誉为当代工业自动化的三大支柱。PLC 是以微处理机为基础，综合计算机技术、自动控制技术和通信技术等现代科技而发展起来的一种新型工业自动控制装置，是将计算机技术应用于工业控制领域的新产品，主要用来代替继电器实现逻辑控制。随着技术的发展，现在可编程控制器的功能已经超过了逻辑控制的范围。

本章主要介绍了 PLC 的产生、发展及其未来的发展趋势。PLC 经过了几十年的发展，从一开始的简单逻辑控制到现在的过程控制、数据处理、联网通信，并随着科技的不断进步，PLC 也将向两个方向发展：一个是向超小型、专业化、低价格方向发展，以进行单机控制；另一个是向大型化、高速度、多功能、分布式全自动网络化方向发展，以适应大型工厂、企业自动化的需求。

本章还介绍了 PLC 的性能指标、工作原理及其基本结构。并针对本书使用的三菱 FX 系列 PLC 做了介绍，包括 PLC 的基本构成和编程语言。

思考与练习

1. 可编程控制器的定义是什么？
2. 简述 PLC 的发展史。
3. PLC 今后的发展方向是什么？
4. 简述 PLC 的分类。
5. PLC 有哪些特点？
6. 简述 PLC 的硬件结构。
7. 简述 PLC 循环扫描工作方式的基本原理并指出其与继电气控制系统的异同。
8. PLC 有哪几种编程语言？
9. PLC 的梯形图语言有什么特点？
10. 为什么 PLC 中的触点可以使用无限多次？

第3章 三菱FX指令系统

教学提示

本章将介绍三菱 FX3U 系列的内部组件、23 条基本指令和实际应用，步进指令及其编程方法，单流程 SFC 的结构流程，而有关状态转移的编制方法将在第 4 章详细阐述。本章还将对 PLC 常用功能指令的格式、类型以及每条功能指令的使用要素进行介绍。

教学目标

通过对本章的学习，要求能熟练应用基本指令解决一般的继电接触控制问题；能熟练设计步进梯形图并应用步进指令解决复杂问题；能掌握各类功能指令及运用功能指令编程的方法。

3.1 概　　述

FX3U 系列 PLC 为三菱电机的第三代小型 PLC，是在业内具有最高处理速度、高性能、大容量的新型 PLC，大大强化了高速处理、定位等内置功能。FX3U 系列 PLC 的控制规模为 16～384 点，基本单元有 16/32/48/64/80/128 点机型，提供继电器、晶体管两种类型的输出方式。通过扩展单元及模块可达 256 点控制规模，通过网络扩展，最多可达 384 点。内置 64K 步存储器，运算速度高达 0.065μs/基本指令。

FX3U 系列 PLC 兼容 FX2N PLC 的扩展单元、扩展模块以及多数特殊功能模块，又在 FX2N 的基础上丰富了应用指令和特殊功能模块及扩展功能单元，增强了系统配置的灵活性，大大提升了小型 PLC 的性能。FX3U 的基本性能指标见表 3.1。

表 3.1　FX3U 的基本性能指标

项　目		规　格	备　注
辅助继电器 (M 线圈)	一般用	500 点	M0～M499
	停电保持用	524 点	M500～M1023
	固定停电保持用	6656 点	M1024～M7679
	特殊	512 点	M8000～M8511
状态继电器 (S 线圈)	一般用	500 点	S0～S499
	停电保持用	400 点	S500～S899
	固定停电保持用	3096 点	S1000～S4095
	信号报警器	100 点	S900～S999

续表

项 目		规 格	备 注
定时器(T)	100ms	范围: 0~3276.7s, 200 点	T0~T199(其中 T192~T199 子程序和中断子程序用)
	10ms	范围: 0~327.67s, 46 点	T200~T245
	1ms 积算型	范围: 0~32.767s, 4 点	T246~T249
	100ms 积算型	范围: 0~3276.7s, 6 点	T250~T255
	1ms	范围: 0~32.767s, 256 点	T256~T511
计数器(C)	一般用(16 位)	范围: 0~32767, 100 点	C0~C99 类型: 16 位增计数器
	停电保持用(16 位)	范围: 0~32767, 100 点	C100~C199 类型: 16 位增计数器
	一般用(32 位)	范围: -2147483648~+2147483647, 20 点	C200~C219 类型: 32 位增/减计数器
	停电保持用(32 位)	范围: -2147483648~+2147483647, 15 点	C220~C234 类型: 32 位增/减计数器
高速计数器(C)	单相单输入	范围: -2147483648~+2147483647 单相: 最高计数频率 100kHz 双相: 最高计数频率 50kHz	C235~C245(11 点)
	单相双输入		C246~C250(5 点)
	双相双输入		C251~C255(5 点)
数据寄存器(D、V、Z)	一般用	200 点	D0~D199
	停电保持用	312 点	D200~D511
	固定停电保持用	7488 点	D512~D7999
	文件寄存器	7000 点	D1000~D7999, 通过参数将寄存器 7488 中 D1000 以后的软元件以每 500 点为单位设定为文件寄存器
	特殊用	512 点	D8000~D8511 类型: 16 位数据存储寄存器
	变址用	16 点	V0~V7, Z0~Z7
指针(P)	JUMP、CALL 分支用	4096 点	P0~P4095
	用于中断	6 输入点、3 定时器、6 计数器	I00*~I50*和 I6**~I8** [说明: 上升触发*=1, 下降触发*=0, **=时间(单位: ms)]

项　　目		规　　格	备　　注
常数	10 进制(K)	16 位：−32768～+32767 32 位：−2147483648～+2147483647	
	16 进制(H)	16 位：0000～FFFF 32 位：00000000～FFFFFFFF	
	实数(E)	32 位：±1.175×10^{-38}，±3.403×10^{38}	可以用小数点和指数形式表示
	字符串(" ")	字符串	最多可以使用半角的 32 个字符
嵌套层次		用于 MC 和 MRC 时 8 点	N0～N7

3.2　FX3U 系列 PLC 内部组件

　　FX3U 系列产品内部的编程元件，也就是支持该机型编程语言的软元件，按通俗说法又可称为继电器、定时器、计数器等，但它们与真实元件有很大差别，故称它们为"软继电器"。这些编程用的继电器的工作线圈没有工作电压等级、功耗大小和电磁惯性等问题，没有触点数量的限制，也没有机械磨损和电蚀等问题。在不同的指令操作下，其工作状态可以无记忆，也可以有记忆，还可以作脉冲数字元件使用。一般情况下，X 代表输入继电器，Y 代表输出继电器，M 代表辅助继电器，SPM 代表专用辅助继电器，T 代表定时器，C 代表计数器，S 代表状态组件，D 代表数据寄存器，MOV 代表传输等。

1. 输入继电器 X(X0～X367)

　　PLC 的输入端子是从外部开关接收信号的窗口，PLC 内部与输入端子连接的输入继电器 X 是用光电隔离的电子继电器，它们的编号与接线端子编号一致(按八进制编号)，最多为 248 个点，线圈的吸合或释放仅取决于 PLC 外部触点的状态。内部有常开/常闭两种触点供编程时随时使用，且使用次数不限。输入电路的时间常数一般小于 10ms。各基本单元都是八进制的输入地址，输入为 X000～X007，X010～X017，X020～X027，…最多为 248 点。它们一般位于机器的上端。输入、输出继电器等效电路图如图 3.1 所示。

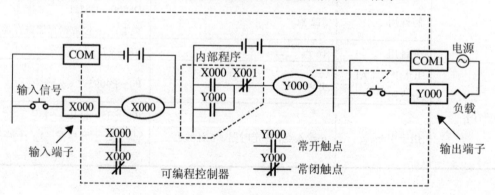

图 3.1　输入、输出继电器等效电路图

2. 输出继电器 Y(Y0~Y367)

PLC 的输出端子是向外部负载输出信号的窗口。输出继电器的线圈由程序控制,输出继电器的外部输出主触点接到 PLC 的输出端子上供外部负载使用,其余常开/常闭触点供内部程序使用。输出继电器的电子常开/常闭触点使用次数不限。输出电路的时间常数是固定的。PLC 的输出继电器是无源的,因此需要外接电源。FX3U 系列的输出继电器也是采用八进制,输出为 Y000~Y007,Y010~Y017,Y020~Y027,…最多为 248 点。它们一般位于机器的下端。

需要注意的是,FX 系列 PLC 中除了输入/输出继电器采用八进制地址外,其余软组件都采用十进制地址。另外,输出继电器的初始状态为断开状态。

3. 辅助继电器 M

PLC 内部有很多辅助继电器,其线圈与输出继电器一样,由 PLC 内各软元件的触点驱动。其作用相当于继电气控制系统中的中间继电器,用于状态暂存、辅助一位运算及特殊功能等。辅助继电器没有向外的任何联系,只供内部编程使用。其电子常开/常闭触点的使用次数不受限制。但是,这些触点不能直接驱动外部负载,外部负载的驱动必须通过输出继电器来实现。如图 3.2 所示,M300 只起到自锁作用。

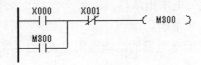

图 3.2 辅助继电器的使用

辅助继电器的地址编号采用十进制,共分为三类:通用型辅助继电器、停电保持型辅助继电器和特殊用途型辅助继电器。其中,通用型从 M0~M499 共 500 点;停电保持型分为可修改和专用两种,可修改有 M500~M1023 共 524 点,专用有 M1024~M7679 共 6656点;特殊用途有 M8000~M8511 共 512 点。

1) 通用型辅助继电器(M0~M499)

共有 500 点通用辅助继电器用作状态暂存、中间过渡等。其特点是线圈通电,触点动作,线圈断电,触点复位,没有停电保持功能。如果在 PLC 运行时突然断电,这些继电器将全部变为 OFF 状态。若再次通电,除了因外部输入信号而变为 ON 状态以外,其余的仍保持为 OFF 状态。

2) 停电保持型辅助继电器(M500~M7679)

(1) 停电保持修改辅助继电器。不少控制系统要求继电器能够保持断电瞬间的状态,停电保持型辅助继电器就是用于这种场合的,停电保持由 PLC 内装锂电池支持。FX3U 系列有 M500~M1023 共 524 个停电保持修改辅助继电器。当 PLC 断电并再次通电之后,这些继电器会保持断电之前的状态。其他特性与通用辅助继电器完全相同。

(2) 停电保持专用辅助继电器。有 M1024~M7679 共 6656 个,它与停电保持修改辅助继电器的区别是,停电保持辅助继电器可用参数来设定或变更非停电保持区域。而停电保持专用辅助继电器的停电保持特性无法用参数来改变。

3) 特殊用途型辅助继电器(M8000～M8511)

从 M8000 到 M8511,这 512 个辅助继电器区间是不连续的,也就是说,有一些辅助继电器是根本不存在的,对这些没有定义的继电器无法进行有意义的操作。有定义的特殊用途型辅助继电器可分为两大类:触点利用型和线圈驱动型。

(1) 触点利用型。这类辅助继电器用来反映 PLC 的工作状态,触点的通或断的状态直接由 PLC 自动驱动。在编制用户程序时,用户只能使用其触点,不能对其驱动。

例如,M8000:为运行监控用,PLC 运行时,M8000 始终被接通。在运行过程中,其常开触点始终"闭合",常闭触点始终"断开"。在编制程序时,可以根据不同的需要,使用 M8000 的常开触点或常闭触点。

M8002:仅在 PLC 投入运行开始瞬间接通一个扫描周期的初始脉冲。

M8013:每秒发出一个脉冲信号,即自动地每秒 ON 一次。

M8020:加减运算结果为零时状态为 ON,否则为 OFF。

M8060:F0 地址出错时置位(ON)。例如,对不存在的 X 或 Y 进行了操作。

(2) 线圈驱动型。这类辅助继电器是可控制的特殊功能辅助继电器,驱动这些继电器后,PLC 将做一些特定的操作。

例如,M8034:ON 时禁止所有输出。

M8030:ON 时熄灭电池欠电压指示灯。

M8050:ON 时禁止 I0××中断。

FX3U 系列特殊用途型辅助继电器的功能应用见表 3.2～表 3.8。

表 3.2 PLC 状态(M8000～M8009)

继电器	内 容	继电器	内 容
M8000	RUN 监控(常开触点)	M8005	电池电压低
M8001	RUN 监控(常闭触点)	M8006	电池电压过低锁存
M8002	初始脉冲(常开触点)	M8007	电源瞬停检出
M8003	初始脉冲(常闭触点)	M8008	停电检出
M8004	出错	M8009	DC24V 关断

表 3.3 时钟(M8010～M8019)

继电器	内 容	继电器	内 容
M8010	—	M8015	时间设置
M8011	10ms 时钟	M8016	寄存器数据保存
M8012	100ms 时钟	M8017	±30s 修正
M8013	1s 时钟	M8018	时钟有效
M8014	1min 时钟	M8019	设置错

表 3.4 标志(M8020~M8029)

继电器	内 容	继电器	内 容
M8020	零标记	M8025	HSC 模式
M8021	借位标记	M8026	RAMP 模式
M8022	进位标记	M8027	PR 模式
M8023	—	M8028	在执行 FROM/TO 指令过程中中断允许
M8024	BMOV 方向指定	M8029	完成标记

表 3.5 PLC 方式(M8030~M8039)

继电器	内 容	继电器	内 容
M8030	电池欠压 LED 灯灭	M8035	强制 RUN 方式
M8031	全清非保持存储器	M8036	强制 RUN 信号
M8032	全清保持存储器	M8037	强制 STOP 信号
M8033	存储器保持	M8038	通信参数设定标记
M8034	禁止所有输出	M8039	定时扫描

表 3.6 步进顺控(M8040~M8049)

继电器	内 容	继电器	内 容
M8040	M8040 置 ON 时禁止状态转移	M8045	在模式切换时,所有输出复位禁止
M8041	状态转移开始	M8046	STL 状态置 ON
M8042	启动脉冲	M8047	STL 状态监控有效
M8043	回原点完成	M8048	信号报警器动作
M8044	检出机械原点时动作	M8049	信号报警器有效

表 3.7 中断禁止(M8050~M8059)

继电器	内 容
M8050	
M8051	
M8052	执行 EI 指令后,及时中断许可,但
M8053	是当此 M 动作时,对应的输入中
M8054	断,定时器将无法单独动作,例如,
M8055	当 M8050 处于 ON 时,禁止中断
M8056	I00×
M8057	
M8058	
M8059	禁止来自 I010~I060 的中断

表 3.8 错误检测(M8060~M8069)

继电器	内 容
M8060	I/O 构成错误
M8061	PLC 硬件错误
M8062	PLC/PP 通信错误
M8063	并联连接出错,RS232 通信错误
M8064	参数错误
M8065	语法错误
M8066	回路错误
M8067	运算错误
M8068	运算错误锁存
M8069	I/O 总线检测

4. 状态组件 S(S0～S4095)

状态组件是构成状态转移图的重要器件,与步进顺控指令配合使用。常开/常闭触点的使用次数不受限制。状态组件如果不用于步进顺控指令,也可以作为辅助继电器使用。FX3U系列共有 4096 点状态组件,地址号和功能见表 3.9。

表 3.9　状态组件 S 的地址号和功能

分　类	点　数
一般用	500 点　S0～S499(S0～S9 作为初始化用)
停电保持用	400 点　S500～S899
固定停电保持专用	3096 点　S1000～S4095
信号报警用	100 点　S900～S999

5. 定时器 T(T0～T511)

定时器相当于继电器系统中的时间继电器,可在程序中用于延时控制。PLC 中的定时器都是通电延时型。定时器工作是将 PLC 内的 1ms、10ms、100ms 等时钟脉冲代数,当它的当前值等于设定值时,定时器的输出触点(常开或常闭)动作,即常开触点接通,常闭触点断开。定时器触点使用次数不限。定时器的设定值可由常数(K)或数据寄存器(D)中的数值设定。使用数据寄存器设置定时器设定值时,一般使用具有掉电保持功能的数据寄存器,这样在断电时不会丢失数据。定时器按工作方式不同可分为普通定时器和积算定时器两类。

定时器的地址号及设定时间范围如下。

100ms 普通定时器 T0～T199,共 200 点,设定值:0.1～3276.7s。其中,T192～T199子程序用。

10ms 普通定时器 T200～T245,共 46 点,设定值:0.01～327.67s。

1ms 积算定时器 T246～T249,共 4 点,执行中断保持用,设定值:0.001～32.767s。

100ms 积算定时器 T250～T255,共 6 点,保持用,设定值:0.1～3276.7s。

1ms 普通定时器 T256～T511,共 256 点,设定值:0.001～32.767s。

1) 普通定时器(T0～T245,T256～T511)

普通定时器在梯形图中的使用和动作时序如图 3.3(a)所示。

当 X000 接通时,T0 线圈被驱动,T0 的当前值计数器对 100ms 的时钟脉冲进行累积计数,当前值与设定值 K12 相等时,定时器的输出触点动作,即输出触点是在驱动线圈后的1.2s(100ms×12=1.2s)时才动作,当 T0 触点吸合后,Y000 就有输出。当输入 X000 断开或停电时,定时器复位,输出触点复位。

2) 积算定时器(T246～T255)

积算定时器在梯形图中的使用和动作时序如图 3.3(b)所示。

当定时器线圈 T250 的驱动输入 X001 接通时,T250 的当前值计数器对 100ms 的时钟脉冲进行累积计数,当该值与设定值 K345 相等时,定时器的输出触点动作。计数中途即使X1 断开或断电,T250 线圈失电,当前值也能保持。输入 X001 再次接通或复电时,计数继续进行,直到累计延时到 34.5s(100ms×345=34.5s)时触点动作。任何时刻只要复位输入 X002接通,定时器就复位,输出触点也复位。一般情况下,从定时条件采样输入到定时器延时

高职高专计算机实用规划教材——案例驱动与项目实践

输出控制，其延时最大误差为 $2T_C$，T_C 为一个程序扫描周期。

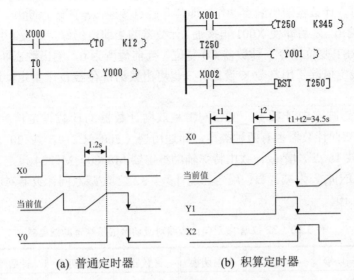

(a) 普通定时器　　　　(b) 积算定时器

图 3.3　定时器的使用及动作时序

6. 计数器 C(C0～C255)

计数器在程序中用作计数控制，FX3U 系列提供了 256 个计数器。当计数器的当前值和设定值相等时，触点动作。计数器的触点可以无限次使用。其根据计数方式和工作特点可分为内部信号计数器和高速计数器。

1) 内部信号计数器

在执行扫描操作时，对内部器件 X、Y、M、S、T 和 C 的信号(通/断)进行计数。其接通时间和断开时间应比 PLC 的扫描周期稍长。内部信号计数器按工作方式可分为 16 位增计数器和 32 位增/减双向计数器。

(1) 16 位增计数器。FX3U 中的 16 位增计数器是 16 位二进制加法计数器，它是在计数信号的上升沿进行计数的，计数设定值为 K1～K32767，设定值 K0 和 K1 的含义相同，均在第一次计数时其输出触点就动作。计数器又分通用型和停电保持两种，其中 C0～C99 共 100 点是通用型 16 位加法计数器，C100～C199 共 100 点是停电保持型 16 位加法计数器。当切断 PLC 的电源时，普通型计数器当前值自动清除，而停电保持型计数器则可存储停电前的计数器数值，当再次通电时，计数器可按上一次数值累积计数。增计数器的动作过程如图 3.4 所示。

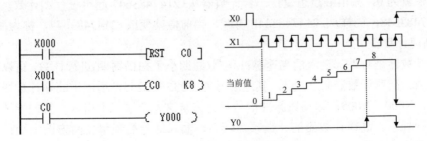

图 3.4　增计数器的动作过程

X001 是计数器输入信号,每接通一次,计数器 C0 当前值加 1,当前值与设定值相等时,即当前值为 8 时,计数器输出触点动作,即常开触点接通,常闭触点断开。当 C0 触点吸合后,Y000 就有输出。之后即使 X001 再接通,计数器的当前值仍保持不变。当复位输入 X000 接通时,执行 RST 复位指令,计数器 C0 复位,当前值变为 0,输出触点断开。

计数器的设定值除了用常数 K 设定外,也可由数据寄存器 D 来指定,这要用到后述的功能指令 MOV。

(2) 32 位增/减双向计数器。32 位增/减双向计数器的计数设定值为-2147483648～+2147483647。双向计数器也有两种类型,即通用型 C200～C219,共 20 点,停电保持型 C220～C234,共 15 点。增/减计数由特殊辅助继电器 M8200～M8234 设定。对应的特殊辅助继电器接通(ON)时,为减计数;反之为加计数。32 位增/减双向计数器对应切换的特殊辅助继电器见表 3.10。

表 3.10　32 位增/减双向计数器对应切换的特殊辅助继电器

计数器	方向切换	计数器	方向切换	计数器	方向切换	计数器	方向切换
C200	M8200	C209	M8209	C218	M8218	C226	M8226
C201	M8201	C210	M8210	C219	M8219	C227	M8227
C202	M8202	C211	M8211	—	—	C228	M8228
C203	M8203	C212	M8212	C220	M8220	C229	M8229
C204	M8204	C213	M8213	C221	M8221	C230	M8230
C205	M8205	C214	M8214	C222	M8222	C231	M8231
C206	M8206	C215	M8215	C223	M8223	C232	M8232
C207	M8207	C216	M8216	C224	M8224	C233	M8233
C208	M8208	C217	M8217	C225	M8225	C234	M8234

与 16 位计数器一样,可直接用常数 K 或间接用数据寄存器 D 的内容作为设定值,设定值可正、可负。间接设定时,数据寄存器将连号的内容变为一对,作为 32 位双向计数器的设定值。如用 D0 作为设定时,D1 与 D0 两项作为 32 位设定值处理。

32 位双向计数器的动作过程如图 3.5 所示。其中 X012 为计数方向设定信号,X013 为计数器复位信号,X014 为计数器输入信号。在计数器的当前值由-6 到-5 增加时,输出触点接通(置 ON);由-5 到-6 减小时,输出触点断开(复位)。当复位输入 X013 接通时,计数器的当前值就为 0,输出触点也复位。若计数器从+2147483647 起再进行加计数,当前值就变成-2147483648,同样从-2147483648 再减,当前值就变成+2147483647,称为循环计数。

2) 高速计数器

高速计数器是对外部输入的高速脉冲信号(周期小于扫描周期)进行计数,可以执行数千赫兹的计数。高速计数器共 21 点,其地址号为 C235～C255,适用于高速计数器输入端的只有 6 点,X000～X005,即高速脉冲信号只允许从这 6 个端子上引入,其他端子不能对高速脉冲进行处理。高速计数器的计数频率较高,输入信号的频率受两方面限制:一是输入端的响应速度,二是全部高速计数器的处理时间。因其采用中断方式,所以计数器用得越

少，则可计数频率就越高。单独使用单相 C235、C236、C246 时，最高可以对 100kHz 高速脉冲进行计数；C251(双相)最高频率为 50kHz。当多个高速计数、脉冲输出同时使用时，频率会降低，不超过一定的总计频率数。X006 和 X007 也是高速输入，但只能用作启动信号而不能用于高速计数。

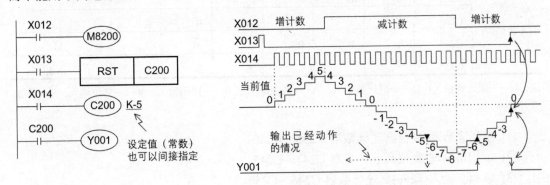

图 3.5　32 位双向计数器的动作过程

高速计数器的选择并不是任意的，它取决于所需高速计数器的类型及高速输入端子。高速计数器的类型可分为以下几种，见表 3.11。

表 3.11　高速计数器分类表

输　入		X0	X1	X2	X3	X4	X5	X6	X7
单相无启动/复位	C235	U/D							
	C236		U/D						
	C237			U/D					
	C238				U/D				
	C239					U/D			
	C240						U/D		
单相带启动/复位	C241	U/D	R						
	C242			U/D	R				
	C243				U/D	R			
	C244	U/D	R					S	
	C245			U/D	R				S
单相 2 输入(双向)	C246	U	D						
	C247	U	D	R					
	C248				U	D	R		
	C249	U	D	R				S	
	C250				U	D	R		S

续表

输 入		X0	X1	X2	X3	X4	X5	X6	X7
双相输入 (A-B 相型)	C251	A	B						
	C252	A	B	R					
	C253				A	B	R		
	C254	A	B	R				S	
	C255				A	B	R		S

注：U——增计数输入；D——减计数输入；A——A 相输入；B——B 相输入；R——复位输入；S——启动输入。

(1) 单相无启动/复位高速计数器 C235～C240。

(2) 单相带启动/复位高速计数器 C241～C245。

(3) 单相 2 输入(双向)高速计数器 C246～C250。

(4) 双相输入(A-B 相型)高速计数器 C251～C255。

高速计数器为 32 位双向计数器，增减计数仍然用 M82××控制。当 M82××为 OFF 时，高速计数器 C2××为增计数；反之，高速计数器 C2××为减计数。

高速计数器是以中断方式工作的，独立于扫描周期，因而高速计数器的驱动继电器必须始终有效，而不能像普通计数器那样用产生脉冲信号的端子驱动高速计数器。错误用法，如图 3.6 所示。正确用法，如图 3.7 所示。

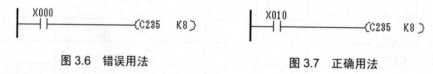

图 3.6　错误用法　　　　　　　　图 3.7　正确用法

7. 数据寄存器 D(D0～D7999)

数据寄存器是计算机必不可少的元件，用于存放各种数据。FX3U 中的数据寄存器都是 16 位的(最高位为正、负符号位)，也可将两个数据寄存器合并起来存储 32 位数据(最高位为正、负符号位)。

1) 通用数据寄存器

通道分配：D0～D199，共 200 点。

只要不写入其他数据，已写入的数据不会变化。但是，由 RUN→STOP 时，全部数据均清零(若特殊辅助继电器 M8033 已被驱动，则数据不被清零)。

2) 停电保持用寄存器

通道分配：D200～D511，共 312 点。

其功能基本与通用数据寄存器相同。除非改写，否则原有数据不会丢失，无论电源是否接通，PLC 是否运行，其内容都不变化。但在两台 PLC 作点对点通信时，D490～D509 被用作通信操作。

3) 停电保持专用寄存器

通道分配：D512～D7999，共 7488 点。

关于停电保持的特性不能通过参数进行变更。根据设定的参数(特殊辅助继电器 M8074 为 ON 时),可以将 D1000 以后的数据寄存器以 500 点为单位作为文件寄存器处理。用 BMOV 指令传送数据(写入或读出)。

4) 文件寄存器

通道分配：D1000 以后，最大 7000 点。

文件寄存器是用户程序存储器(RAM、EEPROM、EPROM)内的一个存储区，以 500 点为一个单位作为文件寄存器。用外部设备口进行写入操作。在 PLC 运行时，可用 BMOV 指令将数据写入通用数据寄存器中，但是不能用指令将数据写入文件寄存器。用 BMOV 指令将数据写入 RAM 后，再从 RAM 中读出。将数据写入 EEPROM 存储器需要花费一定的时间，务必注意。

5) 特殊用寄存器

通道分配：D8000～D8511，共 512 点。

特殊用寄存器是指写入特定目的的数据，或已事先写入特定内容的数据寄存器，其内容在电源接通时被置于初始值(一般先清 0，然后由系统 ROM 来写入)。

8. 指针 P/I

1) 分支指令用指针

P 标号共有 4096 点，从 P0～P62、P64～P4095，P63 结束跳转用，不能随意指定，P63 相当于 END。标号用来指定跳转指令 CJ 或子程序调用指令 CALL 等分支指令的跳转目标。P 标号在整个程序中只允许出现一次，但可以多次引用。

P 标号用在跳转指令中，使用格式为：CJ　P0－CJ　P62。

P 标号用在子程序调用指令中，使用格式为：CALL　P0－CALL　P63。

2) 中断用指针

I 标号专用于中断服务程序的入口地址，有 15 点，其中 I000～I500 共 6 点用于外中断，由输入继电器 X0～X5 引起中断。I600～I800 共 3 点用于插入计数。余下的 6 点，I010～I060 用于计数器中断。

9. 常数 K/H/E

常数也被作为器件使用，它在存储器中占有一定空间，PLC 最常用的三种常数是 K、H、E。K 表示十进制，如 K30 表示十进制的 30。H 表示十六进制，如 H64 表示十六进制的 64，即对应十进制的 100。E 表示实数(浮点数)，如 E1.23 表示实数 1.23。常数一般用于定时器、计数器的设定值或数据操作。

3.3　三菱 FX 系列基本指令

3.3.1　LD、LDI、OUT 指令

LD(Load)取指令：用于将常开触点接到母线上。另外，与后述的 ANB、ORB 指令组合，

在分支起点处也可使用。

LDI(Load Inverse)取反指令：与 LD 的用法相同，只是 LDI 对常闭触点。

OUT(Out)输出指令：也叫线圈驱动指令，是对输出继电器、辅助继电器、状态继电器、定时器、计数器的线圈驱动，对于输入继电器不能使用。OUT 指令用于并行输出，在梯形图中相当于线圈是并联的。OUT 指令能连续使用，不能串联使用。

LD、LDI、OUT 三条指令的说明见表 3.12。

表 3.12　LD、LDI、OUT 指令的说明

符号、名称	功　能	梯形图表示及操作元件	程 序 步
LD 取	常开触点与母线相连	├─┤ ├─( )─┤　X, Y, M, S, T, C	1
LDI 取反	常闭触点与母线相连	├─┤ ├─( )─┤　X, Y, M, S, T, C	1
OUT 输出	线圈驱动	├─┤ ├─( )─┤　X, M, S, T, C	Y,M：1 S,特殊 M：2 T：3 C：3～5

LD、LDI 是一个程序步指令，一个程序步即是一个字；OUT 是多程序步指令，要视目标元件而定。当对定时器 T、计数器 C 使用 OUT 指令时，必须设置常数 K，K 值的设定范围与步数值见表 3.13。

表 3.13　常数 K 的设定范围与步数值

定时器、计数器	时间常数 K 的范围	实际设定值范围	步　数
1ms 定时器		0.001～32.767s	3
10ms 定时器	1～32767	0.01～327.67s	3
100ms 定时器		0.1～3276.7s	3
16 位计数器	1～32767	1～32767s	3
32 位计数器	−2147483648～+2147483647	−2147483648～+2147483647	5

上述三条指令的使用举例如图 3.8 所示。

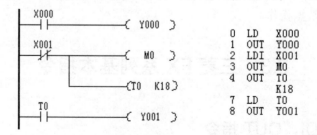

图 3.8　LD、LDI、OUT 指令的使用

3.3.2　AND、ANI 指令

AND(And)与指令：用于单个常开触点的串联。

ANI(And Inverse)与非指令：用于单个常闭触点的串联。

AND、ANI 指令的说明见表 3.14。

表 3.14　AND、ANI 指令的说明

符号、名称	功　能	梯形图表示及操作元件	程序步
AND 与	常开触点串联连接	X, Y, M, S, T, C	1
ANI 与非	常闭触点串联连接	X, Y, M, S, T, C	1

AND、ANI 都是一个程序步指令，串联触点个数没有限制，该指令可以连续多次使用。如果有两个以上的触点并联连接，并将这种并联回路与其他回路串联连接时，要采用后述的 ANB 指令。当使用 OUT 指令驱动线圈 Y 后，通过触点 X4(即 X004)驱动线圈 YZ(即 Y002)，可重复使用 OUT 指令，实现纵接输出，如图 3.9 所示。

```
X000  X001
├┤────┤├─────────( Y000 )      0  LD   X000
X002  X003                     1  AND  X001
├┤────┤/├────────( Y001 )      2  OUT  Y000
      X004                     3  LD   X002
      ├┤──────────( Y002 )      4  ANI  X003
                               5  OUT  Y001
                               6  AND  X004
                               7  OUT  Y002
```

图 3.9　AND、ANI 指令的使用

但如果驱动顺序有变，则必须用后述的 MPS 指令，此时程序步增多，不推荐使用，如图 3.10 所示。

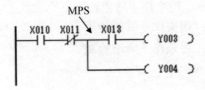

图 3.10　不推荐电路

3.3.3　OR、ORI 指令

OR(Or)或指令：用于单个常开触点的并联。

ORI(Or Inverse)或非指令：用于单个常闭触点的并联。

OR、ORI 指令的说明见表 3.15。

表 3.15   OR、ORI 指令的说明

符号、名称	功 能	梯形图表示及操作元件	程 序 步
OR 或	常开触点并联连接	X, Y, M, S, T, C	1
ORI 或非	常闭触点并联连接	X, Y, M, S, T, C	1

OR、ORI 都是一个程序步指令，并联触点个数没有限制，该指令可以连续多次使用。如果有两个以上的触点串联连接，并将这种串联回路与其他回路并联连接时，要采用后述的 ORB 指令，如图 3.11 所示。

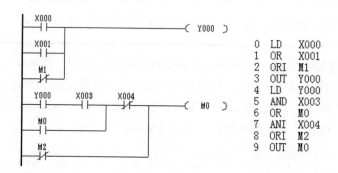

图 3.11   OR、ORI 指令的使用

3.3.4   LDP、LDF、ANDP、ANDF、ORP、ORF 指令

LDP 取脉冲上升沿指令：用来作上升沿检测，在输入信号的上升沿接通一个扫描周期。

LDF 取脉冲下降沿指令：用来作下降沿检测，在输入信号的下降沿接通一个扫描周期。

ANDP 与脉冲上升沿指令：用来作上升沿检测。

ANDF 与脉冲下降沿指令：用来作下降沿检测。

ORP 或脉冲上升沿指令：用来作上升沿检测。

ORF 或脉冲下降沿指令：用来作下降沿检测。

上述指令的说明见表 3.16。

表 3.16   指令的说明

符号、名称	功 能	梯形图表示及操作元件	程 序 步
LDP 取上升沿脉冲	上升沿脉冲逻辑运算开始	X, Y, M, S, T, C	2
LDF 取下降沿脉冲	下降沿脉冲逻辑运算开始	X, Y, M, S, T, C	2

续表

符号、名称	功 能	梯形图表示及操作元件	程序步
ANDP 与上升沿脉冲	上升沿脉冲串联连接	X, Y, M, S, T, C	2
ANDF 与下降沿脉冲	下降沿脉冲串联连接	X, Y, M, S, T, C	2
ORP 或上升沿脉冲	上升沿脉冲并联连接	X, Y, M, S, T, C	2
ORF 或下降沿脉冲	下降沿脉冲并联连接	X, Y, M, S, T, C	2

这是一组与 LD、AND、OR 指令相对应的脉冲式触点指令。指令中 P 对应上升沿脉冲，F 对应下降沿脉冲。指令中的触点仅在操作元件有上升沿/下降沿时导通一个扫描周期。

LDP、LDF 的使用如图 3.12 所示。使用 LDP 指令，Y0 仅在 X0 的上升沿时接通一个扫描周期。使用 LDF 指令，Y1 仅在 X1 的下降沿时接通一个扫描周期。

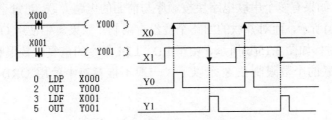

图 3.12 LDP、LDF 指令的使用

ANDP、ANDF 指令的使用如图 3.13 所示。使用 ANDP 指令，在 X2 接通后，M0 仅在 X3 的上升沿时接通一个扫描周期。使用 ANDF 指令，在 X4 接通后，Y2 仅在 X5 的下降沿时接通一个扫描周期。

ORP、ORF 指令的使用如图 3.14 所示。使用 ORP 指令， M1 仅在 X10 或 X11 的上升沿时接通一个扫描周期。使用 ORF 指令，Y3 仅在 X12 或 X13 的下降沿时接通一个扫描周期。

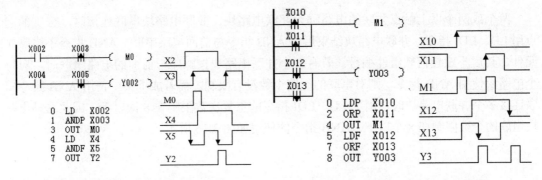

图 3.13 ANDP、ANDF 指令的使用　　　　图 3.14 ORP、ORF 指令的使用

3.3.5　串联电路块并联指令 ORB 和并联电路块串联指令 ANB

ORB 串联电路块或：将两个或两个以上串联电路块并联连接的指令。

ANB 并联电路块与：将并联电路块的始端与前面电路串联连接的指令。

ORB、ANB 指令的说明见表 3.17。

表 3.17　ORB、ANB 指令的说明

符号、名称	功　能	梯形图表示及操作元件	程 序 步
ORB 串联电路块或	串联电路块的并联连接	操作元件：无	1
ANB 并联电路块与	并联电路块的串联连接	操作元件：无	1

两个或两个以上的触点串联连接的电路叫串联电路块。串联电路块并联连接时，分支开始用 LD、LDI 指令，分支结束用 ORB 指令。ORB 指令不带操作元件，其后不跟任何软组件编号。使用时如果有多个串联电路块按顺序与前面的电路并联，对每个电路块使用 ORB 指令，如图 3.15(a)所示，而对并联的回路个数没有限制。如果集中使用 ORB 指令并联连接多个串联电路块时，如图 3.15(b)所示，由于 LD、LDI 指令的重复次数限制在 8 次以下，因此这种电路块并联的个数限制在 8 个以下。一般不推荐集中使用 ORB 指令的方式，如图 3.15(c)所示。

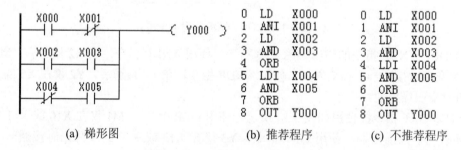

| (a) 梯形图 | (b) 推荐程序 | (c) 不推荐程序 |

图 3.15　ORB 指令的使用

两个或两个以上触点并联的电路称为并联电路块。并联电路块串联连接时，分支的起点用 LD、LDI 指令，并联电路块结束后用 ANB 指令与前面电路串联。ANB 指令不带操作元件，其后不跟任何软组件编号。若有多个并联电路块按顺序与前面的电路串联时，对每个电路块使用 ANB 指令，则对串联的回路个数没有限制。而若成批集中使用 ANB 指令串联连接多个并联电路块时，由于 LD、LDI 指令的重复次数限制在 8 次以下，因此这种电路块串联的个数限制在 8 个以下。ANB 指令的使用如图 3.16 所示。

高职高专计算机实用规划教材——案例驱动与项目实践

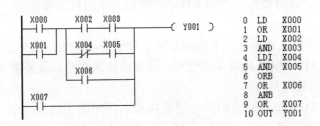

图 3.16 ANB 指令的使用

3.3.6 MPS、MRD、MPP 指令

MPS(Push)为进栈指令。

MRD(Read)为读栈指令。

MPP(Pop)为出栈指令。

这三条指令都是无目标元件指令，都为一个程序步长，该组指令用于多输出电路。指令说明见表 3.18。

表 3.18 MPS、MRD、MPP 指令的说明

符号、名称	功　能	梯形图表示及操作元件	程　序　步
MPS	进栈		1
MRD	读栈	操作元件：无	1
MPP	出栈		1

PLC 中有 11 个存储中间运算结果的存储区域，被称为栈存储器。栈存储器采用先进后出的数据存取方式，如图 3.17 所示。

使用一次 MPS 指令会将此时的运算结果送入栈存储器的第一层进行存储。再次使用 MPS 指令，会将此时的运算结果送入栈存储器的第一层进行存储，而将原先存入的数据依次移到栈存储器的下一层。

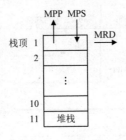

图 3.17 栈操作示意图

MRD 是读出最上层所存储的最新数据的专用指令。读出时，栈内数据不发生移动，在栈内的位置保持不变。

使用 MPP 指令，各层数据依次向上移动，将最上端的数据读出后，该数据从栈存储器中消失。

MPS 指令用于存储电路中有分支处的逻辑运算结果。MPS、MPP 必须成对使用，连续使用的次数应小于 11。MRD 可以多次使用，但最终输出回路必须采用 MPP 指令，从而在读出存储数据的同时将其复位。

MPS、MRD、MPP 指令的使用的一层堆栈梯形图如图 3.18 所示，二层堆栈梯形图如图 3.19 所示。四层堆栈梯形图如图 3.20 所示。若改为如图 3.21 所示的情况，则不必使用 MPS 指令，编程也方便。

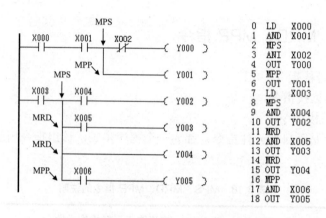

图 3.18　一层堆栈梯形图

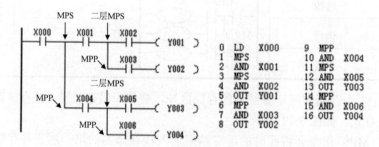

图 3.19　二层堆栈梯形图

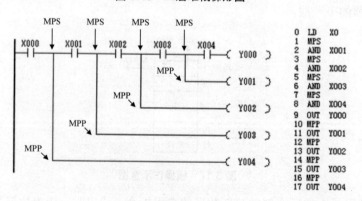

图 3.20　四层堆栈梯形图

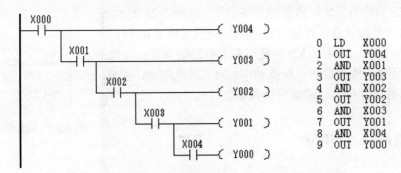

图 3.21　不用 MPS 指令的与图 3.20 等效的梯形图

3.3.7　置位指令 SET 和复位指令 RST

SET 置位指令：使动作保持。

RST 复位指令：消除动作保持，当前值及寄存器清零。

SET 指令的操作目标元件为 Y、M、S，而 RST 指令的操作元件为 Y、M、S、T、C、D、V、Z。这两条指令是 1～3 程序步。指令说明见表 3.19。

表 3.19　SET、RST 指令的说明

符号、名称	功　能	梯形图表示及操作元件	程　序　步
SET 置位	动作保持	⊣├─[SET | Y, M, S]	Y, M：1 S，特殊 M：2
RST 复位	消除动作保持，当前值及寄存器清零	⊣├─[RST | Y, M, S, T, C, D, V, Z]	T, C：2 D, V, Z：3

SET 和 RST 指令的使用没有顺序限制，也可以多次使用，并且在 SET 和 RST 之间可以插入别的程序，但最后执行一条有效的，如图 3.22 所示。

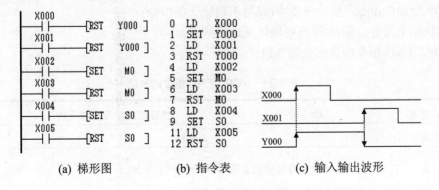

(a) 梯形图　　　　(b) 指令表　　　　(c) 输入输出波形

图 3.22　SET、RST 的使用

RST 指令的操作元件除了有与 SET 指令相同的 Y、M、S 外，还有 T、C、D。即对数据寄存器 D 和变址寄存器 V、Z 的清零操作，以及对定时器 T(包括累计定时器)和计数器 C

的复位，使它们的当前计时值和计数值清零。如图 3.23 所示，C0 对 X1 的上升沿次数进行增计数，当达到设定值 K10 时，输出触点 C0 动作。此后，X1 即使再有上升沿的变化，计数器的当前值不变，输出触点仍保持动作。为了将此清除，接通 X0，要对计数器复位，以使输出触点复位。

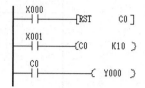

图 3.23　对计数器的复位使用

3.3.8　取反指令 INV

INV 指令是将其执行之前的运算结果取反的指令，即执行 INV 指令前的运算结果为 OFF，执行 INV 指令后的运算结果为 ON。该指令不能直接与母线连接，也不能单独使用。该指令是一个无操作元件指令，占一个程序步。INV 指令的说明见表 3.20。

表 3.20　INV 指令的说明

符号、名称	功　能	梯形图表示及操作元件	程　序　步
INV 取反	逻辑运算结果取反	⊢⊢⊢/⊣◯⊣　操作元件：无	1

INV 指令的使用如图 3.24 所示，当 X0 断开时，Y0 为 ON；当 X0 接通时，Y0 为 OFF。

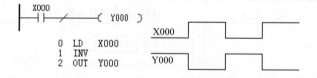

```
0 LD  X000
1 INV
2 OUT Y000
```

图 3.24　INV 指令的使用

3.3.9　空操作指令 NOP 和结束指令 END

NOP 空操作指令：空一条指令(或用于删除一条指令)。
END 结束指令：输入/输出处理以及返回到 0 步。
NOP、END 指令的说明见表 3.21。

表 3.21　NOP、END 指令的说明

符号、名称	功　能	梯形图表示及操作元件	程　序　步
NOP 空操作	无动作	无元件	1
END 结束	输入/输出处理以及返回到 0 步	⊢──[END]──⊣　操作元件：无	1

在普通的指令中加入 NOP 指令，对程序的执行结果没有影响。但是若将已写入的指令换成 NOP，则被换的程序被删除，程序发生变化，所以可用 NOP 指令对程序进行编辑。比如，将 AND 和 ANI 指令改为 NOP，相当于串联触点被短路。将 OR 和 ORI 指令改为 NOP，

相当于并联触点被开路，如图 3.25 所示。如用 NOP 指令修改后的电路不合理，梯形图将出错。执行程序全清操作后，全部步指令都变为 NOP。

　　END 是结束指令，在程序的最后写入 END 指令。如果程序结束不用 END，在程序执行时会扫描整个用户存储器，从而延长程序的执行时间，有时 PLC 会提示程序出错。在程序调试阶段，在各程序段插入 END 指令，可依次检查各程序段的动作，确认前面的程序动作无误后，依次删去 END 指令，有助于程序的调试。

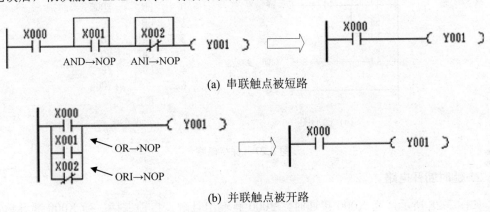

(a) 串联触点被短路

(b) 并联触点被开路

图 3.25　NOP 指令的使用

例 3.1　根据如图 3.26(a)所示的梯形图写出指令表。

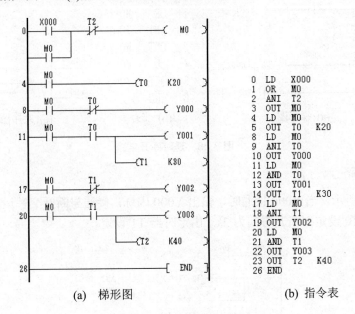

(a)　梯形图

(b)　指令表

图 3.26　梯形图和指令表

3.3.10　基本指令应用举例

　　本小节将举例说明基本指令的应用。

1. 保持电路

如图 3.27 所示，当 X000 接通时，辅助继电器 M0 接通并保持，Y000 有输出。X000 断开后，Y000 仍有输出。只有当 X001 接通，其常闭触点断开时，才能使 M0 断开，使 Y000 无输出。

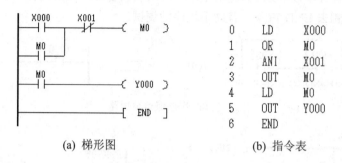

(a) 梯形图	(b) 指令表

图 3.27　保持电路

2. 延时断开电路

如图 3.28 所示，当 X000 接通时，Y000 有输出且触点自锁保持；当 X000 断开后，启动内部定时器 T0，定时 5s 后，定时器常闭触点断开，输出 Y000 断开。

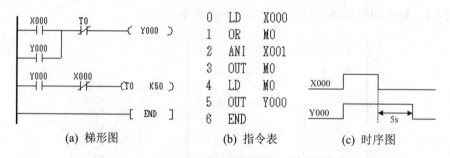

(a) 梯形图	(b) 指令表	(c) 时序图

图 3.28　延时断开电路

3. 振荡电路

如图 3.29 所示，当 X000 接通时，输出 Y000 闪烁，接通与断开交替运行，接通时间为 1s，由定时器 T0 设定；断开时间为 2s，由定时器 T1 设定。

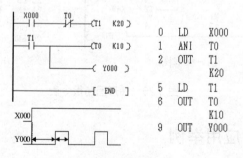

图 3.29　振荡电路

高职高专计算机实用规划教材——案例驱动与项目实践

3.4　步进指令与状态编程

在编程中，一个复杂的控制系统，尤其是顺序控制系统，由于内部的连锁、互动关系极其复杂，其梯形图往往长达数百行，编制的难度较大，使这类程序的可读性大大降低。而运用 SFC 语言编制复杂的顺控程序，初学者可以很容易掌握，另外也为调试、试运行带来了方便。SFC 语言是一种通用的流程图语言。三菱 PLC 在基本逻辑指令之外增加了两条简单的步进顺控指令(Step Ladder，STL)，同时辅之以大量状态元件，因此可以用类似于 SFC 语言的状态转移图方式编程。

3.4.1　步进指令 STL、RET

PLC 有专门用于编制顺序控制程序的步进指令及编程元件。STL 和 RET 是一对步进指令。STL 是步进开始指令，后面的操作元件只能是状态组件 S，在梯形图中直接与母线相连，表示每一步的开始。RET 是步进结束指令，后面没有操作数，是指状态流程结束，用于返回主程序(母线)。步进指令的说明见表 3.22。

表 3.22　步进指令的说明

符号、名称	功　能	梯形图表示及操作元件	程　序　步
STL	步进开始	STL　对象软件S	1
RET	步进结束	RET	1

STL 只有与状态组件 S 配合时才具有步进功能。FX3U 系列的状态组件中有 900 点(S0～S899)可用于构成状态转移图，其中 S0～S9 用于初始步，S10～S19 用于返回原点。步进梯形图与 SFC 程序的互换如图 3.30 所示。

从图 3.30 中可以看出状态转移图与梯形图之间的关系。在梯形图中引入步进触点和步进返回指令后，就可以从状态转移图转换成相应的步进梯形图或指令表。状态组件代表状态转移图中的各步，每一步都具有三种功能：负载的驱动处理、指定转换条件和指定转换目标。

STL 指令的执行过程为：当步 S20 为活动步时，S20 的 STL 触点接通，负载 Y021 有输出。如果转换条件 X1 满足，后续步 S21 被置位变成活动步，同时前级步 S20 自动断开变成不活动步，输出 Y021 断开。

STL 指令的使用特点如下。

(1) 使用 STL 指令使新的状态置位，前一状态自动复位。当 STL 触点接通时，与此相连的电路被执行；当 STL 触点断开时，与此相连的电路停止执行。若要保持普通线圈的输出，可使用具有自保持功能的 SET 和 RST 指令。

(2) STL 触点与左母线相连，与 STL 触点右侧相连的触点要使用 LD、LDI 指令。也就是说，步进指令 STL 有建立子母线的功能，当某个状态被激活时，步进梯形图上的母线就移到子母线上，所有操作均在子母线上进行。

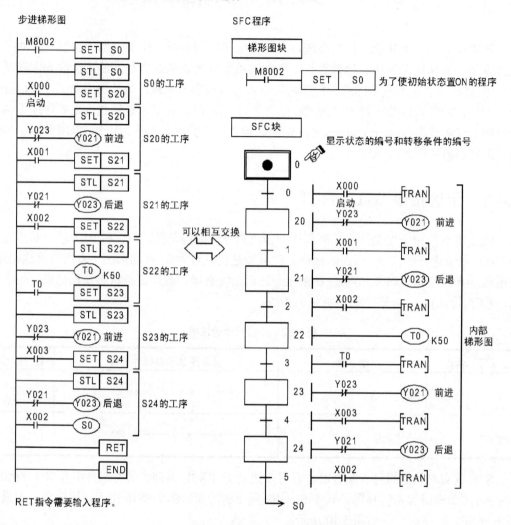

图 3.30 步进梯形图与 SFC 程序的互换

(3) 使用 RET 指令使 LD、LDI 点返回左母线。

(4) 同一状态组件的 STL 触点只能使用一次(单流程状态转移)。

(5) 梯形图中同一元件的线圈可以被不同的 STL 触点驱动，也就是说使用 STL 指令时允许双线圈输出。

(6) STL 触点可以直接驱动或通过别的触点驱动 Y、M、S、T 等元件的线圈和功能指令。

(7) STL 指令后不能直接使用入栈(MPS)指令。在 STL 和 RET 指令之间不能使用 MC、MCR 指令。

(8) STL 指令仅对状态组件有效，当状态组件不作为 STL 指令的目标元件时，就具有一般辅助继电器的功能。

(9) 在中断程序与子程序内，不能使用 STL 指令。

(10) 在 STL 指令内不禁止使用跳转指令，但其动作复杂，建议不使用。

3.4.2 状态编程

1. 顺序控制编程

在可编程控制器的应用中，PLC 的应用程序通常有一些典型的控制环节的编程方法。熟悉这些典型的控制环节的编程方法，可以使程序的设计变得简单，取得事半功倍的效果。在编程中，一个复杂的控制系统，尤其是顺序控制系统，因为内部的连锁、互动关系极其复杂，其梯形图往往长达数百行，编制的难度较大，使这类程序的可读性大大降低。

顺序控制设计法是针对以往在设计顺序控制程序时采用经验设计法的诸多不足而编制的。在顺序控制编程法中有一种有力的编程工具，即顺序功能图，又称为状态转移图或功能图。它是编程辅助工具，一般需要用梯形图或指令表将其转化成 PLC 可执行的程序。

根据系统的状态转移图设计梯形图的方法通常有两种，即使用启保停电路的编程方法和以转换为中心的编程方法。

顺控状态转移图主要由"工步""状态输出""状态转移"及"有向线段"等元素组成，下面介绍状态转移图设计方法的一般步骤。

(1) 确定顺序状态转移图的工步，每一个工步都描述控制系统中对应的一个相对稳定的状态，在整个控制过程中，执行元件的状态变化决定了工步数。工步的符号如图 3.31 所示。

注：*表示序号

(a) 一般工步   (b) 初始工步

图 3.31 工步的符号表示

初始工步对应于初始状态，是控制系统运行的起点。一个控制系统至少有一个初始工步。一般工步指控制系统正常运行时的某个状态。

(2) 设置状态输出。

确定好顺控状态转移图的工步后，即可设置每一工步的状态输出，也就是明确每个状态的负载驱动和功能。状态输出符号写在对应工步的右边，假设此时对应输出用 Y001 表示，如图 3.32 所示。

(3) 设置状态转移。

状态转移说明了从一个工步到另一个工步的变化。转移符号如图 3.33 所示，即用有向线段加一段横线表示。

转移需要满足转移条件，可以用文字语言或逻辑表达式等方式把转移条件表示在转移符号旁。

(4) 顺序功能图的分类。

根据生产工艺和系统复杂程度的不同，顺序功能图的基本结构可分为单序列、选择序列、并行序列三种基本序列，如图 3.34 所示。

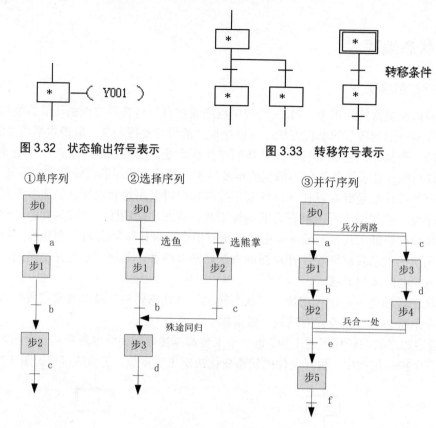

图 3.32　状态输出符号表示　　　　图 3.33　转移符号表示

图 3.34　顺序功能图的分类

2. SFC 编程

在 FX 系列可编程控制器中，可以使用 SFC 图(Sequential Function Chart)实现顺控。在 SFC 程序中，可以以便于理解的方式表现基于机械动作的各工序的作用和整个控制流程，顺控的设计因此变得简单。

1) SFC 编程的步骤

(1) 分析流程，确定程序流程结构。

程序流程结构可分为单序列结构、选择序列结构和并行序列结构，也可以是这三种结构的组合。采用 SFC 编程时，第一步要确定是哪一种流程结构。例如，单个对象连续通过前后顺序步骤完成操作，一般是单序列结构；有多个产品加工选项，各选项参数不同，且不能同时加工的，则应确定为选择序列结构；多个机械装置联合运行却又相对独立的，则为并行序列结构。

(2) 确定工序步和对应转换条件，得出流程草图。

确定了流程结构后，分析系统控制要求，以确定工序步和转换条件。根据系统控制流程画出草图。

(3) 在编程软件中选择 SFC 语言编程。

在编程软件中新建工程，有两种编程语言：梯形图语言和 SFC 语言。梯形图语言可以编写任意梯形图程序；SFC 语言有自己的编程界面和编程规则，一个完整的 SFC 程序一般包含两个程序块，一个是初始梯形图块，用于使初始状态置位为 ON 的程序，这个程序块必须有且必须置于 SFC 程序块前，通过使用可编程控制器从 STOP 切换到 RUN 时瞬间动作的特殊辅助继电器 M8002 进行驱动初始状态；在这个程序块中也可加入一些处理通用功能的梯形图程序。另一个是 SFC 程序块，在 SFC 编程界面，依据流程图搭建 SFC 状态转移图。

一个完整的单流程 SFC 如图 3.35 所示。

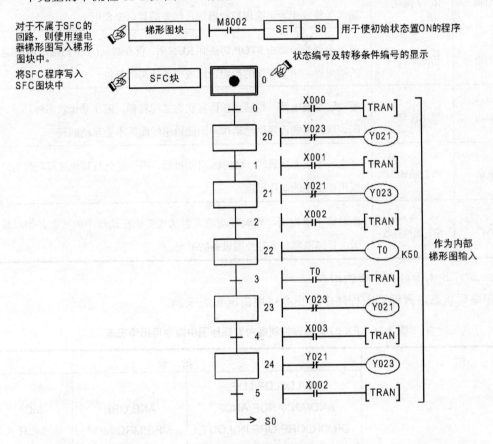

图 3.35　单流程的 SFC

(4) 编写转换条件内置梯形图和状态内置梯形图。

在搭建的 SFC 顺序功能图中，根据系统控制要求，编写转换条件内置梯形图和状态内置梯形图，在 SFC 编程界面中用鼠标双击转换条件或状态即可调出相应的内置梯形图编程界面。注意在编写完内置梯形图程序后，必须"转换"后再编写下一个内置梯形图程序。

2) SFC 的状态继电器 S

状态继电器是构成 SFC 状态转移图的重要器件，FX3U 系列共有 4096 点状态继电器。

3) SFC 编程采用的特殊辅助继电器

为了能够更有效地制作 SFC 程序，常使用特殊辅助继电器，见表 3.23。

表 3.23   SFC 编程常采用的特殊辅助继电器

软元件号	名　称	功能和用途
M8000	RUN 监视	可编程控制器在运行过程中需要一直接通的继电器。可作为驱动程序的输入条件或作为可编程控制器运行状态的显示来使用
M8002	初始脉冲	在可编程控制器由 STOP 切换到 RUN 时,仅在瞬间(一个扫描周期)接通的继电器,用于程序的初始设定或初始状态的复位
M8040	禁止转移	驱动这个继电器,则禁止在所有状态之间转移。但在禁止状态转移下,因为状态内的程序仍然动作,因此输出线圈等不会自动断开
M8046	STL 动作	任意一个状态接通时,M8046 自动接通。用于避免与其他流程同时启动或用作工序的动作标志
M8047	STL 监视有效	驱动这个继电器,则编程功能可自动读出正在动作中的状态并加以显示。详细事项参考各外围设备的手册

4) 可在状态内处理的逻辑指令

在编写状态内置梯形图程序中,指令可用情况见表 3.24。

表 3.24   FX3U 可编程控制器内置梯形图中指令可用情况表

状　态		指　令		
		LD/LDI/LDP/LDF, AND/ANI/ANDP/ANDF, OR/ORI/ORP/ORF,INV,OUT, SET/RST,PLS/PLF	ANB/ORB MPS/MRD/MPP	MC/ MCR
初始状态/一般状态		可使用	可使用	不可使用
分支,汇合状态	输出处理	可使用	可使用	不可使用
	转移处理	可使用	不可使用	不可使用

3.4.3　控制程序(单序列 SFC)的编程举例

单序列 SFC 图编程分析:根据任务分析控制系统的状态图,将系统不分方向按时间顺序分析工步,见表 3.25,SFC 图编程初始程序块内置梯形图如图 3.36 所示,SFC 图块及内置梯形图如图 3.37 所示,转换为步进梯形图,如图 3.38 所示。

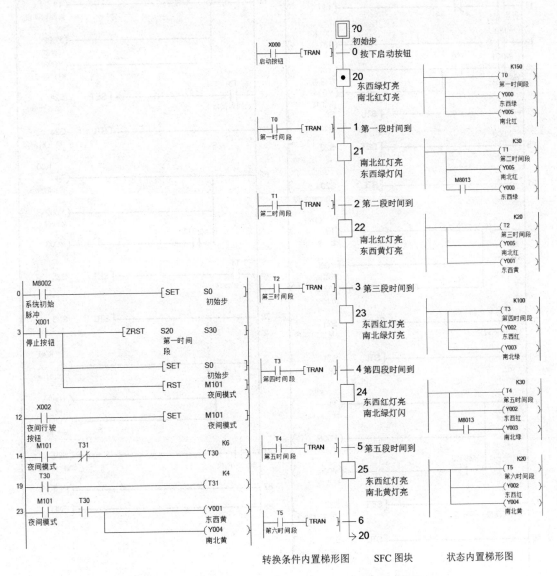

表 3.25 交通信号灯控制单序列工序分析

状 态		初始状态 S0	S20	S21	S22	S23	S24	S25
东西方向	信号灯	所有灯全灭	绿灯 Y0 亮	绿灯 Y0 闪	黄灯 Y1 亮	红灯 Y2 亮		
	时间		15 秒	3 秒	2 秒	15 秒		
南北方向	信号灯		红灯 Y5 亮			绿灯 Y3 亮	绿灯 Y3 闪	黄灯 Y4 亮
	时间		20 秒			10 秒	3 秒	2 秒

图 3.36 交通信号灯单序列的初始
程序块内置梯形图

图 3.37 交通信号灯单序列的 SFC
图块及内置梯形图

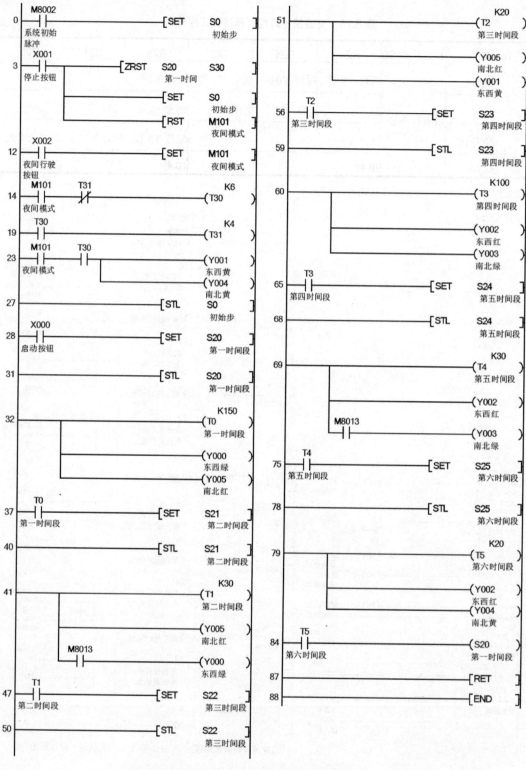

图 3.38　交通信号灯步进梯形图程序(单序列)

3.5 三菱 FX 系列功能指令

PLC 的基本指令是基于继电器、定时器、计数器类等软元件，主要用于逻辑处理的指令。作为工业控制计算机，PLC 仅有基本指令是远远不够的。现代工业控制需要进行大量数据处理，因而 PLC 制造商在其中引入了应用指令，也称功能指令。

FX3U 系列 PLC 除了基本指令、步进指令外，还有 200 多条功能指令，可分为程序流向控制、数据传送与比较、算术与逻辑运算、数据移位与循环、数据处理、高速处理、方便指令、外部设备通信(I/O 模块、功能模块)、浮点运算、定位运算、时钟运算及触点比较等几大类。功能指令实际上就是许多功能不同的子程序。

FX3U 系列功能指令编号：FNC00～FNC246，各指令有表示其内容的助记符。有些功能指令仅有功能编号，但更多情况下是将功能编号与操作数组合在一起使用。功能指令格式采用梯形图和指令助记符相结合的形式，如图 3.39 所示。

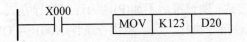

图 3.39　功能指令的格式

图 3.39 中这条程序的意思是：当 X0 为 ON 时，把常数 K123 送到数据寄存器 D20 中。其中 X0 是执行条件，MOV 是传送功能指令，K123 是源操作数，D20 是目标操作数。

3.5.1　功能指令的基本规则

1. 功能指令的表示方法

功能指令由指令助记符、功能号、操作数等组成。在简易编程器中，输入功能指令时以功能号输入功能指令；在编程软件中，输入功能指令时以指令助记符输入功能指令。功能指令的表示形式见表 3.26。

表 3.26　功能指令的表示形式

指令名称	助记符	指令代码	操作数			程序步
			S	D	n	
平均值指令	MEAN	FNC45	KnX、KnY、KnS、KnM、T、C、D	KnX、KnY、KnS、KnM、T、C、D、V、Z	K、H n=1～64	MEAN MEAN(P) …7 步

说明如下。

(1) 每条功能指令都有一个功能号和一个助记符，两者严格对应。由表 3.26 可见，助记符 MEAN(求平均值)对应的功能号为 FNC45。

(2) 操作数(或称操作元件)。有些功能指令只有助记符而无操作数，但大多数功能指令在助记符之后还必须有 1～5 个操作数。由以下几个部分组成。

① [S]表示源操作数，若使用变址寄存器，表示为[S·]，多个源操作数用[S1][S2]…或者[S1·][S2·]…表示。

② [D]表示目标操作数，若使用变址寄存器，表示为[D·]，多个目标操作数用[D1][D2]…或者[D1·][D2·]…表示。

③ n 表示其他操作数，常用于表示常数或对[S]和[D]的补充说明。有多个时用 n1、n2 表示。表示常数时，K 表示十进制数，H 表示十六进制数。

(3) 程序步。在程序中，每条功能指令占用一定的程序步数，功能号和助记符占一步，每个操作数占 2 步或 4 步(16 位操作数是 2 步，32 位操作数是 4 步)。

(4) 功能指令助记符前加[D]，表示处理 32 位数据；指令前不加[D]，表示处理 16 位数据。

2. 功能指令的执行方式

功能指令的执行方式有连续执行和脉冲执行两种。由表 3.26 可见，在指令的助记符后加符号(P)表示脉冲执行方式，助记符后不加(P)则为连续执行方式。如图 3.40 所示，在 X000 从 OFF 切换到 ON 时，该指令执行一次。当执行条件 X001 为 ON 时，每个扫描周期都要执行一次。

图 3.40　指令执行形式

对某些功能指令如 INC、DEC 等，采用连续执行方式在应用中可能会带来问题。如图 3.41 所示为一条 INC 指令，是对目标组件 D10 进行加 1 操作。假设该指令以连续方式工作，那么只要 X000 是接通的，则每个扫描周期都会对目标组件加 1，而这在许多实际控制中是不允许的。为了解决这类问题，设置了指令的脉冲执行方式，即在指令助记符的后面加符号(P)。

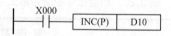

图 3.41　脉冲执行方式的 INC 指令

INC(P)指令的含义为：每当 X000 从断开变为接通时，目标组件就被加 1 一次。也就是说，每当 X000 来了一个上升沿，才会执行加 1。而在其他情况下，即使 X000 始终是接通的，都不会执行加 1 指令。

由此可见，在不需要每个扫描周期都执行指令时，可以采用脉冲执行方式的指令，这样能缩短程序的执行时间。

3. 位元件

只处理 ON/OFF 两种状态,用一个二进制位表达的元件被称为位元件,如 X、Y、M、S 都是位元件。位元件可以组合起来进行数字处理。方法是将多个位组件按 4 位一组的原则组合,即用 4 位 BCD 码来表示 1 位十进制数,这样就能在程序中使用十进制数据了。

组合方法的助记符是:Kn+最低位组件号。例如,KnX、KnY、KnM 即是位组件组合,其中"K"表示后面跟的是十进制数,"n"表示 4 位一组的组数,16 位数据用 K1~K4,32 位数据用 K1~K8。数据中的最高位是符号位。如 K2M0 表示由 M0~M3 和 M4~M7 两位组件组成一个 8 位数据,其中 M7 是最高位,M0 是最低位。同样,K4M10 表示由 M10~M25 4 位的位组件组成一个 16 位数据,其中 M25 是最高位,M10 是最低位。

当一个 16 位数据传送到目标组件 K1M0~K3M0 时,由于目标组件不到 16 位,所以将只传送 16 位数据中的相应低位数据,相应高位数据将不传送。32 位数据传送也一样。

在作 16 位数据操作时,参与操作的位元件由 K1~K4 指定。若仅有 K1~K3,不足 16 位的高位均作 0 处理。这样最高位的符号位必然是 0,也就是说只能是正数(符号位的判别是:正 0、负 1)。如图 3.42 所示,执行指令时,数据源只有 12 位,而目标寄存器 D20 是 16 位的,传送结果 D20 的高 4 位自动添 0,如图 3.43 所示。

被组合的位元件的最低位位组件号习惯上采用以 0 结尾的元件,例如 K2X0、K4Y10、K3M0、K4S20 等。

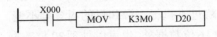

图 3.42 源数据不足 16 位

| K3M0 | M11 | M10 | M9 | M8 | M7 | M6 | M5 | M4 | M3 | M2 | M1 | M0 |

| D20 | 0 | 0 | 0 | 0 | M11 | M10 | M9 | M8 | M7 | M6 | M5 | M4 | M3 | M2 | M1 | M0 |

图 3.43 高 4 位自动添 0

4. 字元件与双字元件

1) 字元件

处理数据的元件称字元件,如 T、C、D 等。字元件是 FX2 系列 PLC 数据类组件的基本结构,1 个字元件由 16 位存储单元构成,其最高位(第 15 位)为符号位,第 0~14 位为数值位。符号位的判别是:正数 0,负数 1。16 位数据寄存器 D0 如图 3.44 所示。

图 3.44 字元件

2) 双字元件

可以使用两个字元件组成双字元件,以组成 32 位数据操作数。双字元件由相邻的寄存器组成,双字元件由 D11 和 D10 组成,如图 3.45 所示。

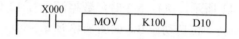

高位							D11																			D10							低位
31	30	29	28	27	26	25	24	23	22	21	20	19	18	17	16	15	14	13	12	11	10	9	8	7	6	5	4	3	2	1	0

图 3.45　双字元件

由图 3.45 可见,低位组件 D10 中存储了 32 位数据的低 16 位,高位组件 D11 中存储了 32 位数据的高 16 位,也就是:"低对低,高对高"。双字元件中第 31 位为符号位,第 0~30 位为数值位。需注意,在指令中使用双字元件时,一般只用其低位地址表示这个组件,但高位组件也将同时被指令使用。虽然取奇数或偶数地址作为双字元件的地址是任意的,但为了减少组件安排上的错误,建议用偶数作为双字元件的地址。功能指令中的操作数是指操作数本身或操作数的地址。功能指令能够处理 16 位或 32 位的数据。

5. 功能指令中的数据长度

由于多数寄存器的二进制位数都是 16 位,所以功能指令中 16 位的数据都是以默认形式给出的。如图 3.46 所示为一条 16 位 MOV 指令。

```
    X000
 ───┤ ├───         ┌─────┬──────┬─────┐
                   │ MOV │ K100 │ D10 │
                   └─────┴──────┴─────┘
```

图 3.46　16 位 MOV 指令

该指令的含义为:当 X000 接通时,将十进制数 100 传送到 16 位的数据寄存器 D10 中。当 X000 断开时,该指令被跳过不执行,源和目的内容都不变。

功能指令除了可以处理 16 位数据外,也可以处理 32 位数据。只要在助记符前加符号(D),例如,在传送指令 MOV 前加(D)符号时,就表示该指令处理 32 位数据,如图 3.47 所示。

```
    X000
 ───┤ ├───         ┌────────┬─────┬─────┐
                   │ (D)MOV │ D10 │ D12 │
                   └────────┴─────┴─────┘
```

图 3.47　32 位 MOV 指令

该指令的含义为:当 X000 接通时,将由 D11 和 D10 组成的 32 位源数据传送到由 D13 和 D12 组成的目标地址中。当 X000 断开时,该指令被跳过不执行,源和目的内容都不变。从这里可以看出,32 位数据是由两个相邻寄存器构成的,但在指令中写出的是低位地址,高位地址被隐藏了,源地址和目标地址都是这样表达的。指令中源地址由 D11 和 D10 组成,但只写出低位地址 D10;目标地址由 D12 和 D11 组成,但只写出低位地址 D12。因此,在 32 位数据指令中应避免出现如图 3.48 所示的错误。因此建议 32 位双字元件的首地址都用偶地址。

```
    X000
 ───┤ ├───         ┌────────┬─────┬─────┐
                   │ (D)MOV │ D10 │ D11 │
                   └────────┴─────┴─────┘
```

图 3.48　错误的 32 位 MOV 指令

需要特别注意的是,32 位计数器 C200~C255 不能用作指令的 16 位操作数。

6. 变址寄存器(V、Z)

变址寄存器 V 和 Z 是两个 16 位的寄存器，除了和通用数据寄存器一样用作数值数据的读、写之外，主要还用于运算操作数地址的修改。在传送、比较等指令中用来改变操作对象的组件地址，变址方法是将 V、Z 放在各种寄存器的后面，充当操作数地址的偏移量。操作数的实际地址就是寄存器的当前值与 V 或 Z 内容相加后的和，如图 3.49 所示。

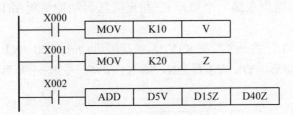

图 3.49　变址操作

当各逻辑行满足条件时，K10 送到 V，K20 送到 Z，所以 V、Z 的内容分别为 10、20。当执行 ADD 加法指令，即执行(D5V)+(D15Z)→(D40Z)时，D5V→D(5+10)=D15，D15Z→D(15+20)=D35，D40Z→D(40+20)=D60。也就是说，执行的是(D15)+(D35)→(D60)，即 D15 的内容和 D35 的内容相加，结果送到 D60 中。

前面提及过，当源或目标寄存器用[S·]或[D·]表示时，就能进行变址操作。当进行 32 位数据操作时，要将 V、Z 组合成 32 位(V、Z)使用，这时 Z 为低 16 位，而 V 充当高 16 位。可以用变址寄存器进行变址的软组件是 X、Y、M、S、P、T、C、D、K、H、KnX、KnY、KnM 及 KnS 等。利用 V、Z 变址寄存器可以将编程简化。

3.5.2　传送指令 MOV

传送指令的助记符、指令代码、操作数及程序步见表 3.27。

表 3.27　传送指令

指令名称	助记符	指令代码	操 作 数		程 序 步
			S(可变址)	D(可变址)	
传送指令	MOV	FNC12	K、H、KnX、KnY、KnS、KnM、T、C、D、V、Z	KnY、KnS、KnM、T、C、D、V、Z	MOV、MOV(P)…5 步，(D)MOV、(D)MOV(P)…9 步

传送指令是将数据按原样传送的指令，梯形图如图 3.50 所示。当 X0 为 ON 时，源操作数[S]中的数据 K100 传送到目标操作数 D10 中，并自动转换为二进制数。当 X0 为 OFF 时，指令不执行，数据保持不变。

MOV 指令有 32 位操作方式，使用前缀(D)。MOV 指令也可以有脉冲操作方式，使用后缀(P)，只有在驱动条件为 OFF→ON 时进行一次比较。

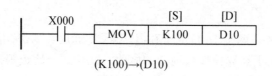

$$(K100) \rightarrow (D10)$$

图 3.50　MOV 指令说明

编程举例：用传送指令编一个星形-三角形降压启动控制程序(I/O 接线图如图 3.51 所示)。

分析：把 Y2～Y0 看成一个数据 K1Y0，当星形启动时，Y0、Y1 置 ON，即 K1Y0=3，10s 后自动转化成三角形，Y0、Y2 置 ON，即 K1Y0=5。星形-三角形降压启动控制程序如图 3.52 所示。

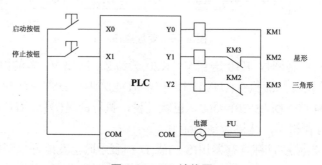

图 3.51　I/O 接线图

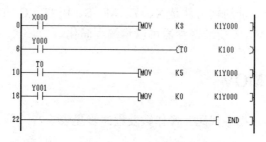

图 3.52　星形-三角形降压启动控制程序图

3.5.3　移位传送指令 SMOV

移位传送指令的助记符、指令代码、操作数及程序步见表 3.28。

表 3.28　移位传送指令

指令名称	助记符	指令代码	操 作 数					程序步
			m1	m2	n	S(可变址)	D(可变址)	
移位传送指令	SMOV	FNC13	K、H=1～4			K、H、KnX、KnY、KnS、KnM、T、C、D、V、Z	KnY、KnS、KnM、T、C、D、V、Z	SMOV、SMOV(P)…11 步

移位传送指令 SMOV 是进行数据分配与合成的指令，将 4 位 BCD 十进制源数据 S 中指定数的数据传送到 4 位十进制目标操作数 D 中指定的位置。指令中的常数 m1、m2 和 n 的取值范围为 1～4，分别对应个位至千位。十进制数在存储器中以二进制的形式存放，源数据和目标数据的范围均为 0～9999。如图 3.53 所示，当 X000 为 ON 时，将 D1 中转换后的 BCD 码右起第 4 位(m1=4)开始的 2 位(m2=2)移到目标操作数 D2 的右起第 3 位(n=3)和第 2 位，然后 D2 中的 BCD 码自动转换为二进制码，D2 中的 BCD 码的第 1 位和第 4 位不受移位传送指令的影响。

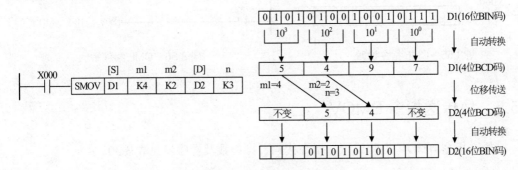

图 3.53　移位传送指令说明

编程举例：将两组拨码开关的数字合成。如图 3.54(a)所示，两组拨码开关分别接在 X3～X0 和 X27～X20，现将它们合成一个三位数为 765，程序的梯形图如图 3.54(b)所示。

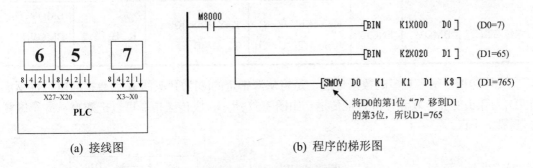

(a) 接线图　　　　　　　　　　(b) 程序的梯形图

图 3.54　SMOV 编程举例

3.5.4　取反传送指令 CML

取反传送指令 CML 的助记符、指令代码、操作数及程序步见表 3.29。

表 3.29　取反传送指令

指令名称	助记符	指令代码	操作数		程序步
			S(可变址)	D(可变址)	
取反传送指令	CML	FNC14	K、H、KnX、KnY、KnS、KnM、T、C、D、V、Z	KnY、KnS、KnM、T、C、D、V、Z	CML、CML (P)…5 步，(D)CML、(D)CML (P)…9 步

取反传送指令 CML 将源操作数中的数据逐位取反，即 1→0, 0→1，并传送到指定目标。若源数据为常数 K，该数据会自动转换为二进制数。CML 用于反逻辑输出时非常方便。如图 3.55 所示，CML 指令将 D0 的低 4 位取反后传送到 Y0003～Y000 中。

编程举例：有 8 个霓虹灯，接在 Y0～Y7 上，要求这 8 个霓虹灯每隔 1s 间隔交替闪烁。如图 3.56 所示。

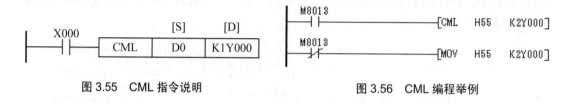

图 3.55　CML 指令说明　　　　图 3.56　CML 编程举例

3.5.5　块传送指令 BMOV

块传送指令 BMOV 的助记符、指令代码、操作数及程序步见表 3.30。

表 3.30　块传送指令

指令名称	助记符	指令代码	操作数			程序步
			S(可变址)	D(可变址)	n	
块传送指令	BMOV	FNC15	KnX、KnY、KnS、KnM、T、C、D	KnY、KnS、KnM、T、C、D	K、H≤512	BMOV、BMOV(P)…7步

块传送指令是多对多的数据传送，是将从源指定的[S]为开头的 n 点数据向以目标指定的[D]为开头的 n 点软元件进行批传送。如图 3.57 所示，块传送指令可以把数据从一个区复制到另一个区。

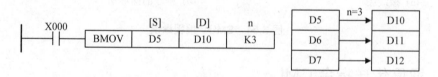

图 3.57　BMOV 指令说明

3.5.6　多点传送指令 FMOV

多点传送指令的助记符、指令代码、操作数及程序步见表 3.31。

多点传送指令是一对多的数据传送，是把源元件[S]指定数据的内容传送给目标元件[D]开头的 n 点软元件中。如图 3.58 所示，是把 0 传送到 D0～D9 的 10 个数据寄存器中，相当于给 D0～D9 清零。

表 3.31　多点传送指令

指令名称	助记符	指令代码	操作数			程序步
			S(可变址)	D(可变址)	n	
多点传送指令	FMOV	FNC16	K、H、KnX、KnY、KnS、KnM、T、C、D、V、Z	KnY、KnS、KnM、T、C、D	K、H ≤512	FMOV、FMOV(P)…7 步 (D)FMOV、(D)FMOV (P)…13 步

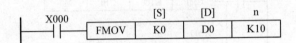

图 3.58　FMOV 指令说明

3.5.7　数据交换指令 XCH

数据交换指令的助记符、指令代码、操作数及程序步见表 3.32。

表 3.32　数据交换指令

指令名称	助记符	指令代码	操 作 数		程 序 步
			S(可变址)	D(可变址)	
数据交换指令	XCH	FNC17	KnY、KnS、KnM、T、C、D、V、Z	KnY、KnS、KnM、T、C、D、V、Z	XCH、XCH(P)…5 步, (D)XCH、(D)XCH (P) …9 步

执行数据交换指令时，数据在指定的目标元件 D1 和 D2 之间交换，交换指令一般采用脉冲执行方式(指令助记符后加 P)，否则每一个扫描周期都要交换一次。M8160 为 ON 且 D1 和 D2 是同一元件时，将交换目标元件的高、低字节。

3.5.8　比较指令 CMP

比较指令 CMP 的助记符、指令代码、操作数及程序步见表 3.33。

表 3.33　比较指令

指令名称	助记符	指令代码	操 作 数			程 序 步
			S1(可变址)	S2(可变址)	D	
比较指令	CMP	FNC10	K、H、KnX、KnY、KnS、KnM、T、C、D、V、Z		Y、M、S	CMP、CMP (P)…7 步, (D)CMP、(D)CMP (P)…13 步

比较指令 CMP 比较源操作数 S1 和源操作数 S2，比较的结果送到目标操作数 D 中。两个源操作数 S1、S2 是字元件，目标操作数 D 是位元件。将两个源操作数进行比较有三种结果，通过目标操作数的三个连号的位元件表达出来。将十进制常数 100 与计数器 C10 的当前值比较，比较结果送到 M0～M2。X000 为 OFF 时不进行比较，M0～M2 的状态保持不变。X000 为 ON 时，进行比较，比较的结果对 M0～M2 的影响如图 3.59 所示。若 S1>S2 时，仅 M0 为 ON；若 S1=S2，仅 M1 为 ON；若 S1<S2，仅 M2 为 ON。所有的源数据都被视为二进制数进行处理。指定的元件种类或元件号超出允许范围时将会出错。若要清除比较结果，可采用复位指令。

```
X000                  [S1]    [S2]    [D]
─┤├──────────┤ CMP │ K100 │ C10  │ M0 │

      X000
      ─┤├──────  当K100>C10的当前值时，M0=ON

      X000
      ─┤├──────  当K100=C10的当前值时，M1=ON

      X000
      ─┤├──────  当K100<C10的当前值时，M2=ON
```

图 3.59 CMP 指令说明

编程举例：试用比较指令编写一个电铃控制程序，按一天的作息时间动作。电铃每次响 10s，在 6:15、8:20、11:45、20:00 各响一次，如图 3.60 所示。

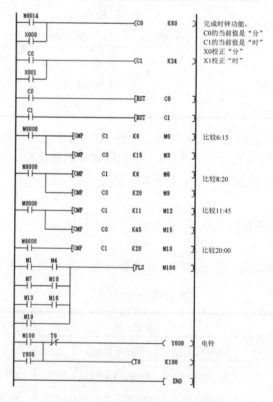

图 3.60 电铃控制程序的梯形图

3.5.9　区间比较指令 ZCP

区间比较指令 ZCP 的助记符、指令代码、操作数及程序步见表 3.34。

表 3.34　区间比较指令

指令名称	助记符	指令代码	操 作 数				程 序 步
			S1(可变址)	S2(可变址)	S3(可变址)	D	
区间比较指令	ZCP	FNC11	K、H、KnX、KnY、KnS、KnM、T、C、D、V、Z			Y、M、S	ZCP、ZCP (P)…9 步，(D)ZCP、(D)ZCP (P)…17 步

区间比较指令有 4 个操作数，前面两个操作数 S1、S2 把数轴分成三个区间，S3 在这三个区间中进行比较，分别有三种情况，结果通过第四个操作数的三位连号的位元件表达出来。注意，第一个操作数 S1 要小于第二个操作数 S2，其他特点和比较指令相同。

ZCP 指令的使用如图 3.61 所示。X000 为 ON 时，执行 ZCP 指令，将 C10 的当前值与常数 100 和 150 相比较，比较结果送到 M0～M2。在 X000 断开时，不执行 ZCP 指令，M0～M2 保持 X000 断开前的状态。

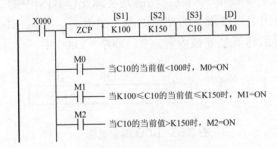

图 3.61　ZCP 指令说明

3.5.10　二进制码转换指令 BIN

二进制码转换指令 BIN 的助记符、指令代码、操作数及程序步见表 3.35。

表 3.35　二进制码转换指令

指令名称	助记符	指令代码	操 作 数		程 序 步
			S(可变址)	D(可变址)	
二进制码转换指令	BIN	FNC19	KnX、KnY、KnS、KnM、T、C、D、V、Z	KnY、KnS、KnM、T、C、D、V、Z	BIN、BIN(P)…5 步，(D)BIN、(D)BIN (P)…9 步

二进制码转换指令 BIN 是将源操作数[S]中的 BCD 码变换成二进制码(BIN 码)，存放于目标操作数[D]中。常数 K 自动进行二进制变换处理，因此不是该指令的可用元件。该指令

的使用如图 3.62 所示。接通 X000，把从 X007~X000 上输入的两位 BCD 码变换成二进制数，传送到 D13 的低 8 位中。

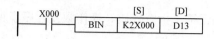

图 3.62　BIN 指令说明

3.5.11　BCD 码转换指令 BCD

BCD 码转换指令 BCD 的助记符、指令代码、操作数及程序步见表 3.36。

表 3.36　BCD 码转换指令

指令名称	助记符	指令代码	操 作 数		程 序 步
			S(可变址)	D(可变址)	
BCD 码转换指令	BCD	FNC18	KnX、KnY、KnS、KnM、T、C、D、V、Z	KnY、KnS、KnM、T、C、D、V、Z	BCD、BCD (P)…5 步，(D)BCD、(D)BCD(P)…9 步

此指令的作用与 BIN 变换指令相反，功能是将源操作数[S]中的二进制码转换成 BCD 码，存放在目标操作数[D]中。该指令的使用如图 3.63 所示。接通 X000，将 D13 中的二进制数转换成 BCD 码，然后将其低 8 位内容送到 Y007~Y000 中。

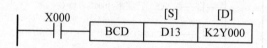

图 3.63　BCD 指令说明

3.5.12　BIN 加 1 指令 INC

BIN 加 1 指令 INC 的助记符、指令代码、操作数及程序步见表 3.37。

表 3.37　BIN 加 1 指令

指令名称	助记符	指令代码	操 作 数	程 序 步
			D(可变址)	
BIN 加 1 指令	INC	FNC24	KnY、KnS、KnM、T、C、D、V、Z	INC、INC (P)…3 步，(D)INC、(D)INC (P)…5 步

INC 指令的使用如图 3.64 所示。INCP 指令采用的是脉冲执行方式，即 X000 每接通一次，D10 中的内容加 1。如不采用脉冲执行方式，而采用连续执行方式的话，则 X000 接通后每个扫描周期都加 1，很难预知程序的执行结果，因此应采用脉冲执行方式。

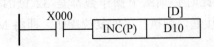

图 3.64　INC 指令说明

INC 指令不影响标志位。在 16 位运算中，若给+32767 加 1 则为-32768。在 32 位运算中，+2147483647 再加 1 就为-2147483648。INC 指令常用于循环次数、变址操作等情况。

3.5.13　BIN 减 1 指令 DEC

BIN 减 1 指令 DEC 的助记符、指令代码、操作数及程序步见表 3.38。

表 3.38　BIN 减 1 指令

指令名称	助记符	指令代码	操作数	程序步
			D(可变址)	
BIN 减 1 指令	DEC	FNC25	KnY、KnS、KnM、T、C、D、V、Z	DEC、DEC (P)…3 步，(D)DEC、(D)DEC (P)…5 步

DEC 指令的使用同加法指令一致，如图 3.65 所示。X000 每接通一次，D10 中的内容减 1。

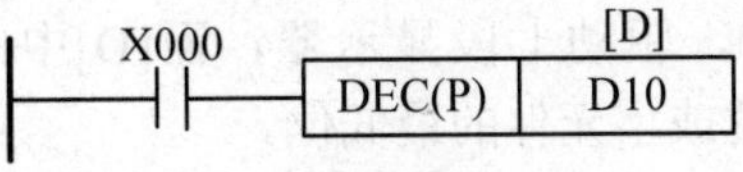

图 3.65　DEC 指令说明

3.5.14　区间复位指令 ZRST

区间复位指令 ZRST 的助记符、指令代码、操作数及程序步见表 3.39。

表 3.39　区间复位指令

指令名称	助记符	指令代码	操作数		程序步
			D1(可变址)	D2(可变址)	
区间复位指令	ZRST	FNC40	Y、S、M、T、C、D		ZRST、ZRST (P)…5 步
			D1 元件号≤D2 元件号		

区间复位指令 ZRST 是将 D1~D2 指定的元件号范围内的同类元件成批复位，目标操作数可以取字元件(T、C、D)或位元件(Y、M、S)。D1 和 D2 指定的应为同一类元件。D1 的元件号应小于 D2 的元件号，如果 D1 的元件号大于 D2 的元件号，则只有 D1 指定的元件被复位。单个位元件和字元件可以用 RST 指令复位。ZRST 指令一般只进行 16 位处理，但可

以对 32 位的计数器复位，此时必须两个操作数都是 32 位的计数器。该指令的使用如图 3.66 所示。如果 M8002 接通，则执行区间复位操作，即将 M0～M499 辅助继电器全部复位为零状态。

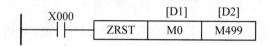

图 3.66　ZRST 指令说明

3.5.15　七段解码指令 SEGD

七段解码指令 SEGD 的助记符、指令代码、操作数及程序步见表 3.40。

表 3.40　七段解码指令

指令名称	助记符	指令代码	操 作 数		程 序 步
			S	D	
七段解码指令	SEGD	FNC73	K、H、KnX、KnY、KnS、KnM、T、C、D、V、Z	KnY、KnS、KnM、T、C、D、V、Z	SEGD、SEGD (P)…5 步

七段解码指令 SEGD 是将源操作数[S]的低 4 位指定的十六进制数(0～F)经解码译成七段显示的数据格式存于[D]中，驱动七段显示器，而[D]中的高 8 位不变。七段解码见表 3.41。B0 表示位元件的首位或字元件的最低位。

表 3.41　七段解码表

[S]		7 段码构成	[D]								显示数据
十六进制	二进制		B7	B6	B5	B4	B3	B2	B1	B0	
0	0000		0	0	1	1	1	1	1	1	
1	0001		0	0	0	0	0	1	1	0	
2	0010		0	1	0	1	1	0	1	1	
3	0011		0	1	0	0	1	1	1	1	
4	0100		0	1	1	0	0	1	1	0	
5	0101		0	1	1	0	1	1	0	1	
6	0110		0	1	1	1	1	1	0	1	
7	0111		0	0	1	0	0	1	1	1	
8	1000		0	1	1	1	1	1	1	1	
9	1001		0	1	1	0	1	1	1	1	

续表

[S]		7 段码构成	[D]								显示数据
十六进制	二进制		B7	B6	B5	B4	B3	B2	B1	B0	
A	1010		0	1	1	1	0	1	1	1	
B	1011		0	1	1	1	1	1	0	0	
C	1100		0	0	1	1	1	0	0	1	
D	1101		0	1	0	1	1	1	1	0	
E	1110		0	1	1	1	1	0	0	1	
F	1111		0	1	1	1	1	0	1	1	

SEGD 指令的使用如图 3.67 所示。当 X000 接通时,将寄存器 D0 中的低 4 位解码成七段显示数据,并送到 Y007～Y000。

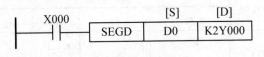

图 3.67　SEGD 指令说明

3.5.16　位右移指令 SFTR

位右移指令 SFTR 的助记符、指令代码、操作数及程序步见表 3.42。

表 3.42　位右移指令

指令 名称	助记符	指令代码	操 作 数				程 序 步
			S	D	n1	n2	
位右移 指令	SFTR	FNC34	X、Y、 S、M	Y、S、M	K、H n2≤n1≤1024		SFTR、SFTR(P)··9 步

位右移指令 SFTR 是将源操作数的低位向目标操作数的高位移入,目标操作数向右移 n2 位,源操作数中的数据保持不变。源操作数和目标操作数都是位组件,n1 是目标位组件个数。也就是说,位右移指令执行后,n2 个源位组件的数被传送到目标位组件的高 n2 位中,目标位组件的低 n2 位数从其低端溢出。

SFTR 指令使用如图 3.68 所示,程序中的 K16 表示有 16 个位元件,即 M0～M15;K4 表示每次移动 4 位。当 X10 接通时,X0～X3 的 4 个位组件的状态移入 M0～M15 的高端,低端自动溢出,如图 3.69 所示,M3～M0 溢出,M7～M4→M3～M0,M11～M8→M7～M4,M15～M12→M11～M8,X3～X0→M15～M12。如果采用连续执行方式,在 X10 接通期间,每个扫描周期都要移位,因此一般采用脉冲执行方式,即 SFTR(P)。

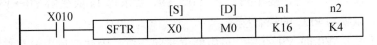

图 3.68　SFTR 指令说明

图 3.69　位组件右移过程

3.5.17　位左移指令 SFTL

位左移指令 SFTL 的助记符、指令代码、操作数及程序步见表 3.43。

表 3.43　位左移指令

指令名称	助记符	指令代码	操作数				程序步
			S	D	n1	n2	
位左移指令	SFTL	FNC35	X、Y、S、M	Y、S、M	K、H n2≤n1≤1024		SFTL、SFTL(P)··· 9 步

位左移指令 SFTL 是将源操作数的高位向目标操作数的低位移入，目标操作数向左移 n2 位，源操作数中的数据保持不变。源操作数和目标操作数都是位组件，n1 是目标位组件个数。也就是说，位左移指令执行后，n2 个源位组件的数被传送到目标位组件的低 n2 位中，目标位组件的高 n2 位数从其高端溢出。

SFTL 指令的使用如图 3.70 所示，程序中的 K16 表示有 16 个位元件，即 M0～M15；K4 表示每次移动 4 位。当 X10 接通时，X0～X3 的 4 个位组件的状态移入 M0～M15 的低端，高端自动溢出，如图 3.71 所示，M15～M12 溢出，M11～M8→M15～M12，M7～M4→M11～M8，M3～M0→M7～M4，X3～X0→M3～M0。如果采用连续执行方式，在 X10 接通期间，每个扫描周期都要移位，因此一般采用脉冲执行方式，即 SFTL(P)。

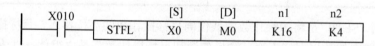

图 3.70　SFTL 指令说明

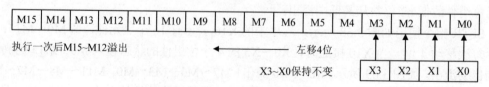

图 3.71　位组件左移过程

编程举例：有 10 个彩灯，接在 PLC 的 Y0～Y9，要求每 1s 依次由 Y0→Y9 轮流点亮一个，循环进行。试编写 PLC 的控制程序。

分析：由于是从 Y0 向 Y9 点亮，是由低位移向高位，因此应使用位左移指令 SFTL；且 n1=K10，n2=K1；又因为每次只亮一个灯，所以开始从低位传入一个"1"后，就应该传

高职高专计算机实用规划教材·案例驱动与项目实践

送一个"0"进去,这样才能保证只有一个灯亮。当这个"1"从高位溢出后,又从低位传入一个"1"进去。如此循环就能达到控制要求。控制程序的梯形图如图 3.72 所示。

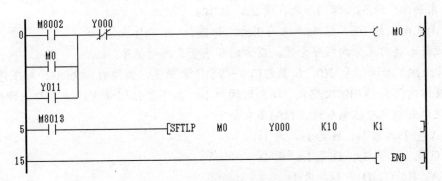

图 3.72　控制程序的梯形图

本 章 小 结

本章主要介绍了三菱 FX3U 系列的 23 条基本指令以及实际应用。这些指令能解决一般的继电接触控制问题。对于基本指令,应当掌握每条指令的助记符名称、操作功能、梯形图、目标组件和程序步数。

对于复杂的顺控系统,本章简明阐述了单流程 SFC 的结构流程,介绍了步进指令及其编程方法。在学习中要求理解状态转移图的编制以及注意编程规则。对于典型顺控问题,举出了相关实例,介绍了设计思路,给出了详细步骤。这部分内容还将在第 4 章详细阐述。

思考与练习

1. 设计用 PLC 控制两台异步电动机的运作。其要求如下。

(1) 两台电动机互不影响地进行独立操作、启动与停止。

(2) 能同时控制两台电动机的停止。

(3) 当其中一台电动机发生过载时,两台电动机均停止。

画出 PLC 的 I/O 端子接线图,并写出梯形图程序。

2. 用传送指令使按下 X0 时,Y0~Y27 的灯都亮,按下 X1 时,Y0~Y27 的灯都灭。

3. 有两台三相异步电动机 M1 和 M2,要求如下。

(1) M1 启动后,M2 才能启动。

(2) M1 停止后,M2 延时 30s 后才能停止。

(3) M2 能点动调整。

试作出 PLC 输入/输出分配接线图,并编写梯形图控制程序。

4. 设计两台电动机顺序控制 PLC 系统。

控制要求:两台电动机相互协调运转,M1 运转 10s,停止 5s,M2 与 M1 相反,M1 停止 M2 运行，M1 运行 M2 停止，如此反复动作 3 次，M1 和 M2 均停止。

5. 设计交通红绿灯 PLC 控制系统。控制要求如下。

(1) 东西向：绿 5s，绿闪 3 次，黄 2s，红 10s。

(2) 南北向：红 10s，绿 5s，绿闪 3 次，黄 2s。

6. 设计 6 盏灯正方向顺序全通，反方向顺序全灭控制程序。

要求：按下启动信号 X0，6 盏灯(Y0~Y5)依次点亮，间隔时间为 1s；按下停车信号 X1，灯反方向(Y5~Y0)依次熄灭，间隔时间为 1s；按下复位信号 X2，6 盏灯立即全灭。

7. 设计彩灯顺序控制系统。控制要求如下。

(1) A 亮 1s，灭 1s；B 亮 1s，灭 1s。

(2) C 亮 1s，灭 1s；D 亮 1s，灭 1s。

(3) A、B、C、D 亮 1s，灭 1s。

(4) 循环三次。

8. 设计钻床主轴多次进给控制。

要求：该机床进给由液压驱动。电磁阀 DT1 得电主轴前进，失电后退。同时用电磁阀 DT2 控制前进及后退速度，得电快速，失电慢速。其工作过程如图 3.73 所示。

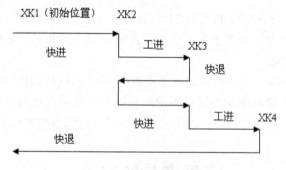

图 3.73 钻床主轴进给过程

9. 设计喷泉电路。

要求：喷泉有 A、B、C 三组喷头。启动后，A 组先喷 5s，后 B、C 同时喷，5s 后 B 停，再 5s 后 C 停，而 A、B 又喷，再 2s 后，C 也喷，持续 5s 后全部停，3s 后重复上述过程。说明：A(Y0)，B(Y1)，C(Y2)，启动信号 X0。

10. 设计抢答器 PLC 控制系统。控制要求如下。

(1) 抢答台 A、B、C、D 有指示灯、抢答键。

(2) 裁判员台有指示灯、复位按键。

(3) 抢答时，有 2s 声音报警。

第 4 章　可编程控制器程序设计

教学提示

本章主要介绍可编程控制器的各种程序设计方法，包括梯形图程序设计方法、状态转移程序设计方法和顺序控制类程序设计方法。每种方法都会举例分析，详细介绍它们的特点、设计思路和设计步骤。

教学目标

通过本章的学习，熟悉梯形图编程的基本规则，掌握梯形图编程的方法；掌握状态转移图的设计步骤和方法；设计顺序控制类程序时，领会各种方法的设计思路，并能灵活应用。

4.1　梯形图程序设计方法

4.1.1　梯形图设计基本规则

用梯形图编写程序时，基本规则如下。

(1) 用梯形图编写程序时，应按照由上至下、由左至右的顺序编写。

(2) 梯形图的每一行(阶梯)都始于左母线，终于右母线(右母线可以省略不画)。由常开触点、常闭触点或其组合构成执行逻辑条件与左母线相连，线圈作为输出与右母线相连。注意：线圈与右母线之间不可以有触点。所以，如图 4.1(a)所示是错误的，应改成如图 4.1(b)所示。

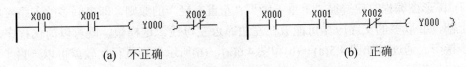

(a)　不正确　　　　　　　　　　　　(b)　正确

图 4.1　线圈与右母线之间不可以有触点

(3) 线圈不能直接与左母线相连接。如果需要无条件执行，可以通过一个没有用到的编程元件的常闭触点或者特殊辅助继电器 M8000(运行常 ON，PLC 运行时一直闭合)来连接，如图 4.2 所示。

(4) 梯形图中的触点可以任意地进行串联或并联，但线圈不能串联输出。

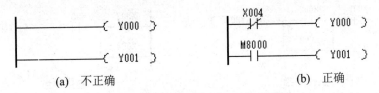

(a)　不正确　　　　　　　　　　　　(b)　正确

图 4.2　线圈不能直接与左母线相连接

（5）梯形图中同一编号的触点可以使用无限次，但同一编号的输出线圈若在一个程序中使用两次或两次以上，就构成双线圈输出，如图 4.3(a)所示。双线圈输出时，只有最后一次才有效，因容易引起误操作，一般不宜使用双线圈输出。在特殊情况下，比如含有跳转指令或步进指令的梯形图中，双线圈输出是允许的。另外，不同编号的线圈可以并行输出，如图 4.3(b)所示。

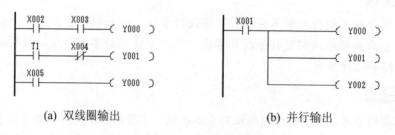

(a) 双线圈输出　　　　　　　　　　　　(b) 并行输出

图 4.3　双线圈输出和并行输出

（6）梯形图中的触点要画在水平线上，不可画在垂直线上。如图 4.4(a)所示，触点 X004 在垂直线上，该桥式电路不能直接编程，需进行等效变换，将其转化为连接关系明确的电路才能进行编程，等效变换后的电路如图 4.4(b)所示。

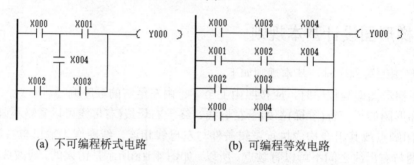

(a) 不可编程桥式电路　　　　　　　　　(b) 可编程等效电路

图 4.4　桥式电路及等效电路

（7）梯形图编程时应遵循"上重下轻""左重右轻"的原则，即串联多的支路应尽可能放在上部，并联多的支路应尽可能放在左边靠近左母线。这样做，既可以简化程序，又可以减少指令。通过对如图 4.5(a)、(b)和图 4.6(a)、(b)所示分别进行比较就可以一目了然。

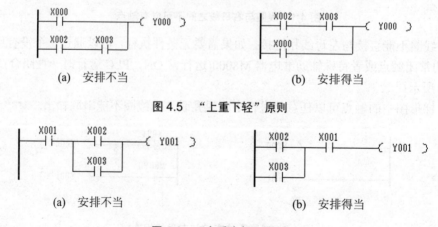

(a) 安排不当　　　　　　　　　　　　　(b) 安排得当

图 4.5　"上重下轻"原则

(a) 安排不当　　　　　　　　　　　　　(b) 安排得当

图 4.6　"左重右轻"原则

(8) 每个程序结束后都应该有程序结束指令 END。

4.1.2 输入信号的最高频率

从前面的章节可知，PLC 采用集中 I/O 刷新的扫描工作方式，从 PLC 的输入信号发生到引起输出端信号变化是需要一定时间的；另外，PLC 输入端采用 RC 滤波、光电隔离等技术，也会引起输出滞后。这样，如果输入信号变化太快，即输入信号的 ON 时间或 OFF 时间过窄，PLC 就有可能检测不到。也就是说，PLC 输入信号的 ON 或 OFF 时间必须比 PLC 的扫描周期长。

若扫描周期为 10ms，考虑输入滤波器的响应延迟时间也为 10ms，则要求输入信号的 ON 或 OFF 时间至少为 20ms，即输入脉冲的周期至少为 40ms。因此，要求输入脉冲的频率低于 25Hz(1/40ms)。这种滞后响应对一般的控制系统是无关紧要的，而且还能增强系统的抗干扰能力，所以在一般的工业顺序控制场合是完全允许的，但它不能满足要求 I/O 响应速度快的实时控制场合。为此，现在的 PLC 除了提高扫描速度、优化用户程序外，还在软、硬件上采取了相应措施，来提高 I/O 的响应速度。在硬件方面，可选用高速计数模块、快速响应模块等。FX3U 系列 PLC 滤波时间很短；在软件方面，主要采用改变信息刷新方式、运用中断技术、调整输入滤波器等措施，进而可使处理的输入信号的最高频率有很大提高。随着技术的不断进步，FX3U 系列 PLC 可以处理的输入信号的频率可达到 100kHz。

4.1.3 梯形图程序设计步骤

本节将通过设计一个电机点动、长动的控制电路来说明梯形图程序设计的一般步骤。

例 4.1 如图 4.7 所示为一个电机点动和长动的继电接触控制电路，该控制电路既可实现点动运转，又可实现连续运转。试将其控制部分线路改成与其等效的 PLC 控制的梯形图。

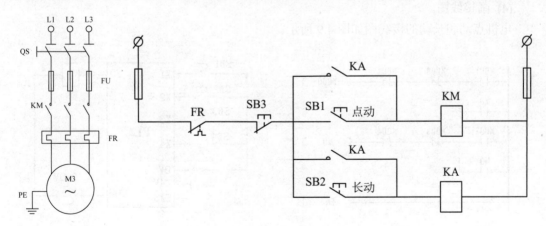

图 4.7 电机点动和长动控制电路图

设计步骤如下。

(1) 明确功能要求。

① 接通电源，按下点动按钮 SB1 后，KM 线圈得电，KM 主触点闭合，电机进行点

动运转。

② 按下长动按钮 SB2，KA 线圈得电，KA 辅触点闭合自锁，KM 线圈得电，电机进行长动运转。

③ 按下停止按钮 SB3，电机停止运转。

④ FR 为热继电器触点，动作后电机因过载保护而停止。

(2) 设置 I/O 端口。

输入/输出设置在整个设计步骤中是比较关键的一步，只有合理设置输入/输出点才能编写正确的梯形图。本例中点动按钮 SB1、长动按钮 SB2、停止按钮 SB3 以及热继电器触点 FR 都是作为输入；接触器 KM 作为输出；接触器 KA 只在控制电路中出现，起一个辅助过渡作用，因此可以把它看成一个辅助继电器。

本例的 I/O 端口分配见表 4.1。

表 4.1 电机点动和长动 PLC 控制 I/O 端口分配表

输　　入		输　　出	
名　　称	输　入　点	名　　称	输　入　点
点动按钮 SB1	X001	接触器 KM	Y000
长动按钮 SB2	X002		
停止按钮 SB3	X003		
热继电器触点 FR	X004		

注：接触器 KA 设为辅助继电器 M0。

(3) 编写梯形图。

明确控制要求，设置好输入/输出点后，就可以编写梯形图了。电机点动和长动的梯形图如图 4.8 所示。

(4) 画接线图。

电机点动和长动的接线图如图 4.9 所示。

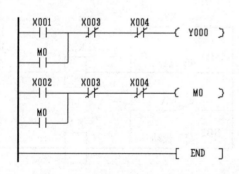

图 4.8 电机点动和长动的梯形图

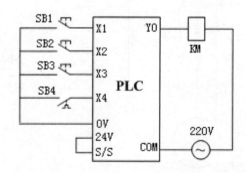

图 4.9 电机点动和长动的接线图

若将图 4.9 与前面点动与长动继电气控制线路图(见图 4.7)相比较，可以看出，虽然图 4.7 中的 SB3 和 FR 都是常闭触点，但改成 PLC 控制后，它们都是以常开触点的形式与 PLC

相连接，这一点尤其要注意。另外，只要是输入点，就接在 PLC 的输入端与输入 COM 之间，如 SB1 接在 X001 和 COM 之间；只要是输出点，就与电源串联后接在 PLC 的输出端与输出 COM 之间，如 KM 与 220V 电源串联后接在 Y000 和 COM 之间。由此可见，PLC 控制的接线图与继电气控制线路图、梯形图没有太大联系，而只与输入/输出点有关。这样的话，当需要改变控制要求而输入/输出点不变时，PLC 控制接线图就可以不变了，这就是采用 PLC 控制优于传统的继电气控制之处，也是研制 PLC 的初衷。

4.1.4　梯形图程序设计注意事项

用梯形图设计程序时应注意以下事项。

设计梯形图时，应力求电路结构清晰，简洁明了，易于理解。

继电器电路是纯硬件电路，在设计时为节约成本，要尽量少用元件和触点，以免使一些线圈的控制电路相互关联，从而给读图带来一定麻烦。在用梯形图编程时，程序中用到的元件是软元件，多用一些不会增加成本，最多输入程序时会多花一些时间，而对系统运行速度的影响微乎其微。

一般在设计梯形图时，要将各线路的控制电路分离开。例如，图 4.7 中用 SB3 的常闭触点控制两个接触器线圈 KM 和 KA，图 4.8 中将两条控制线路分离开，虽然用了两次 X003，但是电路清晰了，可读性也强了。

(1) 中间元件的设置。

在梯形图中，某些元件只起中间过渡作用而不起最后输出作用时，可以把它们设置为辅助继电器，如图 4.7 中的 KA。当多个线圈都受某一触点的串并复杂电路控制时，在梯形图中就可设置用该电路控制的辅助继电器，再用该辅助继电器的触点控制线圈输出，以起到简化电路的作用。

(2) 在用梯形图编程时，应尽量少占用 PLC 的输入点和输出点。

PLC 的价格与 I/O 点数有关，减少 PLC 的输入/输出点是降低硬件费用的主要措施。在梯形图中，同一编号的触点可以使用无限次。一般只需同一输入器件的常开/常闭触点给 PLC 提供一个输入信号，在梯形图中就可多次使用该输入继电器的常开/常闭触点了。

如果在一些继电器电路中，几个输入触点的串并电路作为整体多次出现时，可以将它们当作 PLC 的一个输入信号，只占用一个输入点。

(3) 程序的优化设计。

在用梯形图设计程序时，为减少语句指令表的条数，串联多的支路应尽可能放在上部，并联多的支路应尽可能放在左边靠近左母线，单个触点在串联电路中应放在电路块的右边，在并联电路中应放在电路块的下面。另外，在有线圈并联的电路中，将单个线圈放在上面。

如图 4.10 所示，从(a)和(b)中不难看出优化后的梯形图更好。

总之，在用梯形图设计程序时，应遵循梯形图设计的基本规则，尽可能地优化图形，以使电路清晰，易于读图。

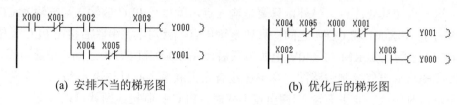

(a) 安排不当的梯形图   (b) 优化后的梯形图

图 4.10　安排不当的梯形图和优化后的梯形图

4.2　状态转移程序设计方法

SFC 图是一种描述顺序控制的系统功能的图解方法，通常用于编制复杂的顺序控制程序，编程方便、直观，可读性较强。

4.2.1　状态转移程序设计步骤

SFC 主要由"工步""状态转移""状态输出"及"有向线段"等元素组成。下面介绍状态转移程序设计的一般步骤。

(1) 确定 SFC 的工步。每一个工步都是描述控制系统中对应的一个相对稳定的状态，在整个控制过程中，执行元件的状态变化决定了工步数。工步的符号如图 4.11 所示。

(a) 一般工步   (b) 初始工步

注：*表示序号

图 4.11　工步的符号表示

初始工步对应于初始状态，是控制系统运行的起点。一个控制系统至少有一个初始工步。一般工步是指控制系统正常运行时的某个状态。

(2) 设置状态输出。确定好 SFC 的工步后，即可设置每一工步的状态输出，也即明确每个状态的负载驱动和功能。状态输出符号写在对应工步的右边，假设此时对应输出用 Y001 表示，如图 4.12 所示。

(3) 设置状态转移。状态转移说明了从一个工步到另一个工步的变化，即用有向线段加一段横线表示。转移符号如图 4.13 所示。

转移需要满足转移条件，可以用文字语言或逻辑表达式等方式把转移条件表示在转移符号旁。

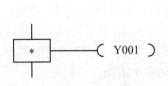

图 4.12　状态输出符号表示

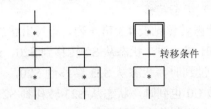

图 4.13　转移符号表示

4.2.2　状态转移图编制方法

下面通过一个实例来说明状态转移图的一般编制方法。

例 4.2　设计一个控制洗衣机清洗的 SFC 程序。

(1) 功能要求。

① 按下启动按钮 SB1 后，控制洗衣机清洗的电机先正转 3s，停 3s；之后反转 3s，停 3s。

② 重复 5 次，自动停止清洗。

(2) I/O 端口设置。

I/O 端口设置见表 4.2。

表 4.2　控制洗衣机清洗的 I/O 端口分配表

输　入		输　出	
名　称	输　入　点	名　称	输　入　点
启动按钮 SB1	X001	正转接触器 KM1	Y001
		反转接触器 KM2	Y002

(3) 状态分配。

可以把整个工作过程分成 4 个工步，第一工步到第四工步的每个工步对应一个状态，见表 4.3 第 1 列和第 2 列。

表 4.3　控制洗衣机清洗的状态表

工　步　号	状　态　号	状态输出	状态转移
原位	S2	PLC 初始化	X001：S2 →S20
第一工步	S20	电机正转，Y001 输出	T0：S20→S21
第二工步	S21	电机正转停止	T1：S21→S22
第三工步	S22	电机反转，Y002 输出	T2：S22→S23
第四工步	S23	电机反转停止	T3、$\overline{C0}$：S23→S20 T3、C0：S23→S2

(4) 状态输出。

状态输出见表 4.3 第 3 列，即写出每个状态的负载驱动与功能。

(5) 状态转移。

状态转移见表 4.3 第 4 列，即写出状态转移的条件和状态转移的方向。例如，当转移条件 X001 成立时，状态从 S2 转移到 S20，此时电机正转。当 T3 设定时间到，但清洗设定次数 C0 没到时，状态从 S23 转移到 S20，此时又开始重复正转；当 T3 设定时间到，清洗设定次数 C0 也到时，状态从 S23 转移到 S2，洗衣机自动停止清洗。

(6) 绘制状态转移图。

对照状态表绘制状态转移图，由状态转移图可以转换成相应的梯形图，如图 4.14 所示。

复杂的控制系统的状态转移图由单流程状态、选择结构状态流程和并行结构状态流程组成。

选择结构状态流程的特点是在多个分支结构中，当状态的转移条件在一个以上时，根据转移条件来选择具体转向哪个分支。如图 4.14 所示，状态 S23 之后有一个选择结构分支，当状态 S23 被激活时，如果转移条件 T3 为 ON、C0 为 OFF 时，将转移到状态 S20；如果转移条件 T3 为 ON、C0 也为 ON 时，将转移到状态 S2。

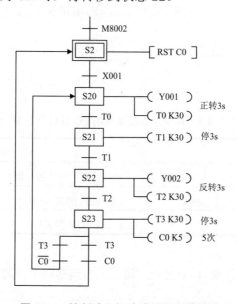

图 4.14　控制洗衣机清洗的状态转移图

并行结构状态流程的特点是，当某个状态的转移条件满足时，将同时执行两个或两个以上的分支，称为并行结构分支。例 4.3 中的 SFC 即为并行结构状态流程。

例 4.3　某钻床控制系统的控制过程如下：用钻床来加工盘状零件上的孔，放好工件后，按下启动按钮 X000，Y000 为 ON，工件被加紧；加紧后压力继电器 X001 为 ON，甲、乙两个钻头同时向下给进 Y001、Y003 为 ON。甲钻头钻到限位开关 X002 设定的深度时，Y002 为 ON，甲钻头上升；乙钻头钻到限位开关 X004 设定的深度时，Y004 为 ON，乙钻头上升。X003、X005 为甲、乙两个钻头的上限位开关，两个都到位后，Y000 为 OFF，使工件松开，松开到位后，限位开关 X006 为 ON，系统返回到初始状态。试画出该控制系统的状态流程图及相应的步进梯形图，钻床甲、乙两个钻头的工作示意图如图 4.15 所示。

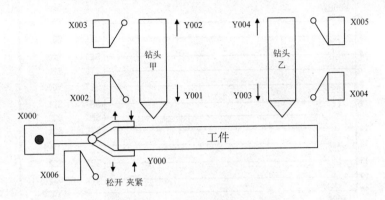

图 4.15　钻床钻头的工作示意图

解：根据要求和工作示意图，可以画出状态表，见表 4.4。

表 4.4　钻床控制系统状态表

工 步 号	状 态 号	状态输出	状态转移
原位	S2	PLC 初始化	X000：S2 →S20
第一工步	S20	工件夹紧，Y000 得电输出	X001：S20 →S21 　　　S20 →S23
第二工步	S21	甲钻头下降，Y001 输出	X002：S21 →S22
	S23	乙钻头下降，Y003 输出	X004：S23 →S24
第三工步	S22	甲钻头上升，Y002 输出	X003：S22 →S25
第四工步	S24	乙钻头上升，Y004 输出	X005：S24 →S25
第五工步	S25	工件松开，Y000 失电	X006：S25 →S2

由状态表可以画出状态转移图，如图 4.16 所示，相应的步进梯形图如图 4.17 所示。

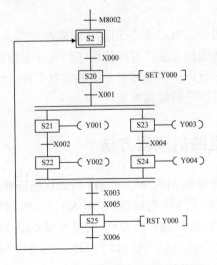

图 4.16　钻床控制系统的状态转移图

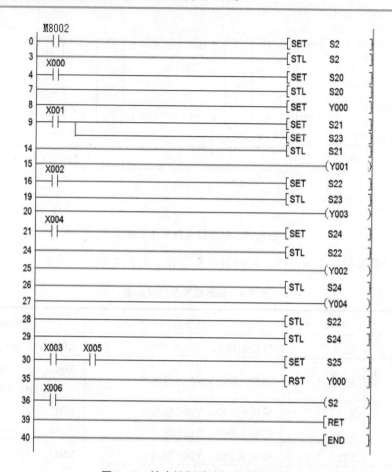

图 4.17 钻床控制系统的步进梯形图

4.3 顺序控制类程序设计方法

在可编程控制器的应用中，PLC 的应用程序通常有一些典型的控制环节的编程方法。熟悉这些典型的控制环节的编程方法，可以使程序的设计变得简单，取得事半功倍的效果。

根据系统的状态转移图设计出梯形图的方法通常有三种，使用启保停电路的编程方法、状态转换的编程方法和步进指令的编程方法。

4.3.1 使用启保停电路的编程方法

如图 4.18 所示，辅助继电器 M1、M2 和 M3 代表状态转移图中顺序相连的 3 个工步，X001 是 M2 之前的转化条件，当 M1 为活动步，即 M1 为 ON，转换条件 X001 满足时，X001 的常开触点就闭合，此时可以认为 M1 和 X001 的常开触点组成的串联电路是转换实现的两个条件，使后续工步 M2 变为活动步，即 M2 为 ON，同时使 M1 变为不活动步，即 M1 为 OFF。

X002 是 M2 之后的转换条件，为了使工步 M2 为 ON 后能保持到转换条件 X002 满足，就必须用有保持功能或有记忆功能的电路来控制代表工步的辅助继电器，启保停电路就是典型的有记忆功能的电路。

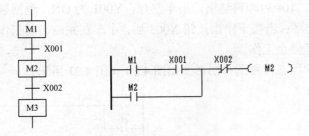

图 4.18　启保停电路

利用启保停电路由状态转移图画出梯形图，通常要考虑以下两个方面。

1．工步的处理

在启保停电路中，用辅助继电器代表工步，当某一工步为活动步时，对应的辅助继电器为"ON"状态。当某一转换实现时，该转换的后续步变为活动步，前级步变为不活动步。

在设计启保停电路时，关键是找出它的启动条件和停止条件。转换实现的条件是它的前级步为活动步，且满足相应的转换条件。在图 4.18 中，用 M1 和 X001 常开触点组成的串联电路作为控制线圈 M2 的启动条件。当 M3 为活动步时，M2 应为不活动步，因此可以将 M3=1 作为使 M2 变为 OFF 的条件，即用 M3 的常闭触点和 M2 的线圈串联，作为启保停电路的停止条件，图 4.18 中已经用 X002 的常闭触点来代替 M3 的常闭触点作为控制线圈 M2 的停止条件。

2．输出电路

如果某一输出仅在某一步中为 ON 时，可以将它们的线圈分别和对应的辅助继电器的常开触点串联，也可以将它们的线圈和对应的辅助继电器的线圈并联。

如果某一输出继电器在几步中都为 ON 时，应将各辅助继电器的常开触点并联后，驱动该输出继电器的线圈。

启保停电路是一种通用编程方法，因为启保停电路仅仅使用与触点和线圈有关的指令，任何一种 PLC 的指令系统都有这类指令，所以它适用于任何型号的 PLC。

例 4.4　某自动送料小车的工作示意图如图 4.19 所示。

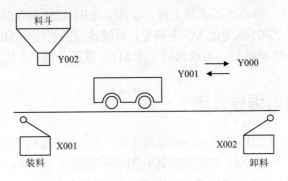

图 4.19　自动送料小车工作示意图

小车停在料斗下面，按下限位开关 X001，当按下启动按钮 X000 后，料斗 Y002 打开，开始装料，10s 后装料结束，料斗关闭，小车右行，Y000 为 ON，到达卸料处；按下限位开关 X002，开始卸料，10s 后卸料结束，小车左行，Y001 为 ON，返回装料处装料，完成一个工作周期，如此循环；当按下停止按钮 X003 后，小车在完成当前工作周期的最后一步后返回初始状态，小车停止工作。

小车自动送料的状态转移图和梯形图如图 4.20 和图 4.21 所示。

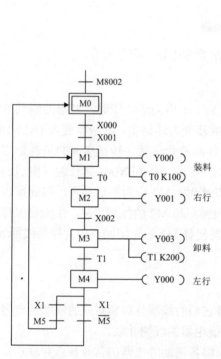

图 4.20　小车自动送料的状态转移图

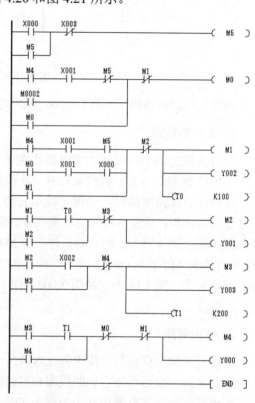

图 4.21　小车自动送料的梯形图

在图 4.21 所示的梯形图中，设置了用启保停电路控制的辅助继电器 M5，以便实现当按下停止按钮 X003 后，小车在工步 M4 之后停止工作。在该启保停电路中，当按下启动按钮 X000 后，M5 变为 ON，M5 只是在工步 M4 之后的转换条件中出现，所以按下停止按钮 X003 后，M5 虽然变为 OFF，但小车不会马上停止工作。在图 4.20 所示的状态转移图中，工步 M4 后，如果转换条件 X001 满足而 M5 不满足，系统将返回初始步 M0，小车停止工作；如果转换条件 X001 和 M5 都满足，系统返回工步 M1，重新开始一个周期的工作。

4.3.2　状态转换的编程方法

状态转换的编程方法与启保停电路的编程方法一样，也是用辅助继电器 M 代表各工步。如图 4.22 所示，M1、M2、M3 代表状态转移图中相连的 3 步，X001、X002 分别是工步 M1 和 M2 之后的转移条件。当 M1 为 ON(活动步)、转换条件 X001 也为 ON 时，可以认为

M1 和 X001 的常开触点组成的串联电路为转换实现的两个条件，使后续工步 M2 变为 ON，同时使前级步 M1 变为 OFF(不活动步)。同样，当 M2 为 ON，转换条件 X002 也为 ON 时，可以认为 M1 和 X002 的常开触点组成的串联电路为转换实现的两个条件，使后续工步 M3 变为 ON，同时使前级步 M2 变为 OFF。在梯形图中，用 SET 指令将转换的后续步置位为活动步，用 RST 指令使转换的前级步复位为不活动步。

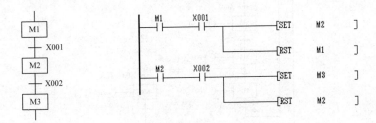

图 4.22　状态转换的编程方法

由图 4.22 可知，每一个转换对应一个置位和复位的电路块，有几个转换就对应几个这样的电路块，所以这种编写方法比较有规律，不容易出错，在设计较复杂的状态转移图和梯形图时非常有用。

例 4.5　某自动门控制系统的工作示意图如图 4.23 所示。

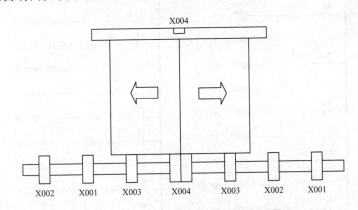

图 4.23　自动门控制系统的工作示意图

当传感器检测到有人接近自动门时，传感器检测信号 X000 为 ON，Y000 驱动电动机快速开门；当碰到开门减速开关 X001 为 ON 时，变为慢速开门，Y001 为 ON；当碰到开门极限开关 X002 为 ON 时，电动机停转，并延时 5s。若 5s 后，传感器检测到无人，Y002 为 ON，启动电机快速关门；碰到关门减速开关 X003 为 ON 时，改为慢速关门，Y003 为 ON；当碰到关门极限开关 X4 时，电动机停转。在关门期间，若传感器检测到有人，马上停止关门，并延时 0.5s 后自动转换为快速开门。

自动门控制系统的状态转移图和梯形图如图 4.24 和图 4.25 所示。

使用这种编程方法，不能将输出继电器的线圈与 SET 指令和 RST 指令并联。应根据状态转移图，用代表工步的辅助继电器的常开触点或它们的并联电路来驱动输出继电器的线圈。

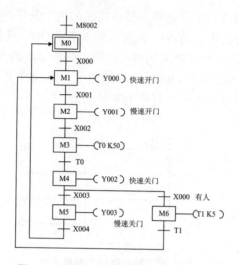

图 4.24　自动门控制系统的状态转移图

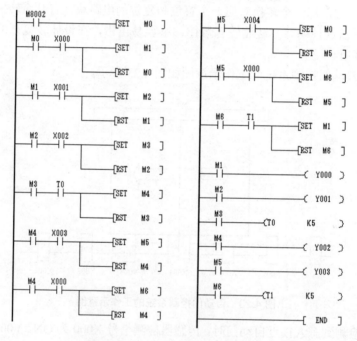

图 4.25　自动门控制系统的梯形图

4.3.3　步进指令的编程方法

步进指令即 STL 指令，由 3.4 节可知，FX 系列 PLC 有一对步进指令 STL 和 RET，分别表示步进开始和步进结束，利用这两条指令可以很方便地编制步进梯形图。

FX 系列 PLC 采用步进指令的编程方法，在设计状态转移图时，用状态组件 S 表示系统运行中的某个状态，FX3U 系列 PLC 共有 4096 个状态组件，详细参看表 3.1。它们是构成状态转移图的基本组件，也是构成步进梯形图的重要元素。

用 FX 系列 PLC 的状态组件编写顺序控制程序时，应与 STL 指令一起使用，使用 STL 的状态组件的常开触点称为 STL 触点。如图 4.26 所示为状态转移图和梯形图的对应关系。STL 触点与左母线相连，当某一步为活动步时，STL 触点接通，它对应的右边电路被处理，直到下一步被激活。每一个状态组件都有三种功能，即对负载的驱动处理、指定转移条件和指定转换目标。在图 4.26 中，S20 的 STL 触点闭合后，该步的负载被驱动，Y001 线圈通电。转换条件 X001 常开触点闭合时，转换条件得到满足，S21 被置位，同时 S20 被自动复位。

用 STL 指令编写程序时，应遵循先驱动负载、后转移处理的原则。

一系列的 STL 指令后要有 RET 指令，表示返回母线上。

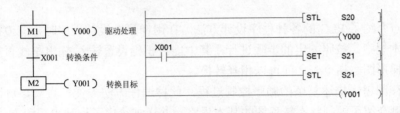

图 4.26　状态转移图和梯形图的对应关系

例 4.6　将图 4.14 所示的控制洗衣机清洗的状态转移图改成步进梯形图，如图 4.27 所示。

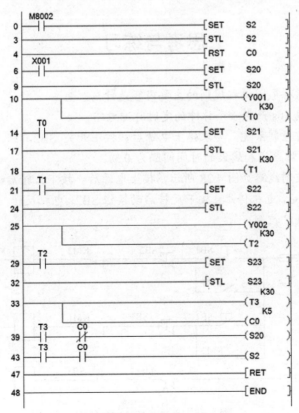

图 4.27　控制洗衣机清洗的步进梯形图

由图 4.14 可知，状态 S23 之后有一个选择结构分支，在编写步进梯形图时，始终遵循先驱动负载、后转移处理的原则，当状态 S23 接通时，线圈 T3 和 C0 输出，然后根据转移条件，使 S0 输出或 S20 输出，同时使 S23 复位。

使用 STL 指令编程，可以生成流程和工作与状态转移图非常接近的程序，状态转移图中的每一步都对应一段程序，将这些程序按一定的顺序组合起来，就可以完成一定的控制任务。采用这种编程方式可以节约编程时间，也可以减少编程错误。

本 章 小 结

本章重点介绍了 PLC 的各种程序设计方法。在用梯形图设计程序时，应遵循梯形图程序设计的基本规则，按照一定的步骤进行，其中能否正确设置输入/输出是能否正确编写程序的关键。梯形图与指令表之间可以相互转换。

状态转移图用于描述复杂的顺序控制过程，此种编程方法方便、直观，可读性较强。本章通过实例介绍了编制状态转移图的基本思路，并详细给出了设计步骤和方法。

对于顺序控制类程序设计，根据系统的状态转移图设计出梯形图的方法通常有三种：使用启保停电路的编程方法、状态转换的编程方法和步进指令的编程方法。这三种方法具有各自的特点，可以综合比较，以便于拓展思路，更好地掌握本章内容。

思考与练习

1. 可编程控制器梯形图编程规则的主要内容是什么？

2. 设计一个每隔 10s 产生一个脉冲的定时脉冲电路。

3. 设计一个彩灯控制系统，要求接上电源后，按下开关 SB2，红、绿、黄三种彩灯依次循环点亮，每种彩灯点亮和熄灭的时间间隔为 0.5s。

4. 电机正反转控制线路如图 4.28 所示，接上电源后，按下正转启动按钮 SB1，电机正转，再按停止按钮 SB3，电机停止；按下反转启动按钮 SB2，电机反转，再按停止按钮 SB3，电机停止。试改成 PLC 控制。

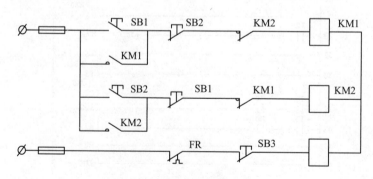

图 4.28　电机正反转控制线路

5. 设计一个用按钮控制的楼道照明灯系统，每按一次按钮，照明灯亮 2min 后熄灭。当按下时间超过 2s 时，灯熄灭。

6. 简述状态转移图的特点以及状态转移图的组成与各部分的作用。

7. 某机床动力头进给工作示意图如图 4.29 所示，设动力头在初始状态时停在左边，限位开关 X003 为 ON，按下启动按钮 X000 后，电磁阀 Y000 得电，动力头快速向右进给(快进)，碰到限位开关 X001 后，电磁阀 Y001 得电，动力头变为工作进给(工进)，碰到限位开关 X002 后，电磁阀 Y002 得电，动力头快速退回(快退)，返回初始位置后停止运动。试画出控制系统的状态转移图。

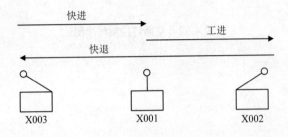

图 4.29　动力头进给工作示意图

8. 设计出如图 4.30 所示的状态流程图的梯形图程序。

9. 设计一抢答电路。功能要求：儿童两人组队参赛且其中一人按按钮可抢答；学生一人组队；教师两人组队参赛且两人同时按下按钮才能抢答；主持人宣布开始后方可按抢答按钮，主持人设复位按钮。哪组抢答成功，哪组对应彩灯亮，同时音乐响起。

10. 设计出如图 4.31 所示的状态流程图的梯形图程序。

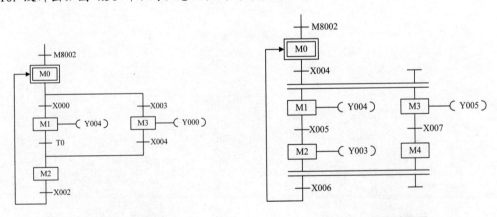

图 4.30　状态流程图　　　　图 4.31　状态流程图

11. 设计一个交通灯控制系统。功能要求：某十字路口，南北向和东西向分别有红、绿、黄两组信号灯。开关合上后，东西绿灯亮 4s 后闪两次(0.5s 亮，0.5s 灭)，接着东西黄灯亮 2s，南北绿灯亮 4s 后闪两次(0.5s 亮，0.5s 灭)，接着南北黄灯亮 2s；如此循环。当东西绿灯亮、绿灯闪、黄灯亮时，对应南北红灯亮；当南北绿灯亮、绿灯闪、黄灯亮时，对应东西红灯亮。如图 4.32 所示为其控制时序图。

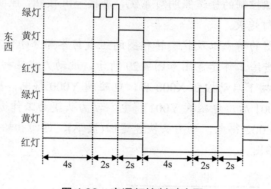

图 4.32　交通灯控制时序图

第 5 章　GX Works2 编程软件的使用

本章主要介绍 GX Works2 编程软件的界面、常用菜单命令及如何使用该软件进行编程、模拟仿真和调试。

通过本章的学习，能够利用 GX Works2 编程软件正确输入梯形图和 SFC 图，熟练掌握 GX Works2 与 PLC 之间的程序传送、程序运行和程序调试、模拟仿真的操作过程。

5.1　概　　述

GX Works2 是三菱电机新一代 PLC 软件，具有简单工程(Simple Project)和结构化工程 (Structured Project)两种编程方式，支持梯形图、SFC、ST 及结构化梯形图等编程语言，可实现程序编辑、参数设定、网络设定、程序监控、调试及在线更改、智能功能模块设置等功能，适用于 Q、QnU、L、FX 等系列可编程控制器，兼容 GX Developer 软件，支持三菱电机工控产品 iQ Platform 综合管理软件 iQ Works，具有系统标签功能，可实现 PLC 数据与 HMI、运动控制器的数据共享。

5.2　GX Works2 编程软件的界面介绍

进入 Windows 系统，双击桌面上的 GX Works2 图标，进入软件界面，如图 5.1 所示。界面分为 6 个区域：标题栏、菜单栏、工具栏、状态栏、导航窗口和工作区。

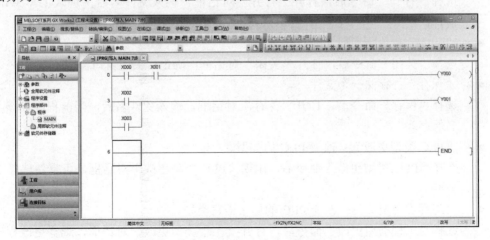

图 5.1　GX Works2 编程软件的界面

单击梯形图编辑区，使其成为当前工作区。编辑梯形图时，首先应确定光标位置，出现蓝色框后，在工具栏内单击要用的元件，打开"梯形图输入"对话框，输入元件号后，元件图形出现在原光标位置，如图 5.2 所示。按照这种方法，逐一将元件加到梯形图上。当梯形图完成后，单击工具栏中的"转换"按钮 ，即可完成梯形图编辑。

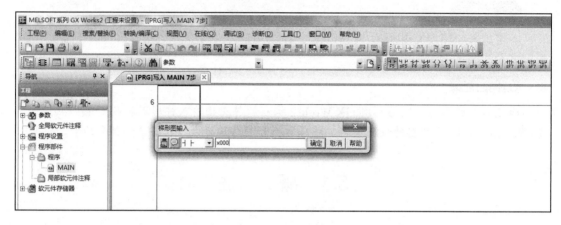

图 5.2　编辑梯形图

5.3　菜单中常用命令说明

1. 工程

"工程"菜单中各主要命令的具体含义如下。

- "新建"：建立新文件。

  选择"新建"命令时，出现"PLC 类型设置"对话框，确认 PLC 类型、选择程序语言后，显示 GX Works2 窗口，在此窗口中可以输入要编写的程序。

- "打开"：打开一个已有的文件。

  选择"打开"命令后，打开"打开"对话框，输入文件名后，进入 GX Works2 窗口。

- "关闭"：关闭当前文件。

  选择"关闭"命令后，打开"关闭"对话框，确定后关闭窗口。

- "保存"：存储一个文件。

  选择"保存"命令后，打开"保存"对话框，输入文件名后，当前程序以该文件名保存。

- "PLC 类型更改"：改变 PLC 的类型。

  选择"PLC 类型更改"命令后，出现"PLC 类型更改"对话框，可重新选择 PLC 类型。

- "工程类型更改"：改变 PLC 的程序语言类型。

  选择"工程类型更改"命令后，打开"工程类型更改"对话框，选择更改程序语言类型，可以在梯形图语言和 SFC 语言之间切换。

- "保存 GX Developer 格式工程"：保存成 GX Developer 格式的工程。

  选择"保存 GX Developer 格式工程"命令后，打开"保存 GX Developer 格式工程"对话框，选择保存地址，实现与 GX Developer 格式的兼容。

- "打印"：打印文件。

  选择"打印"命令后，打开"打印"对话框，选择所要打印的文件名后，打印机打印该文件。

- "退出"：退出 GX Works2 窗口。

  选择"退出"命令后，退出该程序。

2. 编辑

"编辑"菜单中各主要命令的具体含义如下。

- "剪切"：将指令表程序块或梯形图电路块剪切掉。

  选择"剪切"命令后，被剪切的块保存在剪切板中。如果被剪切的数据超过剪切板容量，剪切命令将被取消。

- "复制"：将指令表程序块或梯形图电路块复制到剪切板中。

  选择"复制"命令后，被选中的块数据超过剪切板容量，复制命令将被取消。

- "粘贴"：将剪切板中的内容粘贴到光标指定的位置。
- "行插入"：在光标所在位置的上面插入一行。
- "行删除"：光标所在行被删除。
- "列插入"：在光标所在位置前插入一列。
- "列删除"：光标所在列被删除。
- "梯形图编辑模式"：选择梯形图编辑模式。

  选择"梯形图编辑模式"命令后，选择"读取模式"或"写入模式"。

- "梯形图符号"：选择编辑梯形图时的符号，与工具栏上的符号功能相同。
- "简易编辑"：简易编辑梯形图。

  选择"简易编辑"命令后，选择子命令，对梯形图进行简易编辑。

3. 搜索/替换

"搜索/替换"菜单中各主要命令的具体含义如下。

- "软元件搜索"：查找软元件。

  选择"软元件搜索"命令后，打开"搜索/替换"对话框，输入待查的软元件标号，即可搜索需要的软元件。

- "指令搜索"：用指令查找软元件。

  选择"指令搜索"命令后，打开"搜索/替换"对话框，输入待查指令后，光标移动到查找的指令处。

- "软元件替换"：替换需要的软元件。

  选择"软元件替换"命令后，打开"搜索/替换"对话框，输入要替换的软元件号，即可依次替换需要的软元件。

- "指令替换"：用指令替换需要的软元件。

  选择"指令替换"命令后，打开"搜索/替换"对话框，输入要替换的指令后，替换相应的软元件。

- "软元件批量更改"：批量查找并替换需要的软元件。

选择"软元件批量更改"命令后，打开"搜索/替换"对话框，批量输入要查找和替换的软元件号，即可一次完成更改。

- "跳转"：跳转到需要的步号。

选择"跳转"命令后，打开"跳转"对话框，输入步号，跳转到相应位置。

4. 转换/编辑

"转换/编辑"菜单中各主要命令的具体含义如下。

- "转换"：将工程中登录的程序进行编译转换成顺控程序。
- "转换+RUN 中写入"：在程序运行时写入并转换。
- "转换所有程序"：将工程中登录的所有程序进行转换(包括已转换的程序)。

5. 视图

"视图"菜单中各主要命令的具体含义如下。

- "工具栏"：显示/隐藏工具栏。
- "状态栏"：显示/隐藏状态栏。
- "颜色及字体"：设置程序颜色及字体。

选择"颜色及字体"命令后，打开"颜色及字体"对话框，选择颜色设置项目及字体设置项目，设置程序颜色及字体。

- "放大/缩小"：按比例放大/缩小程序。
- "字符大小"：放大/缩小软元件标号。
- "移动 SFC 图的光标"：编辑 SFC 图时，移动其光标。

6. 在线

在程序传送之前，必须将计算机端口和 PLC 用指定的电缆线及转换器连接。

"在线"菜单中各主要命令的具体含义如下。

- "PLC 读取"：将 PLC 中的程序传送到计算机中。
- "PLC 写入"：将计算机的程序发送到 PLC 中。
- "PLC 校验"：将计算机及 PLC 中的程序加以校验。
- "远程操作"：运行程序/停止运行程序。
- "监视"：PLC 在运行时，可以利用"监控/测试"功能来监控元件、触点或线圈的工作情况，同时也可以修改定时器与计数器的设定值。

7. 调试

"调试"菜单中各主要命令的具体含义如下。

- "模拟开始/停止"：仿真功能，仿真开始/停止，离线调试。
- "当前值开始"：模拟仿真时，改变当前软元件的状态。

5.4　PLC 程序设计的基本操作及调试

5.4.1　设置编辑文件的路径

首先设置文件路径，所有用户文件都在该路径下存取。

假设将 D:\PLC1 设置为文件存取路径，则操作步骤如下。

进入 Windows 界面打开"计算机"，选中 D 盘，新建一个文件夹，取名为 PLC1，单击"确定"按钮，进入 GX Works2 编程软件。

确定路径后，就可以进入编程、存取状态了。

(1) 假设为首次程序设计。首先打开 GX Works2 编程软件，选择"工程"|"新建"命令或单击工具栏中的回按钮，弹出"新建"对话框，选择系列、机型、工程类型和程序语言。使用时，应根据实际情况确定机型。现选中 FXCPU 系列、FX3U/FX3UC 机型、简单工程和梯形图程序语言，单击"确定"按钮。

(2) 文件编辑完成后进行保存。选择"工程"|"另存为"命令，弹出"工程另存为"对话框，在"文件名"文本框中输入文件名"工程 1"，设置存取路径为 D:\PLC1，即可保存在文件夹 PLC1 中。

(3) 打开已有的文件。打开编程软件 GX Works2，选择"工程"|"打开"命令，弹出"打开工程"对话框，选择正确的路径和文件名，单击"确定"按钮，即可进入以前编辑的程序。

5.4.2　文件程序编辑

进入 GX Works2 编程软件，可采用梯形图编辑和状态转移图(SFC)编辑两种编辑方式编辑文件程序。

1. 梯形图编辑

梯形图是目前使用最广泛的 PLC 图形编程语言。

打开 GX Works2 编程软件，单击工具栏中的"新建"按钮，选中 FXCPU 系列、FX3U/FX3UC 机型、简单工程和梯形图程序语言，单击"确定"按钮，进入梯形图编辑状态。如图 5.3 所示，进行介绍。

(1) 输入常开触点 X001。移动光标到需要放置触点的位置，单击右上端工具栏中的 F5 按钮，打开"梯形图输入"对话框，输入"X001"，单击"确定"按钮或按 Enter 键，如图 5.4 所示。

此时光标后退一格，界面出现灰色区域，此区域表示未转换区域。

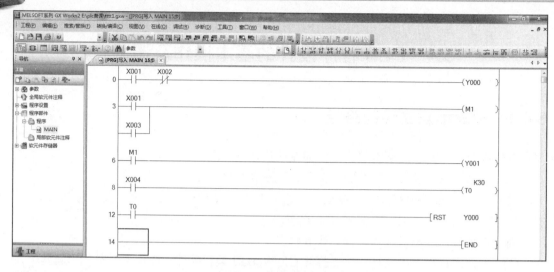

图 5.3　梯形图编辑方式

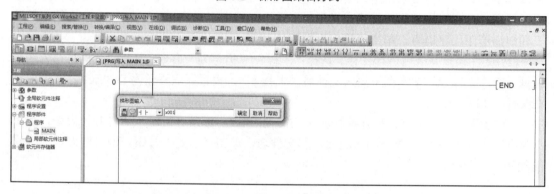

图 5.4　输入梯形图中的常开触点

(2) 输入常闭触点 X002。移动光标到需要放置触点的位置,单击右上端工具栏中的 按钮,出现"梯形图输入"对话框,输入"X002",单击"确定"按钮或按 Enter 键确认输入。

(3) 输入输出线圈。移动光标到需要放置线圈的位置,单击工具栏中的 按钮,打开"梯形图输入"对话框,输入"Y000"后,单击"确定"按钮或按 Enter 键,如图 5.5 所示。用类似的方式输入辅助继电器的常开触点 M1 和输出线圈 Y001。

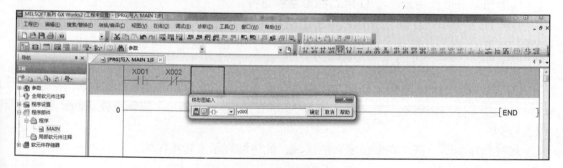

图 5.5　输入梯形图中的输出线圈

(4) 方法常开触点并联 X003。移动光标到需要放置触点的位置，单击工具栏中的按钮
![SF5] ，打开"梯形图输入"对话框，输入"X003"，单击"确定"按钮或按 Enter 键。

(5) 输入定时器、计数器线圈。单击工具栏中的按钮![]，打开"梯形图输入"对话框，
输入"t0 k30"后，单击"确定"按钮或按 Enter 键(计数器的输入方法同样)，如图 5.6
所示。

(6) 输入功能指令。移动光标到相应位置，单击工具栏中的![]按钮，打开"梯形图输
入"对话框，输入"RST Y000"，单击"确定"按钮或按 Enter 键，如图 5.7 所示。

在输入梯形图的过程中，难免需要修改，下面说明梯形图的修改方法。

(1) 元件的修改。在元件的位置双击，弹出相应的对话框，在该对话框中重新输入。

(2) 连线的修改。横线的删除是把光标移到需要删除的位置，然后按 Delete 键或单击工
具栏中的![]按钮；竖线的删除是把光标移到需要删除的位置的右端，然后单击工具栏中的
![cF10]按钮。

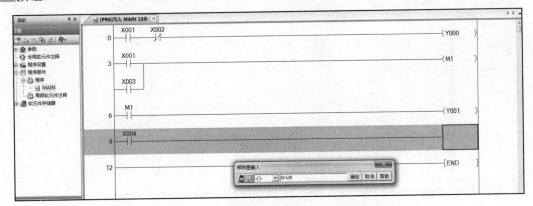

图 5.6　输入梯形图中的定时器、计数器线圈

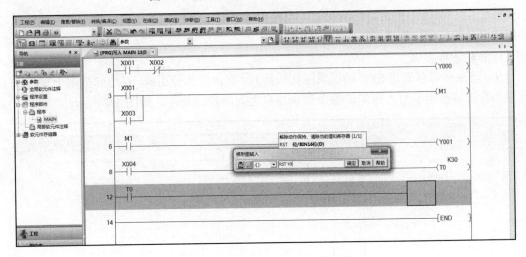

图 5.7　输入梯形图中的功能指令

编辑完成梯形图后还要单击 按钮进行转换。若梯形图无错误,则灰色区域恢复成白色;若有错误,则弹出有错误对话框。

由于梯形图编程比较简单、明了,接近电路图,所以一般 PLC 程序用梯形图来编辑。

2. 状态转移图编辑

GX Works2 编程软件的一大优点就是可以用状态转移图编辑程序。打开 GX Works2 编程软件,选择"工程"|"新建"命令或单击工具栏中的 按钮,弹出"新建"对话框,选择系列、机型、工程类型和程序语言。使用时,应根据实际情况确定机型。现选中 FXCPU 系列、FX3U/ FX3UC 机型、简单工程和 SFC 程序语言,单击"确定"按钮,即可进入状态转移图(SFC)窗口,如图 5.8 所示。

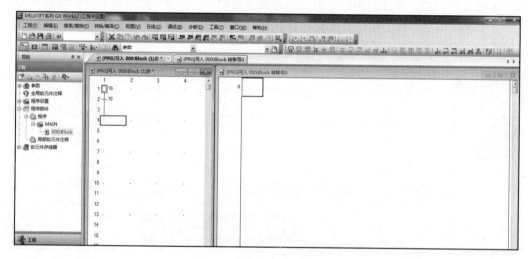

图 5.8 状态转移图(SFC)窗口

SFC 窗口与梯形图窗口结构类似,也是由常规的工具栏、菜单栏、状态栏、编辑区、功能键栏及导航窗口组成。

1) SFC 的编辑区

从图 5.8 中可以看出 SFC 的编辑区比较特别,它由两部分组成,左边部分用于写入 SFC 流程,右边部分用于写入每步的输出和步与步之间的转移条件,如图 5.9 所示。

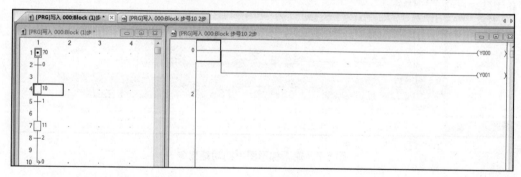

图 5.9 SFC 的编辑区

2) 功能按钮

SFC 窗口右上方的功能按钮如图 5.10 所示，单击它们可在 SFC 的编辑区输入 SFC 图的各种符号。

图 5.10　SFC 窗口右上方的功能按钮

下面通过表 5.1 来了解主要功能按钮的意义。

表 5.1　主要功能按钮的意义

名　称	功　能　键	符　号	注　释
步	F5		每一具体的步
块启动步	F6		块启动步，有结束检查
块启动步	Shift+F6		块启动步，无结束检查
跳转	F8		从当前跳转到需要的步
END 步	F7		结束步
虚拟步	Shift+F5		虚拟步
转移	F5		从当前步转移到下一步
选择分支	F6		选择结构时设置分支
并列分支	F7		并列结构时设置分支
选择合并	F8		选择结构时分支合并
并列合并	F9		并列结构时分支合并
竖线	Shift+F9		添加竖线
划线删除	Ctrl+F9		删除划线

例 5.1　用 GX Works2 编程软件画出如图 4.14 所示的控制洗衣机清洗的 SFC 图。

打开软件选择 SFC 编程语言，弹出 "块信息设置" 对话框，选择梯形图块，如图 5.11 所示。设置完成后编辑梯形图，如图 5.12 所示。辅助继电器 M8002 用于启动初始步。

127

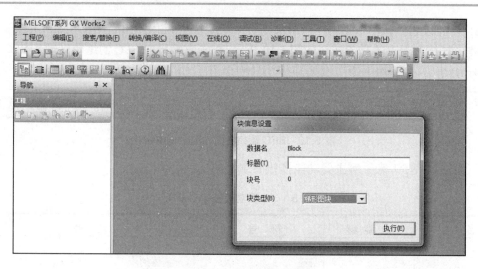

图 5.11　块信息设置

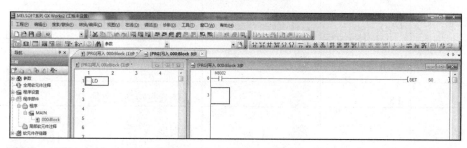

图 5.12　编辑初始步驱动

选择"SFC 块列表"命令，如图 5.13 和图 5.14 所示。在块列表中选择"Block1"，弹出"块信息设置"对话框，选择 SFC 块，进入 SFC 编辑窗口，通过单击图 5.10 中的功能按钮或连续按 Enter 键先确定 SFC 流程，如图 5.15 左边部分所示。在没有写入转移条件和每步的输出之前，每个步和转移条件之前都有"？"符号，表示仅仅是画好了流程，还没有把具体的状态输出或转移条件写入。

把光标移到第一步，输入"[RST C0]"，然后进行转换；用相同的方法把光标移到某个步或转移条件上，输入相应内容，单击"转换"按钮。控制洗衣机清洗的 SFC 流程及状态输出与条件如图 5.16 所示。

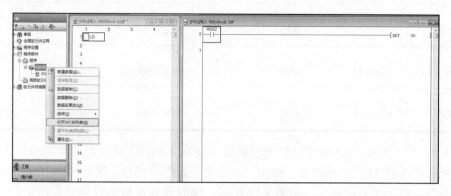

图 5.13　打开 SFC 块列表

图 5.14 SFC 块列表

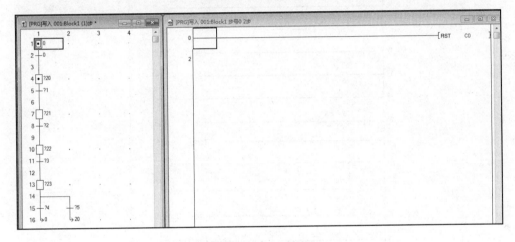

图 5.15 SFC 流程

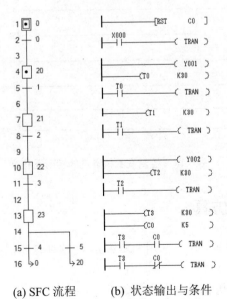

(a) SFC 流程   (b) 状态输出与条件

图 5.16 控制洗衣机清洗的 SFC 流程及状态输出与条件

SFC 程序与梯形图程序之间可以相互转换，选择"工程"菜单中的"工程类型更改"命令，弹出"工程类型更改"对话框，选择"更改程序语言类型"后，双击左侧导航窗口中的 MAIN 即可将 SFC 程序转换为梯形图程序，如图 5.17 所示。用相同方法可以把梯形图程序转换成 SFC 程序。

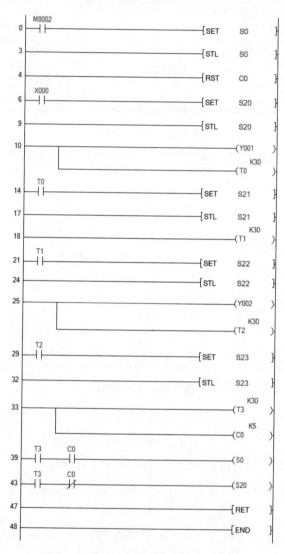

图 5.17 控制洗衣机清洗的梯形图程序

5.4.3 程序的模拟仿真

在没有硬件 PLC 的时候，可以应用 GX Works2 软件自带的程序仿真功能，从而在一定程度上验证编程的正确性。

GX Works2 软件模拟仿真的操作步骤如下。

打开 GX Works2 软件，新建一个简单的工程，以启保停电路为例，在梯形图编辑区输入启保停电路的梯形图，如图 5.18 所示。

图 5.18　启保停电路的梯形图

然后，单击工具栏上的"模拟开始/停止"按钮，或选择主菜单中的"调试"|"模拟开始/停止"命令，弹出"PLC 写入"对话框，等待写入完成后，单击"关闭"按钮。这时会看到 GX Simulator2 窗口，如图 5.19 所示，选中 RUN 或 STOP 单选按钮可以启动或停止仿真。此时，在 GX Simulator2 窗口中选中 RUN 单选按钮启动仿真。

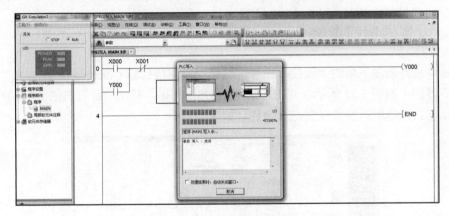

图 5.19　仿真开始/停止窗口

接下来，在主窗口的"操作编辑区"中选择梯形图中的软元件"X0"，右击，在快捷菜单中选择"调试"|"当前值更改"命令，如图 5.20 所示。这一步也可以选择主菜单中的"调试"|"模拟开始/停止"命令来实现。在弹出的"当前值更改"对话框中单击 ON 按钮，可以看到"操作编辑区"中的变化，如图 5.21 所示。可以用相同的方法改变软元件"X1"的当前值。如此就可以应用此仿真模式进行工程调试，修改设计中的错误，达到预期的设计效果。

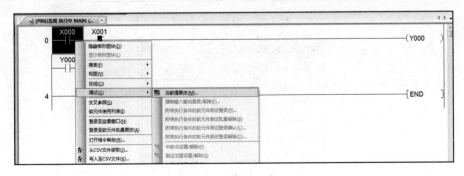

图 5.20　更改当前值

图 5.21　仿真效果

若要退出仿真，只需选择主菜单中的"调试"|"模拟开始/停止"命令即可。GX Works2 软件模拟仿真功能非常简单实用。

5.4.4　设置通信口参数

单击编程界面左下角的"连接目标"，选择当前连接目标 Connection1，弹出"连接目标设置"界面，如图 5.22 所示。双击左上角的 USB 图标，弹出"计算机侧 I/F 串行详细设置"对话框，检查串口参数设置是否一致，如图 5.23 所示。

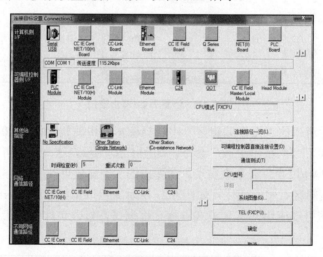

图 5.22　设置连接目标

图 5.23　端口设置对话框

根据 PLC 与 PC 连接的端口号，选择正确的 COM 端口，完成后单击"确定"按钮，再单击图 5.23 中的"确定"按钮。(注：PLC 的端口设置也可在编程前进行。)

5.4.5　GX Works2 与 PLC 之间的程序传送

在 GX Works2 中编辑好程序之后，要把程序传送到 PLC 中，因为程序只有在 PLC 中才能运行。有时也要把 PLC 中的程序上传到 GX Works2 中。在 GX Works2 和 PLC 之间传送程序之前，应该先用电缆连接好 PC- GX Works2 和 PLC。

1. 把 GX Works2 中的程序下传到 PLC 中

选择主菜单中的"在线"|"PLC 写入"命令，弹出"在线数据操作"对话框，如图 5.24 所示。在"对象"列中勾选需要传送的对象。

选择完后单击"执行"按钮，写入操作完成后，屏幕会出现"PLC 处于 STOP，是否执行 RUM"的提示，单击"是"按钮即可，结束后关闭"在线数据操作"对话框，完成程序的传送。

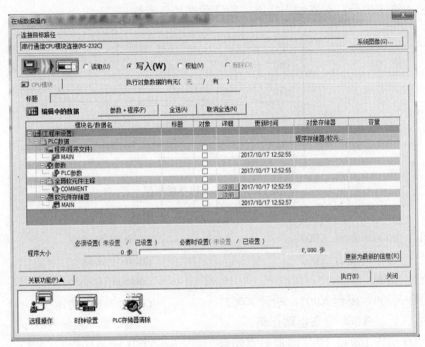

图 5.24　在线数据操作对话框

2. 把 PLC 中的程序上传到 GX Works2 中

若要把 PLC 中的程序读回 GX Works2，首先要设置好通信端口。选择主菜单中的"在线"|"PLC 读取"命令，弹出"在线数据操作"对话框，勾选对象后单击"执行"按钮，PLC 执行传送任务，结束后关闭"在线数据操作"对话框，这样就可以把 PLC 中的程序上传到 GX Works2 中。

注意：在 GX Works2 和 PLC 之间传送程序时，有可能源程序会被当前程序覆盖，假如不想覆盖源程序，应注意文件名的设置。

5.4.6 程序的运行与调试

1. 程序运行

当程序写入 PLC 后就可以运行了。先将 PLC 处于 RUN 状态(可用手将 PLC 的 RUN/STOP 开关拨到 RUN 挡，也可以选择菜单中的"在线"|"远程操作"命令使 PLC 处于 RUN 状态)，再通过实验系统的输入开关为 PLC 输入信号，观察 PLC 输出指示灯，验证是否符合编辑程序的电路逻辑关系。

例 5.2 运行验证程序。

编辑、传送、运行如图 5.25 所示的程序。

步骤如下。

(1) 程序写入 PLC，使 PLC 处于 RUN 状态。

(2) 输入给定信号，观察输出状态，验证程序的正确性。

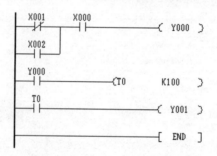

图 5.25 例 5.2 程序梯形图

操作：　　　　　　　　　　　　　　　　观察

① 闭合 X000，断开 X001　　　　→　Y000 应该动作

② 闭合 X000，闭合 X002　　　　→　Y000 应该动作

③ 断开 X000　　　　　　　　　　→　Y000 应该不动作

④ 闭合 X000，闭合 X001，断开 X002　→　Y000 应该不动作

此时可以验证 Y000 这条电路正确。

⑤ Y000 动作 10s 后 T0 定时器触点闭合　→　Y001 应该动作

此时可以验证 T0、Y001 电路正确。

2. 程序调试

程序写入 PLC 后，按照设计要求可用 GX Works2 来调试。如果有问题，通过 GX Works2 提供的调试工具来确定问题所在。

选择"在线"|"监视"命令，进行调试。

1) 监视开始

在 PLC 运行时通过梯形图程序显示各位元件的动作情况，如图 5.26 所示。

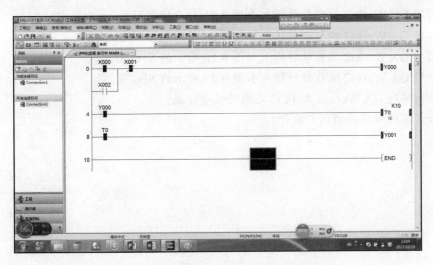

图 5.26　梯形图程序显示各位元件的动作情况

当 X000 闭合、Y000 线圈动作、T0 计时到、Y001 线圈动作时，可观察到动作的每个元件位置出现蓝色光标，表示元件处于接通状态。利用"开始监控"功能可以实时观察程序运行情况。改变输入继电器的状态，调试程序。

2) 监视(写入模式)

在调试程序时，若发现程序有误，可以在该模式下修改程序，然后再次调试程序。

3) 监视停止

单击"监视停止"按钮，退出监视模式。

5.4.7　退出系统

完成程序调试后，在退出系统前应该先核定程序文件名，并将其存盘，然后关闭 GX Works2 所有应用子菜单，退出系统。

本 章 小 结

GX Works2 编程软件的界面非常实用，在该编程软件中可以很方便地实现输入梯形图和 SFC 图，并且能自动实现它们之间的相互转换。

GX Works2 编程软件和 PLC 之间可以相互传送程序。当在 GX Works2 软件中编辑好程序后，通常是把程序传给 PLC，然后运行、调试。

思 考 与 练 习

1. 利用 GX Works2 编程软件输入如图 4.8 所示的梯形图。

2. 利用 GX Works2 编程软件输入如图 4.21 所示的梯形图。

3. 利用 GX Works2 编程软件输入如图 4.25 所示的梯形图。

4. 利用 GX Works2 编程软件输入如图 4.16 所示的 SFC 图。

5. 利用 GX Works2 编程软件输入如图 4.20 所示的 SFC 图。

6. 如何实现 GX Works2 与 PLC 之间的程序传送?

7. 如何实现程序的调试与运行?

高职高专计算机实用规划教材——案例驱动与项目实践

第6章 可编程控制器的通信及组网

教学提示

PLC 与计算机、PLC 与 PLC、PLC 与外围设备之间的通信统称为 PLC 通信，所构成的通信网络称为 PLC 网络。PLC 通信系统的应用目的是将多个 PLC、计算机及各种外围设备进行互联，传输和交换信息数据，实现由一台计算机控制和管理多台 PLC 设备，或多台 PLC 之间的监控管理，组成不同的 PLC 网络系统。本章主要介绍 FX 系列 PLC 的通信和网络构成。

教学目标

通过本章的学习，理解 PLC 通信知识，熟悉 PLC 网络系统，掌握 PLC 常用的通信接口及通信模式。

6.1 PLC 的通信知识和网络

PLC 的通信是指 PLC 与计算机、PLC 与 PLC、PLC 与其他现场设备之间的信息交换。通信中涉及最多的概念就是通信协议。

6.1.1 通信协议

国际标准化组织(ISO)提出的开放系统互联模型，作为通信网络国际标准化的参考模型，它详细描述了软件功能的七个层次。每个层次完成各自的功能，通过各层间的接口和功能的组合与其相邻的层连接，从而实现两系统间、各节点间信息的传输，如图 6.1 所示。

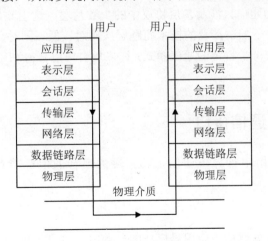

图 6.1 开放系统(OSI)互联模型

1. 物理层

物理层是网络的最底层，规定了使用各种互联电路、电路功能、电气特性及连接器的配置等。常用的串行异步通信接口标准 RS-232C、RS-422 和 RS-485 等就属于物理层。

2. 数据链路层

数据链路层通过物理层提供的物理连接，实现建立、保持和断开数据链路的逻辑连接，完成数据的无差错传输。

3. 网络层

网络层的主要功能是在通信的源节点和目的节点之间选择一条最佳路径，使数据分组的传输能正确到达目的地，同时负责网络中的拥挤控制。

4. 传输层

传输层在会话层的两个实体之间建立传输连接，提供两个端系统之间可靠、透明的数据传送。主要进行差错控制、顺序控制等。

5. 会话层

表示两个层用户之间的连接称为会话，对应会话层的任务就是提供一种有效的方法，组织和协调两个层次之间的会话，并管理和控制它们之间的数据交换。

6. 表示层

表示层实现不同信息格式和编码之间的转换。它将适合用户的信息表示转换为适合 OSI 内部使用的传送语法，完成信息格式的转换。

7. 应用层

应用层作为参考模型的最高层，为用户的应用服务提供信息交换，为应用接口提供操作标准。七层模型中所有其他层都是为了支持应用层，应用层直接面向用户，为用户提供网络服务。

一般来说，PLC 的通信只涉及 7 层协议中的少数几层。这主要是因为当前 PLC 在大型网络中一般多服务于中下层，涉及的技术问题层次相对较低。同时，PLC 本身是成品设备，厂家都在自己产品中安排了特定的通信模式，许多场合可以直接利用，如三菱 FX 系列 PLC 的 N : N 通信等。

6.1.2 PLC 常用通信接口

PLC 通信主要采用串行异步通信，其常用的串行通信标准有 RS-232、RS-422 和 RS-485 等。

1. RS-232 接口

目前，RS-232 是数据通信中应用最广泛的一种串行接口，于 1962 年由美国电子工业协会(EIA)制定并公布。RS-232 是数据终端设备与数据通信设备进行数据交换的接口。目前最

受欢迎的是 RS-232C，即 C 版本的 RS-232。下面以 RS-232C 为例介绍 RS-232 的具体功能。

RS-232C 接口物理连接器(插头)规定为 25 芯插头，通常插头在数据终端设备(DTE)端，插座在数据通信设备(DCE)端。但在实际使用时，9 芯插头就够了，所以近年来多采用型号为 DB-9 的 9 芯插头，传输线采用屏蔽双绞线。表 6.1 列出了 RS-232C 接口各引脚信号的定义以及 9 针与 25 针引脚的对应关系。PLC 一般使用 9 针的连接器。

RS-232C 采用负逻辑，用-5～-15V 表示逻辑"1"，用 5～+15V 表示逻辑"0"。噪声容限为 2V，即要求接收器能识别低至 3V 的信号作为逻辑"0"，高到-3V 的信号作为逻辑"1"。两台计算机都使用 RS-232C 直接进行连接的典型连接，如图 6.2(a)所示；通信距离较近时只需 3 根连接线，数据传输只使用引脚 2 及引脚 3，另外再使用引脚 5 作为公共地线，特别简单。其余引脚均用作信息控制，传送的都是调制解调器的行为指令及调制解调器的返回状态等，如图 6.2(b)所示。

表 6.1 RS-232C 接口引脚信号的定义

引脚号 (9 针)	引脚号 (25 针)	信 号	方 向	功 能
1	8	DCD	IN	数据载波检测
2	3	RxD	IN	接收数据
3	2	TxD	OUT	发送数据
4	20	DTR	OUT	数据终端装置(DTE)准备就绪
5	7	GND		信号公共参考地
6	6	DSR	IN	数据通信装置(DCE)准备就绪
7	4	RTS	OUT	请求传送
8	5	CTS	IN	清除传送
9	22	CI(RI)	IN	振铃指示

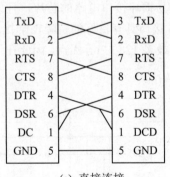

(a) 直接连接   (b) 3 根连接线

图 6.2 两个 RS-232C 数据终端设备的连接

RS-232C 的电气接口采用单端驱动、单端接收电路，容易受到公共地线上的电位差和外部引入的干扰信号的影响，同时还存在以下不足。

(1) 数据传输速率低，异步传输时，比特率仅为 20kb/s。

(2) 传输距离有限，最远为 15m 左右。

(3) 接口使用一根信号线和一根信号返回线构成共地的传输方式，这种共用一根信号地线的传输方式容易产生共模干扰，所以抗干扰能力差。

2. RS-422 接口

针对 RS-232C 的不足，EIA 于 1977 年推出了串行通信标准 RS-422A，对 RS-232C 的电气特性作了改进，把平衡驱动、差分电路引入通信口，如图 6.3 所示。由于 RS-422A 采用平衡驱动、差分接收电路，从根本上取消了信号地线，大大减少了地电平所带来的共模干扰。平衡驱动器相当于两个单端驱动器，其输入信号相同，两个输出信号互为反相信号，图中的小圆圈表示反相。外部输入的干扰信号是以共模方式出现的，两极传输线上的共模干扰信号相同，因接收器是差分输入，共模信号可以互相抵消。只要接收器有足够的抗共模干扰能力，就能从干扰信号中识别出驱动器输出的有用信号，从而克服外部干扰。

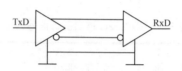

图 6.3 平衡驱动差分接收图

RS-422A 在最大传输速率为 10Mb/s 时，允许的最大通信距离为 12m。传输速率为 100kb/s 时，最大通信距离为 1200m。一台驱动器可以连接 10 台接收器，如图 6.4 所示。

3. RS-485 接口

RS-485 是 RS-422 的变形。RS-422A 采用全双工方式，两对平衡差分信号线分别用于发送和接收，所以采用 RS-422 接口通信时最少需要 4 根线；RS-485 采用半双工方式，只有一对平衡差分信号线，不能同时发送和接收，最少只需两根连线。如图 6.5 所示，使用 RS-485 通信接口和双绞线可组成串行通信网络，构成分布式系统，系统最多可连接 128 个站。

RS-485 的逻辑"1"以两线间的电压差(为 2～6V)表示，逻辑"0"以两线间的电压差(为 −2～−6V)表示。接口信号电平比 RS-232C 低，不易损坏接口电路的芯片，且该电平与 TTL 电平兼容，可方便与 TTL 电路连接。由于 RS-485 接口具有良好的抗噪声干扰性、高传输速率(10Mb/s)、较长的传输距离(1200m)和多站能力(最多 128 站)等优点，因此在工业控制中应用广泛。

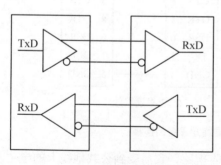

图 6.4 RS-422A 通信接线图

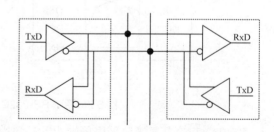

图 6.5 RS-485 口的接线图

6.1.3　PLC 的网络构成

网络就是将分布在不同物理区域的外部设备用通信线路互联成一个规模大、功能强的网络系统，从而使多台设备之间可以方便地互相传递信息，共享硬件、软件和数据信息等资源。下面对 PLC 的网络拓扑结构和网络系统进行介绍。

1. 星形结构

PLC 网由一台多端口主控制器构成，其各端口分别连接到 PLC 的一个编程端口上，主控制器可以是一台计算机、PLC 或其他智能主机。各 PLC 之间不直接通信，若相互间要进行数据传输，必须经过主控制器协调。这种结构的主要优点是便于程序集中开发和资源共享；缺点是系统对主控制器的依赖性很强，一旦主控制器发生故障，整个网络通信就得停止。在小型系统、通信不频繁的场合有一定应用，如图 6.6 所示。

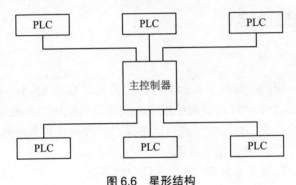

图 6.6　星形结构

2. 环形结构

环形结构是将所有 PLC 连接成一个封闭的环路，数据沿事先规定好的方向在闭合环路电缆中传输。PLC 一方面负责与自己所连的工作站交换信息，一方面将接收到的信号以同样的速率、同样的方向传给下一个 PLC，如图 6.7 所示。其缺点是某个 PLC 故障会阻塞信息通路，可靠性差。

3. 总线型结构

总线型结构就是将网络中的所有 PLC 都连到一条公共通信总线上，任何 PLC 通过硬件接口与总线相连，都可以在总线上发送数据，并可随时在总线上接收数据，如图 6.8 所示。

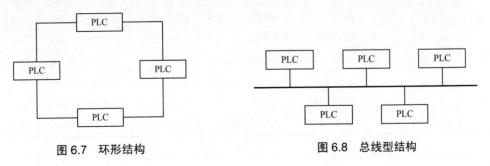

图 6.7　环形结构　　　　　　　图 6.8　总线型结构

总线型网络的设备安装和修改费用低，特别适合应用于工业控制。总线型网络以其灵活性强，可连接多种不同传输速率、不同数据类型的节点，也易获得较宽的传输频带，常用同轴电缆或光缆作为传输介质。总线通常为开放型，扩展灵活。

6.2　FX 系列 PLC 的通信模式

FX PLC 具有丰富强大的通信功能，不仅能在多台 FX PLC 之间进行数据链接，而且也能够实现与上位机、外围设备等的数据通信。通信功能包括 CC-Link 网络功能、N：N 网络功能、并联链接功能、计算机链接功能、无协议通信功能、编程通信功能和远程维护功能。为了构建具有良好通信功能和性价比的系统，要了解网络协议的主要用途分别对应不同的通信对象，就可以有针对性地选择了。下面介绍几种常用的 FX 通信。

6.2.1　N：N 网络通信

1.N：N 网络功能

N：N 网络功能，即同时在最多 8 台 FX PLC 之间，通过 RS-485 通信连接，进行软元件相互链接的功能。这个功能可以实现小规模系统的数据链接以及机械之间的信息交换。

(1) 根据要链接的点数，有三种模式可以选择。三种模式共享的通信软元件见表 6.2，主要区别在于位信息、字信息的通信量不同。

(2) 数据的链接是在最多 8 台 FX PLC 之间自动更新。

(3) 总延长距离最大可达 500m(仅限于全部由 485ADP 构成的情况)。

功能：可以在 FX PLC 之间进行简单的数据链接。

用途：生产线的分散控制和集中管理等。

表 6.2　N：N 网络的三种模式

站　号		模式 0		模式 1		模式 2	
		位软元件(M)	字软元件(D)	位软元件(M)	字软元件(D)	位软元件(M)	字软元件(D)
		0 点	各站 4 点	各站 32 点	各站 4 点	各站 64 点	各站 8 点
主站	站号 0	—	D0～D3	M1000～M1031	D0～D3	M1000～M1063	D0～D7
从站	站号 1	—	D10～D13	M1064～M1095	D10～D13	M1064～M1127	D10～D17
	站号 2	—	D20～D23	M1128～M1159	D20～D23	M1128～M1191	D20～D27
	站号 3	—	D30～D33	M1192～M1223	D30～D33	M1192～M1255	D30～D37
	站号 4	—	D40～D43	M1256～M1287	D40～D43	M1256～M1319	D40～D47
	站号 5	—	D50～D53	M1320～M1351	D50～D53	M1320～M1383	D50～D57
	站号 6	—	D60～D63	M1384～M1415	D60～D63	M1384～M1447	D60～D67
	站号 7	—	D70～D73	M1448～M1479	D70～D73	M1448～M1511	D70～D77

以 FX3U PLC(模式 2)为例，构成 N：N 网络通信，如图 6.9 所示，可见 8 台 PLC 发送、

接收软元件数据关系。例如，0 号站 M1000～M1063，D0～D7 发送的数据，被其他站同样地址的软元件接收，同样，7 号站 M1448～M1511，D70～D77 发送的数据，被其他站同样地址的软元件接收。

使用 N∶N 网络时，必须设定特殊功能软元件，见表 6.3 和表 6.4。

·FX可编程控制器的连接台数：最多8台(站点号0～7)
·总延长距离：500m(485BD混合存在时为50m)

FX3U可编程控制器(模式2)的场合

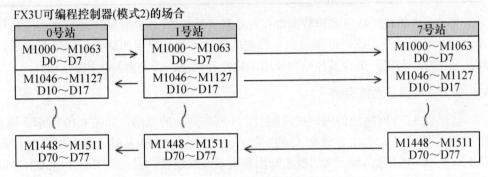

图 6.9　N∶N 网络通信(模式 2)

表 6.3　与 N∶N 网络有关的特殊功能辅助继电器

软元件	属性	名　称	功　能	响应范围
M8038	只读	参数设定	用于 N∶N 网络参数设置	主、从站
M8183	只读	数据传送 PLC 主站出错	有主站通信错误时为 ON	主站
M8184～M8190	只读	数据传送 PLC 从站(1～7 从站)出错	有 1～7 从站通信错误时为 ON	主、从站
M8191	只读	数据传送 PLC 执行中	与其他站通信时为 ON	主、从站

表 6.4　与 N∶N 网络有关的特殊功能继电器

软元件	属　性	名　称	功　能	响应范围
D1873	只读	站号	保存自己的站号	主、从站
D1874	只读	从站总数	保存从站的个数	主、从站
D1875	只读	刷新范围	保存刷新范围	主、从站
D1876	只写	主、从站号设定	对主、从站号进行规定的数据寄存器。程序中用 MOV 指令将数据 K0 存入寄存器中，表示为主站号 0 号，从站号在 1～7 范围内取值	主、从站

续表

软元件	属 性	名 称	功 能	响应范围
D1877	只写	从站总数设定	用来确定网络系统中从站的数量,在 1～7 范围内取值	主站
D1878	只写	刷新范围设定(模式设定)	模式选择寄存器,取值 0、1、2;从站无须设定	主站
D1879	读/写	重试次数	设置通信重试次数,从站无须设定	主站
D1880	读/写	监视时间	设置通信超时时间(50～2550ms),以 10 ms 为单位进行设定,设定范围为 5～255,从站无须设定	主站

表 6.3 中的辅助继电器和数据寄存器是供各站的 PLC 共享的。根据在相应站号设定中设定的站号,以及在刷新范围设定中设定的模式不同,使用的软元件编号及点数也有所不同。编程时,勿擅自更改其他站中使用的软元件信息,否则会发生错误。

2. N:N 网络通信实例

这里以 3:3 网络通信为例来说明 N:N 网络通信的使用,如图 6.10 所示。该系统有 3 台 PLC(即 3 个站),其中一台 PLC 为主站,另外两台 PLC 为从站,每个站的 PLC 都连接一个 FX2N-485-BD 通信板,通信板之间用单根双绞线连接。刷新范围选择模式 1(可以访问每台 PLC 的 32 个位元件和 4 个字元件),重试次数为 3,通信超时选 50ms。

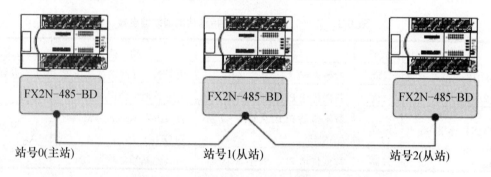

图 6.10 链接 3 台 PLC 的通信系统构成图

系统要求为:通过 M1000～M1003,用主站的输入 X0～X3 来控制 1 号从站的输出 Y10～Y13;通过 M1064～M1067,用 1 号从站的输入 X0～X3 来控制 2 号从站的输出 Y14～Y17;通过 M1128～M1131,用 2 号从站的输入 X0～X3 来控制主站的输出 Y24～Y23。主站的数据寄存器 D1 为 1 号从站的计数器 C1 提供设定值;C1 的触点状态由 M1070 映射到主站的输出 Y005 上;1 号从站 D10 的值和 2 号从站 D20 的值在主站相加,运算结果存放到主站的 D3 中。

1) 通信布线

多台 PLC 组成的 N:N 网络,如图 6.11 所示。

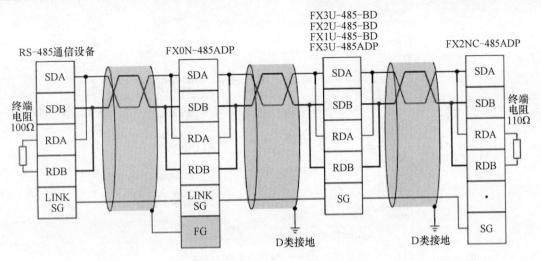

图 6.11　多台 PLC 组成的 N∶N 网络

2) N∶N 网络的设置

按照前面所讲的 N∶N 网络设置方法，设置这个任务的相关参数如下：

D8176=0(主站设置为 0，从站设置为 1 或 2)

D8177=2(从站个数为 2)

D8178=1(刷新模式为 1，可以访问每台 PLC 的 32 个位元件和 4 个字元件)

D8179=3(重试次数为 3)

D8180=5(通信超时时间为 50ms)

3) 通信用软元件

控制要求中的动作内容与对应程序中软元件的编号见表 6.5。

表 6.5　动作内容与对应程序中软元件的编号

动作编号		数　据　源		数据变更对角及内容	
①	位元件的链接	主站	输入 X0~X3(M1000~M1003)	从站 1	到输出 Y10~Y13
②		从站 1	输入 X0~X3(M1064~M1067)	从站 2	到输出 Y14~Y17
③		从站 2	输入 X0~X3(M1128~M1131)	主站	到输出 Y20~Y23
④	字元件的链接	主站	数据寄存器 D1	从站 1	到计数器 C1 的设定值
		从站 1	计数器 C1 的触点(M1070)	主站	输出到 Y5
⑤		从站 1	数据寄存器 D10	主站	从站 1(D10)和从站 2(D20)相加
		从站 2	数据寄存器 D20		后保存到 D3 中

4) 程序设计

根据控制要求设计的主站程序、从站程序，如图 6.12 所示。

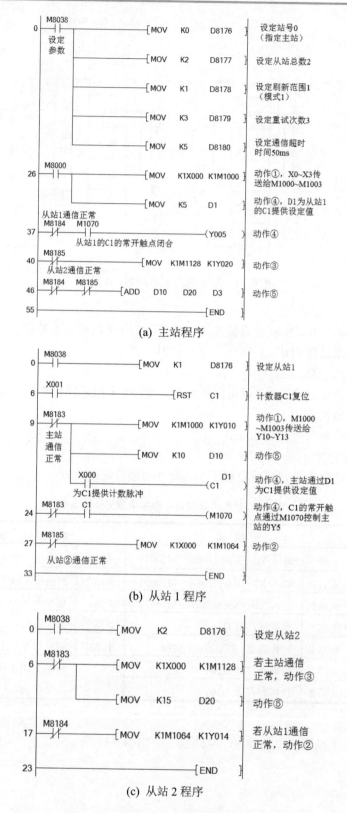

(a) 主站程序

(b) 从站 1 程序

(c) 从站 2 程序

图 6.12　PLC N∶N 网络通信处理程序

6.2.2　并联链接通信

1.并联链接功能

并联链接功能即连接两台同一系列的 FX PLC，且其软元件相互链接的功能。

(1) 根据要链接的点数，可以选择普通模式和高速模式两种模式。

(2) 在最多两台 FX PLC 之间自动更新数据链接。通过位软元件(M)100 点和数据寄存器 (D)10 点进行数据自动交换。

(3) 总延长距离最大可达 500m(仅限于全部由 485ADP 构成的情况，使用 FX2(FX)、FX2C PLC 以及 485BD 进行链接的除外)。

可以执行两台同系列 FX PLC 之间的信息交换。如果为不同系列的 FX PLC，建议使用 N：N 网络，且其可以扩展到 8 台。

以上的链接软元件是列举了最大点数的情况。根据链接模式和 FX PLC 的系列不同，规格差异以及限制内容也有所不同。

功能：可以在 FX PLC 之间进行简单的数据链接。

用途：生产线的分散控制和集中管理。

并联链接通信如图 6.13 所示。

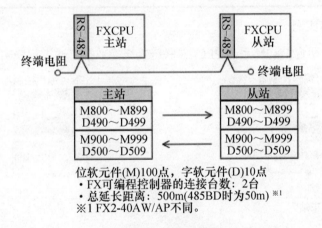

图 6.13　并联链接通信

通过特殊辅助继电器 M8162 的设置，并联链接可设置为普通链接模式或高速链接模式。根据链接模式的不同，链接软元件的类型和点数也不同，见表 6.6。

表 6.6　并联链接两种模式比较

模　式	通信设备	软 元 件	通信时间(ms)
普通模式 (M8162 为 OFF)	主站→从站	M800~M899(100 点) D490~D499(10 点)	70(ms)+主站扫描时间+从站扫描时间
	从站→主站	M900~M999(100 点) D500~D509(10 点)	

续表

模　式	通信设备	软 元 件	通信时间(ms)
高速模式	主站→从站	D490～D491(2 点)	20(ms)+主站扫描时间+从站扫描时间
(M8162 为 ON)	从站→主站	D500～D501(2 点)	

以 FX3U PLC(普通并联模式)为例说明并联通信 PLC 发送、接收软元件数据的关系,如图 6.13 所示。主站 M800～M899、D490～D499 发送的数据,被从站同样地址的软元件接收,反之从站 M900～M999、D500～D509 发送的数据,被主站同样地址的软元件接收。

与并联链接有关的特殊功能继电器和特殊数据寄存器见表 6.7。

表 6.7　与并联链接有关的特殊功能继电器和特殊数据寄存器

软 元 件	功　　能
M8070	为 ON 时,PLC 作为并联链接的主站
M8071	为 ON 时,PLC 作为并联链接的从站
M8072	PLC 运行在并联链接时为 ON
M8073	在并联链接时,M8070 和 M8071 中任何一个设置出错时为 ON
M8162	为 OFF 时为普通模式;为 ON 时为高速模式
D8070	并联链接的监视时间,默认值为 500ms

2. 并联链接通信实例

如图 6.14 所示为两台 FX2N 系列 PLC 并联链接交换数据,通过程序实现下述功能。

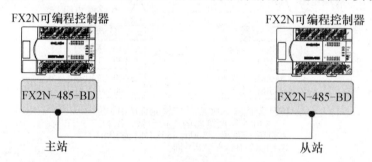

图 6.14　两台 PLC 的并联链接通信

(1) 主站的 X0～X7 通过 M800～M807 控制从站的 Y0～Y7;当主站的计算值(D0+D2)≤100 时,从站中的 Y10 为 ON。

(2) 从站的 X0～X7 通过 M900～M907 控制主站的 Y0～Y7;从站中数据寄存器 D10 的值用来作主站中 T0 的设定值。

1) 通信布线

并联链接通信时需要在每台 PLC 上安装 FX2N-485-BD 通信板,这个通信板的外形如图 6.15 所示。图中 RDA、RDB 为接收数据端子,SDA、SDB 为发送数据端子,SG 为信号地。两个通信板的接线如图 6.16 所示。

2) 通信程序设计

两台 PLC 的并联通信,通过分别设置主站和从站中的程序来实现。其中,主站控制系

统的程序如图 6.17(a)所示，从站控制系统的程序如图 6.17(b)所示。

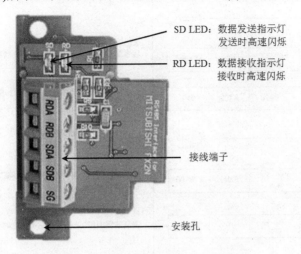

SD LED：数据发送指示灯
发送时高速闪烁

RD LED：数据接收指示灯
接收时高速闪烁

接线端子

安装孔

图 6.15　FX2N-485-BD 通信板外形

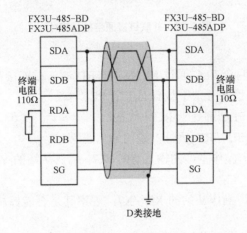

FX3U-485-BD
FX3U-485ADP

FX3U-485-BD
FX3U-485ADP

终端
电阻
110Ω

终端
电阻
110Ω

D类接地

图 6.16　并联通信中 FX2N-485-BD 的接线

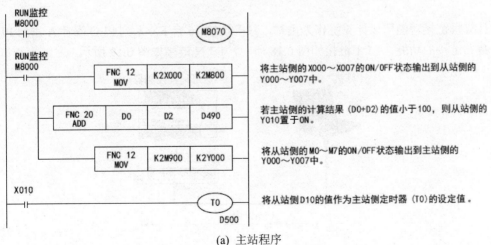

RUN监控
M8000　　　　　　　　　　　（M8070）

RUN监控
M8000　　FNC 12 MOV　K2X000　K2M800
　将主站侧的 X000～X007 的 ON/OFF 状态输出到从站侧的 Y000～Y007 中。

FNC 20 ADD　D0　D2　D490
　若主站侧的计算结果（D0+D2）的值小于 100，则从站侧的 Y010 置于 ON。

FNC 12 MOV　K2M900　K2Y000
　将从站侧的 M0～M7 的 ON/OFF 状态输出到主站侧的 Y000～Y007 中。

X010　　　　　　　（T0）
　　　　　　　　　 D500
　将从站侧 D10 的值作为主站侧定时器（T0）的设定值。

(a) 主站程序

图 6.17　并联链接通信的程序

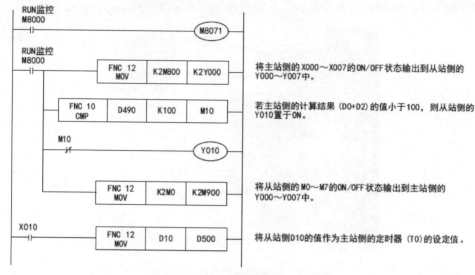

(b) 从站程序

图 6.17　并联链接通信的程序(续)

3) 调试运行

(1) 参照图 6.14，将两台 PLC 通过 FX2N-485-BD 通信板连接在一起。

(2) 将图 6.17 所示的程序分别下载到对应的 PLC 中。

(3) 使主站和从站的 PLC 都处于 RUN 状态。

(4) 确认通信状态灯(SD、RD)闪烁，说明通信正常。

(5) 确认主站的链接。操作主站的输入 X0～X7，确认从站的 Y0～Y7 是否与从站 X0～X7 的操作相对应。

(6) 确认从站的链接。操作从站的 X0～X7，观察其是否能控制主站的 Y0～Y7。

6.2.3　计算机链接通信

计算机链接功能即以计算机作为主站，最多连接 16 台 FX 系列 PLC 或者 A 系列 PLC，进行数据链接的功能。1∶1 链接如图 6.18 所示，1∶N 链接如图 6.19 所示。

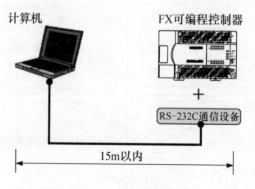

图 6.18　1∶1 链接

(1) FX PLC 计算机链接最多可以执行 16 台(Q/A PLC 计算机链接最多可以执行 32 台)。

(2) 支持 MC(MELSEC 通信协议)专用协议。

功能：可以将计算机等作为主站，FX PLC 作为从站进行链接。计算机侧的协议对应[计算机链接协议格式 1、格式 4]。

用途：数据的采集和集中管理等。

1) 1：1 链接(RS-232C)

通过 RS-232C 通信方式链接时，只能链接 1 台，且要确保总延长距离在 15m 以内。

2) 1：N 链接(RS-485)

通过 RS-485(RS-422)通信方式链接时候，最多可以链接 16 台，且要确保总延长距离在 500m 以内(有 485BD 时为 50m 以内)。

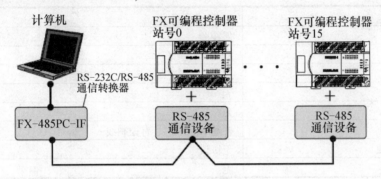

图 6.19　1：N 链接

6.2.4　无协议通信

1. 无协议通信功能

无协议通信功能即执行打印机或条形码阅读器等其他外部设备无协议数据通信的功能。在 FX 系列中，通过 RS 指令、RS2 指令，可以使用无协议通信功能。

RS2 指令是 FX3G、FX3U、FX3UC PLC 的专用指令，可以同时执行两个通道的通信 (FX3G PLC 可以同时执行 3 个通道的通信)。

(1) 通信数据允许最多发送 4096 点数据，最多接收 4096 点数据。但是，发送数据和接收数据的合计点数不能超出 8000 点。

(2) 采用无协议方式，连接支持串行通信的设备，可以实现数据的交换通信。

(3) RS-232C 通信的场合，总延长距离最长可达 15m；RS-485 通信的场合，最长距离可达 500m(采用 485BD 连接时，最长为 50m)。

RS 指令用于指定从 FX 可编程控制器发出的发送数据的起始软元件和数据点数，以及保存接收数据的起始软元件和可以接收的最大点数。

功能：可以与具备 RS-232C 或 RS-485 接口的各种设备，以无协议的方式进行数据变换。

用途：与计算机、条形码阅读器、打印机、各种测量仪表之间的数据交换。

2. 通信实例

使用 RS2 指令，通过 RS-232C 接口实现 PLC 与打印机之间的通信。

将 FX 系列 PLC 与带有 RS-232C 接口的打印机连接，打印从可编程控制器发送数据的情况，如图 6.20 所示。通信格式见表 6.8，顺序程序如图 6.21 所示，动作控制如图 6.22 所示。

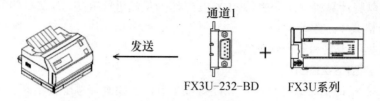

图 6.20　PLC 与带有 RS-232C 接口的打印机连接图

表 6.8　通信格式

数据长度	8 位
奇偶校验	偶校验
停止位	2 位
波特率	2400b/s
报头	无
报尾	无
控制线(H/W)	普通/RS-232C，有控制线
通信方式(协议)	无协议
CR，LF	无

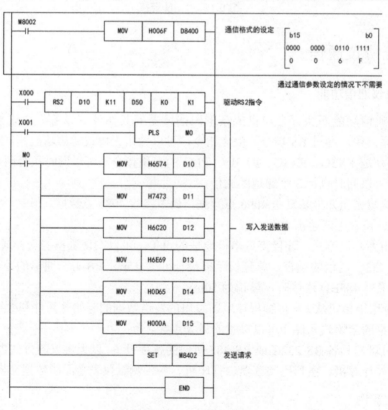

图 6.21　顺序程序

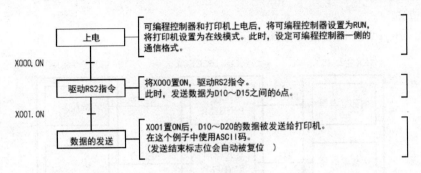

图 6.22 动作控制

6.2.5 工业控制网络简介

1. CC-Link 总线通信

CC-Link 总线融合了控制与信息处理的现场总线，是控制与通信总线的简称。CC-Link 是将三菱电机及其合作制作厂家生产的各种模块分别安装到类似传送线和生产线这样的机器设备上的高效、高速的分布式的开放式现场总线网络。

1）功能

CC-Link 网络功能可以连接对应 CC-Link 的变频器、AC 伺服器、传感器、电磁阀等，以执行数据链接。FX 系列 PLC 产品中有主站模块和远程设备站模块，可以分别将 FX PLC 作为 CC-Link 主站和远程设备站使用。

2）用途

CC-Link 网络功能可用于生产线的分散控制和集中管理，以及与上位网络的数据交换等。

3）FX 系列 CC-Link 通信网络

FX CC-Link 通信网络如图 6.23 所示。主站为 ACPU、QnACPU、QCPU、QnUCPU 时，最多为 64 台；主站为 FXCPU 时，远程 I/O 站最多为 7 台，远程设备站最多为 8 台。总延长距离为 1200m。

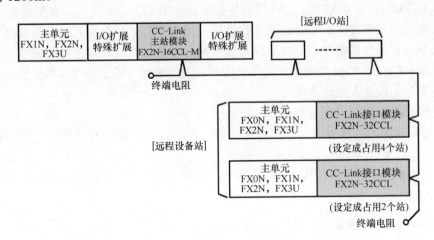

图 6.23 FX CC-Link 通信网络

主要功能：

(1) 与远程 I/O 站的通信，如图 6.24 所示。

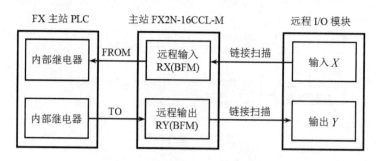

图 6.24　与远程 I/O 站的通信

(2) 与远程设备站的通信，如图 6.25 所示。

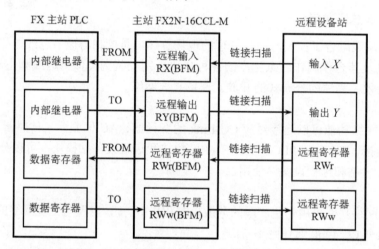

图 6.25　与远程设备站的通信

4) CC-Link 系统主站设置

Q 系列 PLC、FX 系列 PLC、计算机等都可以作为 CC-Link 主站。在配置主站时，FX 系列需要使用编程来实现 CC-Link 的参数设置，较为复杂；而 Q 系列则不需要用顺控程序指定刷新软元件和数据链接，只需要通过设置网络参数，就可以指定自动刷新软元件和启动数据链接。FX CC-Link 主站单元需要设定的开关，有站号设定开关、模式设定开关、传输速度设定开关以及条件设定开关。

5) CC-Link 远程站点的设置

(1) 远程设备站需要设置站号、占用站数、通信速率，需要通过模块上的旋钮开关来设置。

(2) 远程 I/O 站需要设置站号、通信速率，按照十六进制，将模块上的拨码开关往上拨到 ON 的位置。

2. Ethernet 方式通信

以太网模块是一个连接在 FX3U PLC 侧的通信接口模块，用于实现 PLC 与主机系统(如个人计算机工作站)，或其他 PLC 使用 TCP/IP 或以太网 UDP/IP 通信协议(100BASE-TX、10BASE-T)的通信。使用 FX3U-ENET 模块可以将 FX3U 系列 PLC 直接连接到以太网上。通过这个模块可以简单地与其他以太网设备交换数据或者用来上传下载程序。该模块还支持点对点连接方式和 MELSEC 通信协议(简称 MC 协议)，可以通过 GX Works2 软件进行设置，以实现以下功能。

(1) 可编程控制器数据的收集/变更(通过 MC 协议)。

(2) 远程程序读出/写入/核对以及基本单元软元件值的监控/测试(通过 MELSOFT 连接，经过以太网与 GX Works2 进行通信)。

(3) 通过 Web 浏览器进行远程监控(利用数据监视功能，可以通过 Web 浏览器对基本单元、FX3U-ENET-ADP 的信息、软元件值等进行监控)。

本 章 小 结

可编程控制器的通信与组网是近年来在自动化领域颇受重视的新兴技术，本章首先介绍了 PLC 通信的知识和网络，然后介绍了 PLC 的常用通信接口和 PLC 通信网络的构成，重点介绍了 FX 系列 PLC 通信模式，即 N∶N 网络通信、并联链接通信、计算机链接通信、无协议通信及 CC-Link 总线通信。

思考与练习

1. 简述 RS-232、RS-422 和 RS-485 在原理、性能上的区别。

2. 三菱 FX 通信功能包括哪几个？

3. PLC 如何构成控制网络？

4. 什么是 N∶N 网络功能？

5. 在 N∶N 网络模式中，各站共享的位软元件(M)和字软元件(D)分别是多少位？

6. Ethernet 方式通信的概念是什么？

第 7 章　PLC 控制系统应用设计

教学提示

PLC 控制系统的设计主要包括系统总体设计、软件设计和安装调试等方面的内容。PLC 控制系统必须经过周密的设计才能付诸实施，否则将会造成意想不到的浪费，更严重的是，可能会引发严重的安全事故。本章主要介绍了 PLC 控制系统的设计原则、方法、步骤和内容，以及设计与实施过程中应该注意的事项。

教学目标

通过本章的学习，读者可以了解 PLC 控制系统的设计原则、方法、步骤和设计内容，以及设计与实施过程中应该注意的事项，学会选择合适的 PLC 设计出合理的 PLC 控制系统。

7.1　PLC 控制系统设计的步骤和内容

7.1.1　PLC 控制系统设计的原则和步骤

1. 可编程控制器控制系统设计的原则

任何 PLC 控制系统在设计过程中都应遵守一定的原则，在符合设计的基本原则的基础上，根据 PLC 控制系统的设计要求进行系统设计。在设计 PLC 控制系统时，通常应遵循以下基本原则。

1) 最大限度地满足被控对象的控制要求

充分发挥 PLC 的功能，最大限度地满足被控对象的控制要求，是设计 PLC 控制系统最基本和最重要的要求，也是设计中最重要的一条原则。这就要求设计人员在设计前要深入现场进行调查研究，收集控制现场的资料和相关国内外的先进资料。同时要注意和现场的工程管理人员、工程技术人员、现场操作人员紧密配合，拟订控制方案，共同解决设计中的重点问题和疑难问题。

2) 确保 PLC 控制系统的安全可靠

保证 PLC 控制系统能够长期安全、可靠、稳定地运行，是设计控制系统的重要原则。这就要求设计者在系统设计、元器件选择和软件编程上要全面考虑，以确保控制系统安全、可靠。尤其是在以提高产品数量和质量、保证生产安全为目标的应用场合，必须将可靠性放在首位。

3) 力求 PLC 控制系统简单、经济、使用及维护方便

在满足控制要求和保证可靠工作的前提下，应力求控制系统结构简单。只有结构简单的控制系统才具有经济性、实用性的特点，才能做到使用方便和维护容易。这就要求设计者不仅要注意使控制系统简单、经济，而且要使控制系统的使用和维护方便、成本低，不

要盲目追求自动化和高指标。

4) 适应发展的需要

由于技术的不断发展，控制系统的要求也会不断提高，设计时要适当考虑到今后控制系统发展和完善的需要。充分利用 PLC 易于扩充的特点，在选择 PLC、输入/输出模块、I/O 点数和内存容量时，要适当留有余量，以满足今后生产的发展和工艺的改进。

2. 可编程控制器控制系统设计的步骤

1) 分析被控对象并提出控制要求

详细分析被控对象的工艺过程、工作特点，控制系统的控制过程、控制规律、功能和特点，了解被控对象机、电、液之间的配合，提出被控对象对 PLC 控制系统的控制要求，确定控制方案，包括控制的基本方式、所需完成的功能、必要的保护和报警等。

详细了解被控对象的全部功能，如各部件的动作过程、动作条件、与各仪表的接口、是否与 PLC 或计算机或其他智能设备相连等。还应详细了解输入/输出信号的性质，如开关量、模拟量等，并在以上工作的基础上清楚地查询到接入 PLC 信号的数量，以便选择合适的 PLC。

2) 确定输入/输出设备

根据系统的控制要求，确定系统所需的全部输入设备(如按钮、位置开关、转换开关及各种传感器等)和输出设备(如接触器、电磁阀、信号指示灯及其他执行器等)，从而确定与 PLC 有关的输入/输出设备，以确定 PLC 的 I/O 点数。

3) 选择合适的 PLC

PLC 的选择包括对 PLC 的机型、容量、开关输入量的点数以及输入电压、开关输出量的点数以及输出功率、模拟量 I/O 的点数、通信网络、电源等的选择。

4) I/O 点分配

分配 PLC 的 I/O 点，画出 PLC 的 I/O 端子与输入/输出设备的连接图或分配表。在连接图或分配表中，必须指定每个 I/O 对应的模块编号、端子编号、I/O 地址、对应的输入/输出设备等。

5) 设计软件及硬件

(1) PLC 程序设计的一般步骤如下。

① 根据工艺流程和控制要求，画出系统的功能图或流程图。

② 根据 I/O 分配表或 I/O 端子接线图，将功能图和流程图转化成梯形图。

(2) 硬件设计及现场施工的一般步骤如下。

① 设计控制柜布置图、操作面板布置图和接线端子图等。

② 设计控制系统各部分的电气图。

③ 根据图纸进行现场接线。

6) 调试程序

先进行模拟调试，然后再进行系统调试。调试时可模拟用户输入设备的信号传送给 PLC，输出设备可暂时不接，输出信号可通过 PLC 主机的输出指示灯监控通断变化，对于内部数据的变化和各输出点的变化顺序，可在上位计算机上运行软件的监控功能，查看运行动作时序图，或者借助于编程器的监控功能。

模拟调试和控制柜等硬件施工完成后，就可以进行整个系统的现场联机调试了。现场调试是指将模拟调试通过的程序结合现场设备进行联机调试。通过现场调试，可以发现在模拟调试中无法发现的实际问题，然后逐一排除这些问题，直至调试成功。

7) 编写有关技术文件

技术文件主要包括技术说明书、使用说明书、电气原理图、接线端子图、PLC 梯形图和电器布置图等。至此，完成整个 PLC 控制系统的设计。

以上是设计一个 PLC 控制系统的大致步骤。具体的系统设计要根据系统规模的大小、控制要求的复杂程度、控制程序步数的多少来灵活处理，有的步骤可以省略，也可进行适当的调整。

7.1.2　PLC 系统硬件组成

1. PLC 机型的选择

选择 PLC 机型的基本原则是：所选的 PLC 应能够满足控制系统的功能需要，一般从 PLC 结构、输出方式、通信联网功能、PLC 电源、I/O 点数及 I/O 接口设备等方面进行综合考虑。

1) 选择 PLC 结构

在相同功能和相同 I/O 点数的情况下，整体式 PLC 比模块式 PLC 价格低。模块式 PLC 具有功能扩展灵活、维修方便、容易判断故障等优点。用户应根据需要选择 PLC 的机型。

2) 选择 PLC 输出方式

不同的负载对 PLC 的输出方式有不同的要求。继电器输出型的 PLC 工作电压范围广，触点的导通降压小，承受瞬时过电压和瞬时过电流的能力较强，但是动作速度较慢，触点寿命有一定的限制。如果系统输出信号变化不是很频繁，建议优先选择继电器输出型 PLC。晶体管型与双向晶闸管型 PLC 分别用于直流负载和交流负载，它们的可靠性高，反应速度快，不受动作次数的限制，但是过载能力稍差。

3) 选择通信联网功能

如果 PLC 控制系统需要联网控制，则所选用的 PLC 需要有通信联网功能，选择的 PLC 应具有连接其他 PLC、上位机及 CRT 等接口的功能。

4) 选择 PLC 电源

电源是干扰 PLC 引入的主要途径之一，所以应选择优质电源，以便有助于提高 PLC 控制系统的可靠性。一般可选用畸变较小的稳压器或带有隔离变压器的电源，使用直流电源时要选用桥式全波整流电源。对于供电不正常或电压波动较大的情况，可考虑采用不间断电源 UPS 或稳压电源供电。

5) 选择 I/O 点数及 I/O 接口设备

根据控制系统所需要的输入设备(如按钮、限位开关、转换开关等)，输出设备(如接触器、电磁阀、信号灯等)以及 A/D、D/A 转换的个数来确定 PLC 的 I/O 点数，再按实际所需总点数的 15%留有一定的余量，以满足今后生产的发展或工艺改进的需要。

目前，PLC 的种类非常多，不同种类之间的功能设置差异很大，这就要求用户在选择

PLC 时，不要盲目追求功能强大，而应在满足控制系统功能需要的前提下，力争最好的性价比，并有一定的可升级性。

2. 开关量输入/输出模块的选择

不同的开关量 I/O 模块的电路组成不同，开关量 I/O 模块的选择主要是根据 I/O 点数、电路结构、电压形式、电压范围等方面决定。

1) 开关量输入模块的选择

(1) 输入信号类型的选择。

常用的开关量输入模块的输入信号有直流输入、交流输入和直流/交流输入三种类型。直流输入电源一般为 DC24V，交流输入电源一般为 AC110V 或 AC220V。

(2) 输入接线方式的选择。

开关量输入模块的接线有共点式输入接线方式和分组式输入接线方式两种，如图 7.1 和图 7.2 所示。

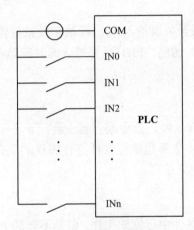

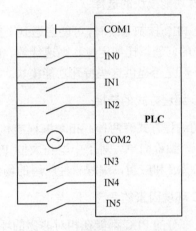

图 7.1　共点式输入接线方式　　　　图 7.2　分组式输入接线方式

2) 开关量输出模块的选择

(1) 输出方式的选择。开关量输出模块的输出方式有继电器输出、晶体管输出和双向可控硅输出三种。直流负载应选用晶体管输出方式或继电器输出方式；交流负载应选用双向可控硅输出方式或继电器输出方式。通断动作频繁的负载，应选用晶体管输出方式或双向可控硅输出方式；通断动作频率较低的负载，应选用继电器输出方式。用户应该根据不同的负载类型来选取不同的输出方式，这对系统的稳定运行是很重要的。

(2) 输出接线方式的选择。开关量输出模块主要有分组式和分隔式两种接线方式，如图 7.3 所示。分组式输出接线是几个输出点为一组，一组有一个公共端，各组之间是分隔的，可分别用于驱动不同电源的外部输出设备；分隔式输出接线是每一个输出点就有一个公共端，各输出点之间相互隔离。选择时主要根据 PLC 输出设备的电源类型和电压等级的多少来定。一般整体式 PLC 既有分组式输出，也有分隔式输出。

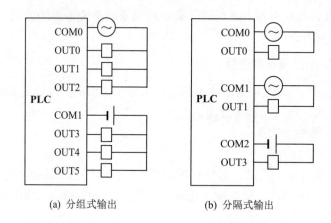

(a) 分组式输出　　　　　　(b) 分隔式输出

图 7.3　开关量输出模块的接线方式

3. 特殊功能模块的选择

在设计 PLC 控制系统时,可能会遇到一些用开关量输入/输出模块和模拟量输入/输出模块不能解决的问题,比如定位、高速计数、PLC 通信、PID 运算等。此时应该考虑所选的 PLC 供应厂商是否提供这些特殊功能模块。

4. PLC 编程方式的选择

PLC 的编程方式有两种:指令编程器和编程软件。指令编程器主要用于小型 PLC,其控制规模小,编程简单。对于中型和大型 PLC,主要用编程软件进行编程。现在,随着笔记本电脑的普及和应用,编程软件应用的场合越来越广。

5. PLC 环境因素的考虑

虽然大部分的 PLC 都能在相对恶劣的环境条件中可靠地工作,但是不同的 PLC 都有自己的环境性能指标,用户在选用时,应对环境因素予以充分的考虑。

7.1.3　PLC 的程序设计

1. PLC 程序的内容

PLC 控制系统的功能就是通过程序来实现的。PLC 程序通常包括初始化程序,检测、故障诊断和显示程序,保护和连锁程序。初始化程序的主要内容包括将某些数据区和计数器进行清零、使某些数据区恢复所需数据、对某些输出量置位或复位以及显示某些初始状态等。应用程序一般都设有检测、故障诊断和显示程序等内容。保护和连锁程序用于杜绝由于非法操作而引起的控制逻辑混乱,以保证系统的运行更安全、可靠。

2. PLC 程序设计的要求

选用同一个机型的 PLC 实现同一个控制要求时,采用不同的设计方法所编写的程序,其结构也不同。尽管程序可以实现同一控制功能,但是程序的质量却可能差别很大。一个程序的质量可以由以下几个方面来衡量:一是程序的正确性。所谓正确的程序必须能经得起系统运行实践的考验。二是程序的可靠性。应用程序要保证系统在正常和非正常的工作条件下都能安全、可靠地运行，也要保证在出现非法操作(如按动或误触动了不该动作的按钮)等情况时不至于出现系统控制失误。三是参数的调整性。容易通过修改程序或参数而改变系统的某些功能。四是程序要简练。编写的程序简练，减少程序的语句，一般可以减少程序扫描时间，提高 PLC 对输入信号的响应速度。五是程序的可读性。程序不仅仅是给设计者自己看，系统的维护人员也要看。

3. PLC 程序设计的常用方法

1) 经验法编程

经验法编程就是根据工艺流程和控制要求，运用自己的或者别人的经验进行设计。通常在设计前先选择与自己控制要求相近的程序，再结合自己工程的实际情况，对程序进行修改，使之适合自己的工程要求。

对于简单的控制系统，采用经验设计法进行设计是比较有效的，可以快速地完成软件的设计。但是对于比较复杂的控制系统，则很少采用经验设计法。

2) 图解法编程

图解法是靠画图来进行 PLC 程序设计的。常见的主要有梯形图法、逻辑流程图法、时序流程图法和步进顺控法。

(1) 梯形图法。梯形图法是用梯形图语言来编写 PLC 程序。这是一种模仿继电气控制系统的编程方法，其图形及元件名称都与继电气控制电路十分相近。利用这种方法可以很容易地把原继电气控制电路移植成 PLC 的梯形图语言。

(2) 逻辑流程图法。逻辑流程图法是用逻辑框图表示 PLC 程序的执行过程，反映输入与输出的关系。逻辑流程图法是把系统的工艺流程用逻辑框图表示出来，这种方法类似于高级语言的编程方法(先画程序流程图，然后再编程)。由于该方法详细描述了控制系统的控制过程，因此便于分析控制程序、查找故障点、调试和维护程序。

(3) 时序流程图法。时序流程图法是首先画出控制系统的时序图(即到某一个时间应该进行哪项控制的控制时序图)，再根据时序关系画出对应的控制任务的程序框图，最后把程序框图转换成 PLC 程序。时序流程图法很适合用于以时间为基准的控制系统的编程。

(4) 步进顺控法。步进顺控法是在顺控指令的配合下设计复杂的控制程序。复杂的程序一般可以分成若干个功能比较简单的程序段，每个程序段都可以看成整个控制过程中的一步。从总体上看，一个复杂系统的控制过程是由若干个这样的环节组成的。控制系统的任务实际上可以认为是在不同时刻或者在不同进程中去完成对各个环节的控制。为此，不少PLC 生产厂家在自己的 PLC 中增加了步进顺控指令。在画完各个步进的状态流程图之后，可以利用步进顺控指令方便地编写控制程序。

7.1.4　系统调试与改进

PLC 系统的调试分为硬件调试和程序调试两部分，通常这两部分是相互关联、紧密联系的。硬件调试主要是测试 PLC 控制系统的接线是否正确，PLC 控制器及其模块是否正常工作。外部接线一定要正确，特别要注意电源线短路这种情况，因为电源短路将会烧坏系统元器件，甚至烧坏 PLC。如果接线正确，则可以通电查看 PLC 系统的运行情况，这主要依赖 PLC 本身的报错指示灯，一般报错指示灯亮表明系统有错误，当然这有可能是 PLC 程序及配置参数出错，也有可能是 PLC 本身硬件出错，可根据系统的实际情况来判断，找出故障并及时修复。

PLC 程序的调试可以分为模拟调试和现场调试两个调试过程。

1．程序的模拟调试

用户程序一般先在实验室模拟调试。将设计好的程序写入 PLC，用开关和按钮来模拟实际的输入信号，各输出量的通断状态用 PLC 上有关的发光二极管来显示，一般不用将 PLC 与实际的负载(如接触器、电磁阀等)连接。可以根据功能表图，在适当的时候用开关或按钮模拟实际的反馈信号，如限位开关触点的接通和断开。

在调试时应充分考虑各种可能的情况，对系统各种不同的工作方式、各种可能的进展路线，都应逐一检查，不能遗漏。发现问题后应及时修改梯形图和 PLC 中的程序，直到在各种可能的情况下输入量与输出量之间的关系完全符合要求。

2．程序的现场调试

完成上述工作后，将 PLC 安装在控制现场进行联机总调试，在调试过程中会暴露出系统中可能存在的传感器、执行器和接线等方面的问题，以及 PLC 的外部接线图和梯形图程序设计中的问题，应对出现的问题及时加以解决。如果调试达不到指标要求，则对相应硬件和软件部分做适当调整，通常只需修改程序就可能达到调整的目的。全部调试通过后，经过一段时间的考验，系统就可以投入实际的运行了。

7.1.5　系统的安装

小型 PLC 外壳的 4 个角上都有安装孔。安装的方法有两种：一种是用螺钉固定，不同的单元有不同的安装尺寸；另一种是利用 PLC 底板上的 DIN 导轨安装杆将系统所需要的 PLC 组件如基本单元、扩展单元、A/D 转换单元、D/A 转换单元及 I/O 连接单元安装在 DIN 导轨上。为了使控制系统工作可靠，通常把 PLC 安装在有保护外壳的控制柜中，以防止灰尘、油污和水溅。

1．电源接线

PLC 的供电电源为 50Hz、220(1+10%)V 的交流电。FX 系列 PLC 有直流 24V 输出接线端。该接线端可为输入传感器(如光电开关或接近开关)提供直流 24V 电源。

2．接地保护措施

良好的接地是保证 PLC 可靠工作的重要条件，可以避免偶然发生的电压冲击带来的危害。PLC 一般应与其他设备分别采用独立的接地装置，如图 7.4(a)所示。若有其他因素影响而无法做到，可与其他设备共用一个接地装置，如图 7.4(b)所示。但是，禁止使用串联接地的方式，如图 7.4(c)所示，或者把接地端子接到一个建筑物的大型金属框架上，因为这种接

地方式会在各设备间产生电位差，将对 PLC 产生不利影响。PLC 接地导线的截面积应大于 2mm²，接地电阻应小于 100Ω。

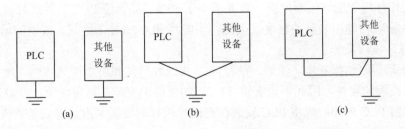

图 7.4　PLC 接地

3．直流 24V 接线端

使用无源触点的输入器件时，PLC 内部 24V 电源通过输入器件向输入端子提供每点 7mA 的电流。COM 端子是直流 24V 的公共接地端。如果采用扩展单元，则应将基本单元和扩展单元的 24V 端连接起来。任何外部电源都不能接到这个端子上。

4．输入接线

PLC 一般接收行程开关、限位开关等输入的开关量信号。输入接线端子是 PLC 与外部传感器负载转换信号的连接端口。输入器件可以是任何无源的触点或集电极开路的 NPN 型晶体管。输入器件接通时，输入端接通，输入回路闭合，同时输入指示的发光二极管亮。

5．输出接线

输出端接线分为独立输出和公共输出。当 PLC 的输出继电器或晶闸管动作时，相应的输出端与公共端之间接通。在不同组中，可采用不同类型(直流或交流)和电压等级的输出电压。但在同一组中的输出只能用同一类型、同一电压等级。

7.2　可编程控制器控制系统的可靠性设计

虽然 PLC 具有很高的可靠性，并且有很强的抗干扰能力，但是，整机的可靠性高只是保证系统可靠工作的前提，在 PLC 控制系统的设计和安装过程中还要采取相应的措施，才能保证系统可靠工作。

7.2.1　硬件系统的可靠性设计

1．合适的工作环境

1) 适当的环境温度

通常 PLC 工作的环境温度为 0～55℃。因此，在安装 PLC 时，四周要有足够的通风散热空间；不要把 PLC 安装在阳光直接照射或距离暖气、加热器、大功率电源等发热器件很近的场所；安装 PLC 的控制柜要有通风的百叶窗，当控制柜温度太高时，则应该在柜内安装风扇以强迫通风。

2) 适当的环境湿度

PLC 工作环境的空气相对湿度一般要求小于 85%，以保证 PLC 的绝缘性能。湿度太大会影响模拟量输入/输出装置的精度。因此，不能将 PLC 安装在结露、雨淋的场所。

3) 注意环境污染

在有大量污染物(如灰尘、油烟、铁粉等)、腐蚀性气体和可燃性气体的场所，易造成元件及印刷线路板的腐蚀，因此不宜安装 PLC。如果必须安装在这种场所，在温度允许的条件下，可以将 PLC 封闭；或将 PLC 安装在密闭性较好的控制室内，并安装空气净化装置。

4) 远离振动和冲击源

安装 PLC 的控制柜应当远离有强烈振动和冲击的场所，尤其是连续、频繁的振动。必要时应采取相应措施来减轻振动和冲击的影响，以免造成接线或插件的松动。

5) 远离强干扰源

PLC 应远离强干扰源，如大功率晶闸管装置、高频设备和大型动力设备等，同时 PLC 还应远离强电磁场和强放射源，以及易产生强静电的地方。

2. 安装与布线合理

1) 电源安装

电源是干扰进入 PLC 的一条主要途径。PLC 系统的电源有两类：外部电源和内部电源。外部电源是用来驱动 PLC 输出设备和提供输入信号的，同一台 PLC 的外部电源允许有多种规格，其容量与性能由输出设备和 PLC 的输入电路决定。由于 PLC 的 I/O 电路都具有滤波、隔离功能，因此对外部电源的要求不高。

内部电源是 PLC 内部电路的工作电源，它的性能好坏将直接影响 PLC 工作的可靠性。因此，为了保证 PLC 能正常工作，对内部电源有较高的要求。

在干扰较强或可靠性要求较高的场合，应用带屏蔽层的隔离变压器为 PLC 系统供电。还可以在隔离变压器二次侧串接 LC 滤波电路。同时，在安装时还应注意以下问题。

(1) 隔离变压器与 PLC 和 I/O 电源之间最好采用双绞线连接，以控制串模干扰。

(2) 系统的动力线应足够粗，以降低大容量设备启动时引起的线路压降。

(3) PLC 输入电路用外接直流电源时，最好采用稳压电源，以保证正确的输入信号；否则可能使 PLC 接收到错误的信号。

(4) 远离高压。PLC 不能在高压电器和高压电源线附近安装，更不能与高压电器安装在同一个控制柜内。在柜内 PLC 应远离高压电源线，二者间距离应大于 200mm。

2) 合理布线

(1) I/O 线、动力线及其他控制线应分开走线，尽量不要在同一线槽中布线。

(2) 交流线与直流线、输入线与输出线最好分开走线。

(3) 开关量与模拟量的 I/O 线最好分开走线，对于传送模拟量信号的 I/O 线最好用屏蔽线，且屏蔽线的屏蔽层应一端接地。

(4) PLC 的基本单元与扩展单元之间电缆传送的信号小、频率高，很容易受干扰，不能与其他连线埋在同一线槽内。

(5) PLC 的 I/O 回路配线，必须使用压接端子或单股线，不宜用多股绞合线直接与 PLC

的接线端子连接，否则容易出现火花。

(6) 与 PLC 安装在同一控制柜内，虽不是由 PLC 控制的感性元件，也应并联 *RC* 或二极管消弧电路。

3. 采取有效的抗干扰措施

1) 选择抗干扰能力强的产品

根据各厂家 PLC 抗干扰性能的优劣，选择有较高抗干扰能力的产品，其包括电磁兼容性(EMC)，尤其是抗外部干扰的能力。其次是共模抑制比、耐压能力、允许在多大电场强度和多高频率的磁场强度环境中工作等。特别要考察该型号 PLC 在类似工作环境中的使用情况。

2) 采用性能好的电源

由于电网对 PLC 控制系统的干扰主要通过 PLC 系统的供电电源、变送器供电电源和与 PLC 系统具有直接电气连接的仪表供电电源等耦合进入。因此 PLC 系统的供电电源一般采用隔离性能较好的电源，对变送器的电源及与 PLC 有直接电气连接的仪表的供电电源应选择分布电容小、采用多次隔离和屏蔽及漏感技术的产品，以减少对 PLC 系统的干扰。

此外，PLC 电源要与整个供电系统的动力电源分开，一般在进入 PLC 系统时加屏蔽隔离变压器。利用分离供电系统将控制器、I/O 通道和其他设备的供电采用各自的隔离变压器分离开，也有助于抑制电网干扰。

3) 电缆的选择和敷设

PLC 控制系统的电路中有电源线、输入/输出线、动力线和接地线，布线不当则会造成电磁感应和静电感应等干扰，因此必须按照特定的要求布线。布线时要将 PLC 的输入/输出线与其他控制线分开，不要共用一条电缆。开关量信号线与模拟量信号线也应分开布线，而且后者应采用屏蔽线，并且将屏蔽层接地。数字传送线也要采用屏蔽线，并且要将屏蔽层接地。

4) 安装中的抗干扰措施

(1) 滤波器、隔离稳压器应设在 PLC 控制柜的电源进线口处，不让干扰进入控制柜内，或尽量缩短进线距离。

(2) PLC 控制柜应尽可能远离高压柜、大动力设备和高频设备。

(3) PLC 要尽可能远离继电器之类的电磁线圈和容易产生电弧的触点。

(4) PLC 要远离发热的电气设备或其他热源，并放在通风良好的位置上。

(5) PLC 的外部要有可靠的防水措施，以防止雨水进入，造成机器损坏。

(6) 正确选择接地点，完善接地系统。

5) 外围设备干扰的抑制

(1) PLC 输入/输出端子的保护。

当输入信号源为感性元件，输出驱动的负载为感性元件时，对于直流电路，应在其两端并联续流二极管；对于交流电路，应在其两端并联阻容吸收电路。其作用是为了防止在感性输入或输出电路断开时产生很高的感应电动势或浪涌电流对 PLC 的输入/输出端和内部电源的冲击。如果 PLC 的驱动元件主要是电磁阀和交流接触器线圈，应在 PLC 的输出端与驱动元件之间增加光电隔离的过零型固态继电器。

(2) 输入/输出信号的防错。

当输出元件为双向晶闸管或晶体管而外部负载又很小时，又因为这类输出元件在关断时有较大的漏电流，使输入电路和外部负载电路不易关断，导致输入/输出信号的错误，为此应在这类输入/输出端并联旁路电阻，以减小输入电流和外部负载上的电流。

(3) 冲击电流。

用晶体管或双向晶闸管输出模块驱动白炽灯之类的负载时，输出端并联旁路电阻或与负载串联限流电阻。

6) 电磁干扰的抑制

PLC 控制系统的电磁干扰分为共模干扰和差模干扰。共模干扰是信号对地的电位差，主要由电网串入、地电位差及空间电磁辐射等在信号线上感应的电压叠加所形成。共模电压通过不对称电路可转换成差模电压，直接影响测控信号，造成元器件损坏。这种共模干扰可为直流，也可为交流。差模干扰是指作用于信号两极间的干扰电压，主要是由空间电磁场在信号间的感应以及由不平衡电路转换共模干扰所形成的电压。这种电压叠加在信号上，直接影响测量与控制精度。为了保证 PLC 控制系统在工业环境中免受或减少电磁干扰，一般采用隔离和屏蔽的方法。

7.2.2　软件系统的可靠性设计

通过硬件要根本消除干扰的影响是不可能的，因此在 PLC 控制系统的软件设计时，要进行抗干扰处理，从而进一步提高系统的可靠性。

当使用按钮、开关、继电器/接触器触点作为 PLC 输入信号时，不可避免地会产生抖动，引起系统误动作。在这种情况下，可采用定时器延时方法来去掉抖动，定时时间根据触点抖动情况和系统要求的响应速度而定，这样可保证触点确实稳定闭合(或断开)后才执行特定的处理任务。

对于模拟信号可采用多种软件滤波方法来提高数据的可靠性。常用的数字滤波方法有程序判断滤波、中值滤波、滑动平均值滤波、防脉冲干扰平均值滤波、算术平均值滤波、去极值平均滤波等。

程序判断滤波适用于对采样信号因受到随机干扰或传感器不稳定而引起的失真进行滤波。设计时根据经验确定两次采样允许的最大偏差，如果先后两次采样的信号差值大于偏差，表明输入是干扰信号，应去掉，用上次采样值作为本次采样值；如果差值不大于偏差，则本次采样值有效。

中值滤波是连续输入 3 个采样信号，从中选择中间值作为有效采样信号。

滑动平均值滤波是将数据存储器的一个区域(20 个单元左右)作为循环队列，每次数据采集时先去掉队首的一个数据，再把采集到的一个新数据放入队尾，然后求平均值。

去极值平均滤波是连续采样 n 次，求数据的累加和，同时找出其中的最大值和最小值，从累加和中减去最大值和最小值，再求(n-2)个数据的平均值将其作为有效的采样值。

算术平均值滤波是将连续输入的 n 个采样数据的算术平均值作为有效的信号。它不能消除明显的脉冲干扰，只是削弱其影响。要提高效果可采用去极值平均滤波。

防脉冲干扰平均值滤波是连续进行 4 次采样，去掉其中的最大值和最小值，再求剩下的两个数据的平均值。

7.2.3 采用冗余系统或热备用系统

某些控制系统要求有极高的可靠性，如化工、造纸、冶金、核电站等。如果控制系统出现故障，由此引起的停产或设备损坏就会造成极大的经济损失或极其严重的事故。通过提高 PLC 控制系统自身的可靠性满足不了要求，常采用冗余系统或热备用系统来解决上述问题。

1. 冗余系统

所谓冗余系统是指系统中有备用的部分，没有它系统照样工作。但在系统出现故障时，备用的部分能立即替代故障部分而使系统继续正常运行。冗余系统一般是用在控制系统中最重要的部分(如 CPU 模块)，由两套相同的硬件组成。如果一套出现故障，立即由另一套来控制。是否使用两套相同的 I/O 模块，取决于系统对可靠性的要求程度。

常见的情况是采用 CPU 冗余，两套 CPU 模块使用相同的程序并行工作。其中一套为主 CPU 模块，一套为备用 CPU 模块。在系统正常运行时，备用 CPU 模块的输出被禁止，由主 CPU 模块来控制系统的工作。同时，主 CPU 模块还不断通过冗余处理单元(RPU)同步地对备用 CPU 模块的 I/O 映像寄存器和其他寄存器进行刷新。当主 CPU 模块发出故障信息后，RPU 在 1～3 个扫描周期内将控制功能切换到备用 CPU。I/O 系统的切换也是由 RPU 来完成的。

2. 热备用系统

热备用系统的结构较冗余系统简单，虽然也有两个 CPU 模块在同时运行一个程序，但没有冗余处理单元 RPU。两套 CPU 通过通信接口连在一起。系统中两个 CPU 模块的切换是由主 CPU 模块通过通信口与备用 CPU 模块进行通信来完成的。当系统出现故障时，由主 CPU 通知备用 CPU，并实现切换，其切换过程相对要慢一些。

7.3 三菱 FX3U 系列 PLC 在电梯自动控制中的应用

电梯是垂直方向的运输设备，是高层建筑中不可缺少的交通运输设备。它靠电力，传动一个可以载人或物的轿厢，在建筑的井道内导轨上做垂直升降运动，在人们生活中起着举足轻重的作用。电梯的输入信号较多，控制逻辑比较复杂，楼层数越多，控制程序越复杂。

1. 电梯控制的要求

四层电梯模拟图如图 7.5 所示。

要求电梯运行符合以下原则。

(1) 接收并登记电梯在楼层以外的所有指令信号、呼梯

图 7.5 四层电梯模拟图

信号，给予登记并输出登记信号。

(2) 根据最早登记的信号，自动判断电梯是上行还是下行，这种逻辑判断称为电梯的定向。电梯的定向根据首先登记信号的性质可分为两种。一种是指令定向，指令定向是把指令指出的目的地与当前电梯位置比较得出"上行"或"下行"结论。例如，电梯在二层，指令为一层则向下行；指令为四层则向上行。第二种是呼梯定向，呼梯定向是根据呼梯信号的来源位置与当前电梯位置比较，得出"上行"或"下行"结论。例如，电梯在二层，三层乘客要向下，则按 AX3，此时电梯的运行应该是向上到三层接这个乘客，所以电梯应向上。

(3) 电梯接收到多个信号时，采用首个信号定向，同向信号先执行，一个方向任务全部执行完后再换向。例如，电梯在三层，依次输入二层指令信号、四层指令信号、一层指令信号。如用信号排队方式，则电梯下行至二层→上行至四层→下行至一层。而用同向先执行方式，则为电梯下行至二层→下行至一层→上行至四层。显然，第二种方式往返路程短，所以效率高。

(4) 具有同向截车功能。例如，电梯在一层，指令为四层则上行，上行中三层有呼梯信号，如果这个呼梯信号为呼梯向上(K5)，则当电梯到达三层时停站顺路载客；如果呼梯信号为呼梯向下(K4)，则不能停站，而是先到四层后再返回到三层停站。

(5) 一个方向的任务执行完要换向时，依据最远站换向原则。例如，电梯在一层根据二层指令向上，此时三层、四层分别有呼梯向下信号。电梯到达二层停站，下客后继续向上。如果到三层停站换向，则四层的要求不能兼顾，如果到四层停站换向，则到三层可顺向截车。

2. 功能分析

1) 电梯输入信号

(1) 位置信号。位置信号由安装于电梯停靠位置的 4 个传感器 XK1～XK4 产生。平时为 OFF，当电梯运行到这个位置时为 ON。

(2) 指令信号。指令信号有 4 个，分别由"一～四"(K7～K10)4 个指令按钮产生。按某按钮，表示电梯内乘客要往相应楼层。

(3) 呼梯信号。呼梯信号有 6 个，分别由 K1～K6 呼梯按钮产生。按呼梯按钮，表示电梯外乘客要乘电梯。例如，按 K3 则表示三层乘客要往上，按 K4 则表示二层乘客要往下。

2) 电梯输出信号

(1) 运行方向及显示信号。向上、向下运行信号两个，控制电梯的上升及下降；运行方向显示信号两个，由两个箭头指示灯组成，显示电梯运行方向。

(2) 指令登记信号。指令登记信号有 4 个，分别由 L11～L14 指示灯组成，表示相应的指令信号已被接收(登记)。指令执行完后，信号消失(消号)。例如，电梯在二层，按"三"表示电梯内乘客要往三层，则 L13 亮表示这个要求已被接收。电梯向上运行到三层停靠，此时 L12 灭。

(3) 呼梯登记信号。呼梯登记信号有 6 个，分别由 L1～L6 指示灯组成，其意义与上述指令登记信号类似。

(4) 开门、关门信号。指示开门与关门动作。

(5) 楼层数显信号。这个信号表示电梯目前所在的楼层位置。由七段数码显示构成，LEDa～LEDg 分别代表各段笔画。

3. 设计步骤

1) 输入、输出端口分配

四层电梯控制输入/输出端口分配如表 7.1 所示。

表 7.1　四层电梯控制输入/输出分配表

输　入			输　出		
名　称	输入点		名　称		输出点
1 层平层信号	XK1	X0	向上运行显示	L7	Y0
2 层平层信号	XK2	X1	向下运行显示	L8	Y1
3 层平层信号	XK3	X2	上升	KM1	Y2
4 层平层信号	XK4	X3	下降	KM2	Y3
内呼 1 层指令	K7	X4	内呼 1 层显示	L11	Y4
内呼 2 层指令	K8	X5	内呼 2 层显示	L12	Y5
内呼 3 层指令	K9	X6	内呼 3 层显示	L13	Y6
内呼 4 层指令	K10	X7	内呼 4 层显示	L14	Y7
1 层外呼向上	K1	X10	1 层外呼向上显示	L1	Y10
2 层外呼向上	K2	X11	2 层外呼向上显示	L2	Y11
3 层外呼向上	K3	X12	3 层外呼向上显示	L3	Y12
2 层外呼向下	K4	X13	2 层外呼向下显示	L4	Y13
3 层外呼向下	K5	X14	3 层外呼向下显示	L5	Y14
4 层外呼向下	K6	X15	4 层外呼向下显示	L6	Y15
			开门	KM3	Y16
			关门	KM4	Y17
			七段数码显示	LEDa	Y20
			七段数码显示	LEDb	Y21
			七段数码显示	LEDc	Y22
			七段数码显示	LEDd	Y23
			七段数码显示	LEDe	Y24
			七段数码显示	LEDf	Y25
			七段数码显示	LEDg	Y26

2) 控制系统设计

电梯的 PLC 控制程序比较复杂，层数越多越复杂。程序设计通常可以分成几个环节进行，然后将这些环节组合在一起，形成完整的梯形图。

(1) 呼叫登记与解除环节。四层电梯控制呼叫登记与解除程序如图 7.6 所示。M501～M504 表示电梯轿厢在哪一层，M501 得电表示在 1 层。当有内呼时，对应的内呼指示得电并自锁。有 1 层内呼时，登记信号 Y4 得电并自锁，当电梯到 1 层时(M501 得电)，则解除内呼登记信号。2 层外呼向上时，登记信号 Y11 得电并自锁。当轿厢下行经过 2 层时，2 层外呼向上不响应，所以不解除 Y11。

$$Y4 = (X4 + Y4) \cdot \overline{M501}$$
$$Y11 = (X11 + Y11) \cdot \overline{(M502 + Y1)}$$

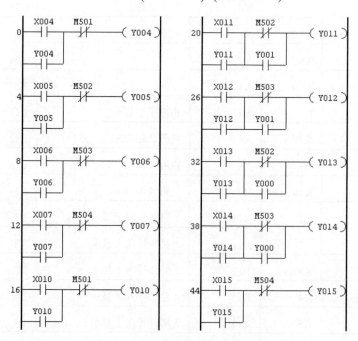

图 7.6 四层电梯呼叫登记与解除

(2) 轿厢当前位置信号的产生与消除。电梯轿厢当前位置由图 7.7 所示程序决定。当轿厢与 1 层平层时，1 层平层信号 X0 得电，这时没有 2、3、4 层平层信号。M501 得电并自锁。当轿厢与其他楼层平层时，M501 失电。

M501～M504 辅助继电器具有断电保持功能。轿厢的当前位置信息在 PLC 断电后，再次得电不会丢失。

(3) 上升/下降决策环节。上升/下降决策控制程序如图 7.8 所示。M525 或 M527 得电，则表示电梯将上升。M526 或 M528 得电表示电梯将下降。

① 电梯上升分为内呼要求和外呼要求。

内呼要求：轿厢不在 4 层，有 4 层内呼；轿厢不在 3、4 层，有 3 层内呼；轿厢不在 2、3、4 层(在 1 层)，有 2 层内呼。

外呼要求：轿厢不在 4 层，有 4 层外呼向下；轿厢不在 3、4 层，有 3 层外呼(向上、向

下)；轿厢不在 2、3、4 层(在 1 层)，有 2 层外呼(向上、向下)。

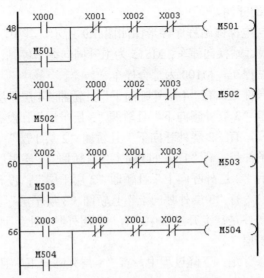

图 7.7 四层电梯轿厢当前位置的编程

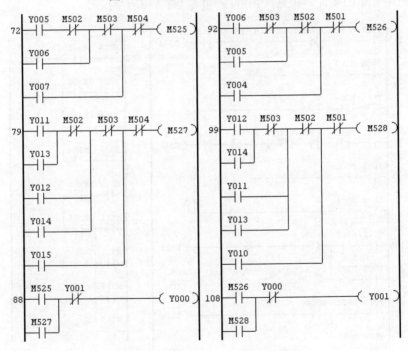

图 7.8 四层电梯上升/下降决策程序

② 电梯下降分为内呼要求和外呼要求。

内呼要求：轿厢不在 1 层，有 1 层内呼；轿厢不在 1、2 层，有 2 层内呼；轿厢不在 1、2、3 层(在 4 层)，有 3 层内呼。

外呼要求：轿厢不在 1 层，有 1 层外呼向上；轿厢不在 1、2 层，有 2 层外呼(向上、向下)；轿厢不在 1、2、3 层(在 4 层)，有 3 层外呼(向上、向下)。

上升时不能下降，下降时不能上升。哪一方向先响应，则执行完这个方向上的所有呼叫后，再响应相反方向的呼叫。

(4) 停车环节。四层电梯停站程序梯形图如图 7.9 所示。其中，M511 为上升最远站换向停车；M512 为下降最远站换向停车；M515 为上升同向截车停站；M516 为下降同向截车停站；M510 为内呼到站停车。M100 为综合停车。

M511 得电停车的条件是：有"4 层外呼向下"且轿厢"4 层平层"；没有"4 层外呼向下"和"内呼 4 层"，有"3 层外呼向下"且轿厢"3 层平层"；没有 3 层和 4 层"综合呼"(内呼和外呼向上、向下)，有"2 层外呼向下"且轿厢"2 层平层"。

M512 得电停车的条件是：有"1 层外呼向上"且轿厢"1 层平层"；没有"1 层外呼向上"和"内呼 1 层"，有"2 层外呼向上"且轿厢"2 层平层"；没有 1 层和 2 层"综合呼"(内呼和外呼向上、向下)，有"3 层外呼向上"且轿厢"3 层平层"。

M515 得电停车的条件是：上升过程中，有"2 层外呼向上"且"2 层平层"或"有 3 层外呼向上"且"3 层平层"。

M516 得电停车的条件是：下降过程中，有"3 层外呼向下"且"3 层平层"或"有 2 层外呼向下"且"2 层平层"。

M510 得电停车的条件是：任一内呼(1~4 层)到达相应平层时。

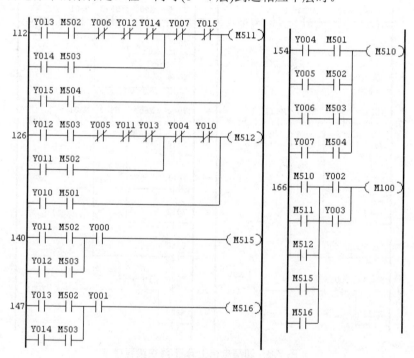

图 7.9　四层电梯停站程序

(5) 开关门及上下运行控制。四层电梯开关门及上下运行控制程序如图 7.10 所求。当 M100 得电，表示要停车，这时断开 Y2、Y3(停止上升或下降)，且自动开门。M110 得到 M100 的上升沿，触发 Y16 得电并自锁(开门)，同时 T0 计时 3 秒，即为开门所用时间。T0 计时到如有呼叫则自动关门(Y17 得电)。关门时间由 T1 设定。在开、关门时 M200 得电，上升(Y2)和下降(Y3)被断开。

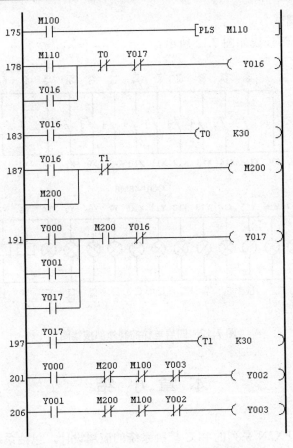

图 7.10 四层电梯开关门及上下运行控制程序

(6) 电梯楼层显示控制。电梯楼层显示控制程序如图 7.11 所示。M501～M504 表示电梯轿厢在哪一层，D0 数据寄存器存放电梯当前所在的楼层，当电梯桥厢在第一层时，M501 得电，数码管显示"1"，表示当前在第一层。当电梯桥厢在第二层时，M502 得电，数码管显示"2"，表示当前在第二层。其他依次类推。

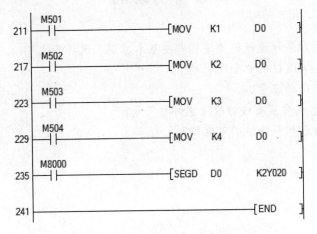

图 7.11 四层电梯楼层显示控制程序

3) 系统接线与调试

四层电梯控制外部接线如图 7.12 所示。

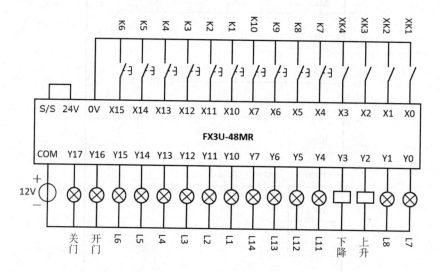

图 7.12　四层电梯控制外部接线图

本 章 小 结

本章主要介绍了 FX2N 系列的 PLC 控制系统的应用设计，包括系统总体设计、软件设计和安装调试等方面的内容。要重点掌握 PLC 控制系统设计的基本原则和设计的一般流程，同时要注意控制系统的可靠性设计。在满足控制要求的环境要求和性价比的条件下，合理选择 PLC 机型、硬件配置、输入/输出模块等，完成 PLC 控制系统的硬件与软件设计。

思 考 与 练 习

1. 进行 PLC 控制系统设计时要遵循哪些基本原则和设计步骤？

2. 怎样正确选择 PLC 的机型？

3. 怎样确定 PLC 的容量？

4. PLC 控制系统安装布线时应注意哪些问题？

5. 如何提高 PLC 控制系统的可靠性？

第8章 组态技术介绍

教学提示

组态王 6.55 是亚控科技根据当前的自动化技术的发展趋势，面向高端自动化市场及应用，以实现企业一体化为目标开发的一套产品。该产品以搭建战略性工业应用服务平台为目标，集成了对亚控科技自主研发的工业实时数据库(King Historian)的支持，可以为企业提供一个对整个生产流程进行数据汇总、分析及管理的有效平台，使企业能够及时、有效地获取信息，及时地做出反应，以获得最优化的结果。

本章将对如何建立一个新工程、定义外部设备和数据库、制作动画、绘制实时趋势曲线与实时报警窗口、查阅历史数据、控件使用、设置用户权限作详细介绍。

教学目标

通过组态王软件的学习，能够从工业现场采集生产、检测数据，并以动画方式直观地显示在监控画面上，可以用监控画面控制工业现场的执行机构，显示实时趋势曲线和报警信息以及查询历史数据，对建立的监控系统能进行访问权限的设置。

8.1 概　　述

组态王软件是一种通用的工业监控软件，它融过程控制设计、现场操作以及工厂资源管理于一体，将一个企业内部的各种生产系统和应用以及信息交流汇集在一起，实现最优化管理。它基于 Microsoft Windows XP/NT/2000 操作系统，用户在企业网络的所有层次的各个位置都可以及时获得系统的实时信息。采用组态王软件开发工业监控工程，可以极大地增强用户生产控制能力，提高工厂的生产力和效率，提高产品的质量，减少成本及原材料的消耗。它适用于从单一设备的生产运营管理和故障诊断，到网络结构分布式大型集中监控管理系统的开发。

组态王软件结构由工程管理器、工程浏览器及运行系统三部分构成。

工程管理器用于新工程的创建和已有工程的管理，对已有工程进行搜索、添加、备份、恢复以及实现数据词典的导入和导出等功能。

工程浏览器是一个工程开发设计工具，用于创建监控画面、监控的设备及相关变量、动画链接、命令语言以及设定运行系统配置等的系统组态。

运行系统通过运行工程界面，从采集设备中获得通信数据，并依据工程浏览器的动画设计显示动态画面，实现人与控制设备的交互操作。

8.1.1　组态王软件的结构

"组态王"是运行于 Microsoft Windows 中文平台的全中文界面的组态软件，它采用多线程、COM 组件等新技术,实现了实时多任务,软件运行稳定、可靠。组态王具有一个集成开发环境"组态王工程浏览器",在工程浏览器中可以查看工程的各个组成部分,也可以完成构造数据库、定义外部设备等工作。画面的开发和运行由工程浏览器调用画面制作系统 TouchMak 和画面运行系统 TouchView 来完成。TouchMak 是应用程序的开发环境,用户需要在这个环境中完成画面设计、动画连接等工作。TouchMak 具有先进、完善的图形生成功能;数据库中有多种数据类型,能合理地抽象控制对象的特性;对于变量报警、趋势曲线、过程记录、安全防范等重要功能都有简单的操作办法。TouchView 是"组态王"软件的实时运行环境,在 TouchMak 中建立的图形画面只有在 TouchView 中才能运行。TouchView 从工业控制对象中采集数据,并记录在实时数据库中。它还负责把数据的变化用动画的方式形象地表示出来,同时完成变量报警、操作记录、趋势曲线等监视功能,并生成历史数据文件。

8.1.2　组态王与下位机通信

"组态王"把第一台下位机看作是外部设备,在开发过程中可以根据"设备配置向导"的提示一步步完成连接过程,如图 8.1 所示。在运行期间,组态王通过驱动程序和这些外部设备交换数据,包括采集数据和发送数据/指令。每一个驱动程序都是一个 COM 对象,这种方式使通信程序和组态王构成一个完整的系统,既保证了运行系统的高效率,也使系统能够达到很大的规模。

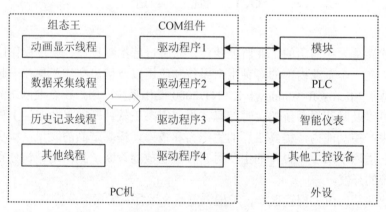

图 8.1　组态王通信结构

8.1.3　产生动画效果

在 TouchMak 中制作的画面都是静态的,那么它们如何以动画方式反映工业现场的状况呢?这需要通过实时数据库,因为只有数据库中的变量才是与现场状况同步变化的。数据库变量的变化又如何产生画面的动画效果呢?通过"动画连接"就是建立画面的图素与数据库变量的对应关系。这样,工业现场的数据,比如温度、液面高度等,当它们发生变化时,通过驱动程序,将引起实时数据库中变量的变化,如果画面上有一个图素,比如指针,

规定了它的偏转角度与这个变量相关，就会看到指针随工业现场数据的变化而同步偏转。动画连接的引入是设计人机接口的一次突破，它把程序员从重复的图形编程中解放出来，为程序员提供了标准的工业控制图形界面，并且由可编程的命令语言连接来增强图形界面的功能。

建立应用程序大致可分为以下四个步骤。

(1) 设计图形界面。

(2) 构造数据库。

(3) 建立动画连接。

(4) 运行和调试。

需要说明的是，这四个步骤并不是完全独立的，事实上，这四个部分常常是交错进行的。在用 TouchMak 构造应用程序之前，要仔细规划项目，主要考虑以下三方面的问题。

1) 图形

希望用怎样的图形画面来模拟实际工业现场相应的工控设备？用组态王系统开发的应用程序是以"画面"为程序单位的，每一个"画面"对应于程序实际运行时的一个 Windows 窗口。

2) 数据

怎样用数据描述工控对象的各种属性？也就是创建一个实时数据库，用数据库中的变量来反映工控对象的各种属性，比如"电源开关"。规划中可能还要为临时变量预留空间。

3) 动画

数据和图形画面中图素的连接关系是什么？也就是画面上的图素以怎样的动画来模拟现场设备的运行，以及怎样让操作者输入控制设备的指令。下一节，将按照以上步骤循序渐进地建立一个新的应用程序。

8.2　组态王软件应用举例

8.2.1　建立一个新项目

1. 项目的含义

在"组态王"中，开发的每一个应用系统称为一个项目，每个项目都必须在一个独立的目录中，不同的项目不能共用一个目录。项目目录也称为工程路径。在每个工程路径下，组态王为此项目生成了一些重要的数据文件，这些数据文件一般是不允许修改的。

通过本章内容的学习，将建立一个反应车间生产情况的监控中心。监控中心从车间现场采集生产数据，并以动画方式直观地显示在监控画面上。监控画面还将显示实时趋势曲线和报警信息并提供查询历史数据的功能。最后完成一个数据统计的报表。为了不局限于具体的下位机系统，本项目采用了仿真驱动程序。仿真驱动程序类似于实际的驱动程序，但能够模拟下位机自动产生数据并提供给组态王。对于实际的下位机系统，可参考驱动程序联机帮助来设置驱动程序。

2. 使用工程浏览器

工程浏览器是组态王的集成开发环境。在这里可以看到工程的各个组成部分,包括画面、数据库、外部设备、系统配置等,它们以树形结构表示,如图 8.2 所示。工程浏览器的使用和 Windows 的资源管理器类似,不再详述。

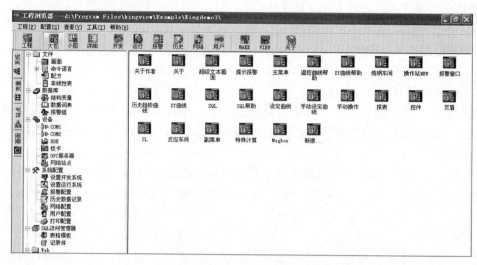

图 8.2　工程浏览器窗口

3. 项目创建

如果已经正确安装了"组态王",首先启动组态王工程浏览器。工程浏览器运行后,将打开上一次工作后的项目。如果是第一次使用工程浏览器,默认的是组态王示例程序所在的目录。为建立一个新项目,可执行以下操作。

(1) 在工程浏览器中选择"文件"|"新建工程"命令,弹出新建工程对话框,如图 8.3 所示。

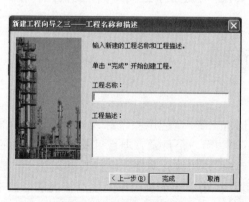

图 8.3　新建工程对话框

(2) 在"工程名称"文本框中输入工程名称"myproject"。在"工程描述"文本框中输入"反应车间的监控系统"。路径自动指定为当前目录下的子目录。如果需要更改工程路径,则单击"浏览"按钮,加以选择。

(3) 单击"完成"按钮，组态王将在工程路径下生成初始数据文件。至此，新项目就建立了。可以在每一个项目下建立数目不限的画面。

8.2.2 设计画面

1. 建立新画面

在工程浏览器左侧窗格的树形目录中选择"画面"选项，在右侧窗格中双击"新建"图标，工程浏览器将运行组态王开发环境 TouchMak，弹出"新画面"对话框。在该对话框中的设置如图 8.4 所示。最后单击"确定"按钮，TouchMak 将按照指定的风格产生一幅名为"监控中心"的画面。

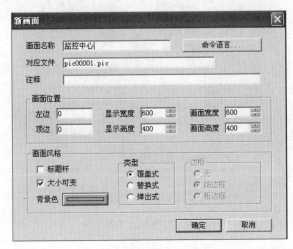

图 8.4 "新画面"对话框

2. 使用图形工具箱

接下来在画面中绘制图素。绘制图素的主要工具放置在图形编辑工具箱内。当画面打开时，工具箱自动显示，如果工具箱没有出现，可以选择"工具"|"显示工具箱"命令或按 F10 键打开。工具箱中各种基本工具的使用方法和 Windows 中的"画笔"类似。

下面以绘制监控中心图为例来说明工具箱的使用。

(1) 绘制监控对象原料罐和反应罐。在工具箱内单击"圆角矩形"按钮，在画面上绘制一个矩形作为第一个原料罐。

> 提示：在矩形框上单击，其周围会出现 8 个小矩形。当鼠标指针落在任一小矩形上时，按下鼠标左键，可以移动图形对象的位置。

(2) 用同样的方法绘制另一原料罐和反应罐。

(3) 单击工具箱中的"多边形"按钮，绘制三条管道。

(4) 改变管道的填充颜色。选中管道，然后单击工具箱中的"调色板"按钮，再从调色板中选择一种颜色。

(5) 单击工具箱中的"文本"按钮，输入文字。

(6) 改变文字的字体、字号。选中文本对象，然后在工具菜单内选择字体即可。

(7) 选择"图库"|"游标"命令，在图库窗口中双击一种竖向的刻度，然后在画面上单击，刻度将出现在画面上。可以缩放、移动它，如同操作普通图素一样。

(8) 选择"图库"|"阀门"命令，在图库窗口中双击一种阀门。在调整图形对象位置时，几种对齐工具可能经常会用到。首先选中所有需要对齐的图形对象，然后在工具箱中单击所需的对齐工具即可。

(9) 绘制的画面如图 8.5 所示。选择 "文件"|"全部存"命令，保存工作成果。

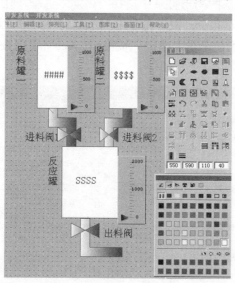

图 8.5　监控中心画面效果

8.2.3　定义外部设备和数据库

1. 定义外部设备

组态王把需要与之交换数据的设备或程序都作为外部设备。外部设备包括：下位机(PLC、仪表、板卡等)，它们一般通过串行口和上位机交流数据；其他 Windows 应用程序，它们之间一般通过 DDE 交换数据；还包括网络上的其他计算机。只有在定义了外部设备之后，组态王才能通过 I/O 变量和它们交换数据。为方便定义外部设备，组态王设计了"设备配置向导"引导用户一步步完成设备的连接，如图 8.6 所示。本项目中使用仿真 PLC 和组态王通信。假设仿真 PLC 连接在计算机的 COM1 口，设置步骤如下。

(1) 在组态王工程浏览器的左侧窗格中选择 COM1 选项。

(2) 双击"新建..."图标，运行"设备配置向导"。

(3) 选择 PLC|"亚控"|"仿真 PLC"|"串行"命令，单击"下一步"按钮。

(4) 为外部设备取一个名称。输入 PLC1，单击"下一步"按钮。

(5) 为设备选择连接串口。假设为 COM1，单击"下一步"按钮。

(6) 填写设备地址。假设为"1"，单击"下一步"按钮，检查各项设置是否正确，确认无误后，单击"完成"按钮。设备定义完成后，可以在工程浏览器的右侧窗格中看到新建的外部设备 PLC1。在定义数据库变量时，只要把 I/O 变量连接到这台设备上，它就可以和组态王交换数据了。

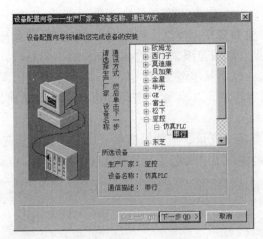

图 8.6　设备配置的设置

2. 数据库的作用

数据库是"组态王"最核心的部分。在 TouchView 运行时，工业现场的生产状况要以动画的形式反映在屏幕上，操作者在计算机前发布的指令也要迅速送达生产现场，所有这一切都是以实时数据库为中介环节，所以说数据库是联系上位机和下位机的桥梁。

1) 定义变量的方法

对于将要建立的"监控中心"，需要从下位机采集两个原料罐的液位和一个反应罐的液位，所以需要在数据库中定义这三个变量。因为这些数据是通过驱动程序采集到的，所以三个变量的类型都是 I/O 实数变量。将这三个变量分别命名为"原料罐 1 液位""原料罐 2 液位"和"反应罐液位"，定义方法如下。

在工程浏览器的左侧窗格选择"数据词典"，在右侧窗格双击"新建"图标，弹出"定义变量"对话框；对话框设置如图 8.7 所示。设置完成后，单击"确定"按钮。用类似的方法建立另两个变量。

2) 变量的类型

数据库中存放的是制作应用系统时定义的变量以及系统预定义的变量。变量可以分为基本类型和特殊类型两大类。

基本类型的变量又分为"内存变量"和"I/O 变量"两类。"I/O 变量"是指需要"组态王"和其他应用程序(包括 I/O 服务程序)交换数据的变量。这种数据交换是双向的、动态的，也就是说，在"组态王"系统运行过程中，每当 I/O 变量的值改变时，该值就会自动写入远程应用程序；每当远程应用程序中的值改变时，"组态王"系统中的变量值也会自动更新。所以，那些从下位机采集来的数据、发送给下位机的指令，比如"反应罐液位""电源开关"等变量，都需要设置成"I/O 变量"。那些不需要和其他应用程序交换，只在"组态王"内需要的变量，比如计算过程的中间变量，就可以设置成"内存变量"。

基本类型的变量也可以按照数据类型分为离散型、实数型、长整数型和字符串型。

内存离散变量、I/O 离散变量：类似一般程序设计语言中的布尔(BOOL)变量，只有 0、

1 两种取值，用于表示一些开关量。

内存实数变量、I/O 实数变量：类似一般程序设计语言中的浮点型变量，用于表示浮点数据，取值范围为 10E-38～10E+38，有效值为 7 位。

内存整数变量、I/O 整数变量：类似一般程序设计语言中的有符号长整数型变量，用于表示带符号的整数型数据，取值范围为-2147483648～2147483647。

内存字符串型变量、I/O 字符串型变量：类似一般程序设计语言中的字符串变量，用于记录一些有特定含义的字符串，如名称、密码等。该类型变量可以进行比较运算和赋值运算。

特殊变量类型有报警窗口变量、报警组变量、历史趋势曲线变量、时间变量四种。这几种特殊类型的变量正是体现了"组态王"系统面向工控软件、自动生成人机接口的特色。

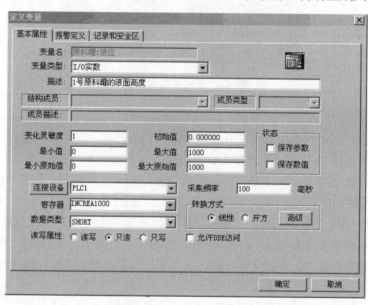

图 8.7　变量属性设置对话框

至此，数据库已经完全建立起来，驱动程序也已经准备好了。下一节将介绍如何使画面上的图素运动起来，实现一个动画效果的监控系统。

数据类型只对 I/O 类型的变量起作用，用户应定义变量对应的寄存器的数据类型。共有 8 种数据类型供用户使用，分别如下。

(1) Bit：1 位；范围是 0 或 1。

(2) BYTE：8 位，1 个字节；范围是 0～255。

(3) SHORT：16 位，2 个字节；范围是-32768～32767。

(4) USHORT：16 位，2 个字节，无符号；范围是 0～65535。

(5) BCD：16 位，2 个字节；范围是 0～9999。

(6) LONG：32 位，4 个字节；范围是-999999999～999999999。

(7) LONGBCD：32 位，4 个字节；范围是 0～99999999。

(8) FLOAT：32 位，4 个字节；取值范围：-1.18E-38～3.40E+38，有效位 7 位。

8.2.4　让画面运动起来

在 8.1.3 节讲过，所谓"动画连接"就是建立画面的图素与数据库变量的对应关系。对于即将建立的"监控中心"，如果画面上的原料罐、反应罐(矩形框对象)的大小能够随着变量"原料罐 1 液位"等变量值的大小而改变，那么，就能够看到一个反映工业现场状态的监控画面。

1. 建立动画连接

为 1 号原料罐、2 号原料罐、反应罐三个图素建立动画连接，具体步骤如下。

(1) 在画面上双击图形对象"1 号原料罐"，弹出"动画连接"对话框，在"对象名称"文本框中输入"1 号原料罐"。

(2) 单击"填充"按钮，弹出"动画连接"对话框，对话框设置如图 8.8 所示。注意填充方向和填充色的选择。单击"确定"按钮。

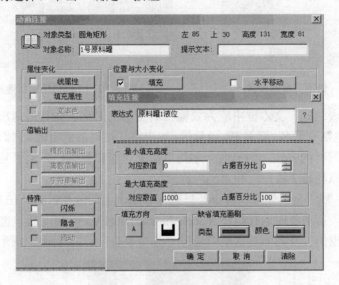

图 8.8　"动画连接"对话框

(3) 单击"动画连接"对话框中的"确定"按钮。用同样的方法设置"2 号原料罐"和"反应罐"的动画连接。

(4) 设置"反应罐"的动画连接时，需要将"最大填充高度"的"对应数值"设为 2000。至此，原料罐和反应罐的动画连接设置完毕。

2. 建立模拟值输出

作为一个实际上可用的监控程序，可能操作者仍需要知道液面的准确高度，而不仅仅是设置刻度。这个功能由"模拟值输出"动画来实现，具体如下。

(1) 在工具箱中单击"文本"按钮，在"1 号原料罐"矩形框的中部输入字符串"####"。这个字符串的内容是任意的，比如可以输入"原料罐 1 液位"。当画面程序实际运行时，字符串的内容将被需要输出的模拟值所取代。用同样的方法，在另两个矩形框的中部输入字符串。操作完成后,画面如图 8.9 所示。

(2) 双击文本对象"####",弹出"动画连接"对话框。单击"模拟值输出"按钮,弹出"模拟值输出连接"对话框,对话框设置如图 8.10 所示。连续单击"确定"按钮,完成设置。

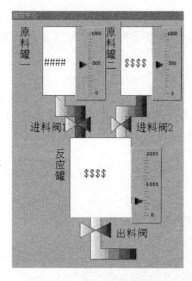

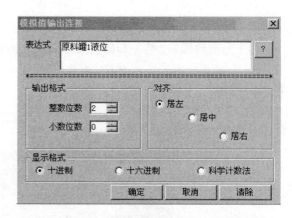

图 8.9 液面高度的设置   图 8.10 "模拟值输出连接"对话框

在此处,"表达式"文本框中应为要输出的变量的名称。在其他情况下,此处可输入复杂的表达式,包括变量名、运算符、函数等。输出格式可以随意更改,它们与字符串"####"的长短无关。用同样的方法,为另两个字符串建立"模拟值输出"动画连接,连接的表达式分别为变量"原料罐 2 液位"和"反应罐液位"。

选择 "文件"|"全部保存"命令。只有保存画面上的改变以后,在 TouchView 中才能看到工作成果。启动画面运行程序 TouchView。TouchView 启动后,选择"画面"|"打开"命令,在弹出的打开画面对话框中选择"监控中心"。运行画面如图 8.11 所示。

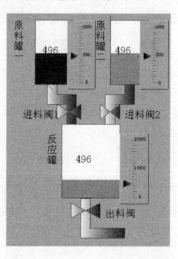

图 8.11 监控中心的运行画面

8.2.5　实时趋势曲线与实时报警窗口

1. 趋势曲线的作用

趋势曲线用来反映数据变量随时间的变化情况。趋势曲线有两种：实时趋势曲线和历史趋势曲线。这两种曲线的外形都类似于坐标纸，X 轴代表时间，Y 轴代表变量值。所不同的是，在画面程序运行时，实时趋势曲线随时间变化自动卷动，以快速反映变量的新变化，但是不能随时间轴"回卷"，不能查阅变量的历史数据；历史趋势曲线可以完成历史数据的查看工作，但它不会自动卷动，需要通过命令语言来辅助实现查阅功能。一个画面中可定义数量不限的趋势曲线，在同一个趋势曲线中最多可同时显示 4 个变量的变化情况。

2. 报警窗口的作用

报警窗口用以反映变量的不正常变化，组态王自动对需要报警的变量进行监视。当发生报警时，将这些报警事件在报警窗口中显示出来，其显示格式在定义报警窗口时确定。报警窗口也有两种类型：实时报警窗口和历史报警窗口。实时报警窗口只显示最近的报警事件，要查阅历史报警事件只能通过历史报警窗口。为了分类显示报警事件，可以把变量划分到不同的报警组，同时指定报警窗口中显示所需的报警组。趋势曲线、报警窗口和报警组都是一类特殊的变量，有变量名和变量属性等。趋势曲线、报警窗口的绘制方法和矩形对象相同，移动和缩放方法也一样。

3. 设置实时趋势曲线

激活画面制作系统 TouchMak，在工具箱中单击"实时趋势曲线"按钮，然后在画面上绘制趋势曲线，如图 8.12 所示。为了让操作者使用方便，在趋势曲线的下方需要增加标注，说明各种颜色的曲线所代表的变量。双击实时趋势曲线对象，将弹出"实时趋势曲线"对话框，对话框设置如图 8.13 所示。

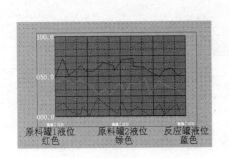

图 8.12　实时趋势曲线画面

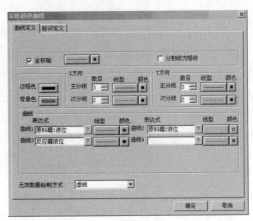

图 8.13　"实时趋势曲线"对话框

4. 设置实时报警窗口

在工具箱中单击报警窗口按钮，在画面上绘制报警窗口，如图 8.14 所示。为使报警窗口内能显示变量的非正常变化，必须先做如下设置。

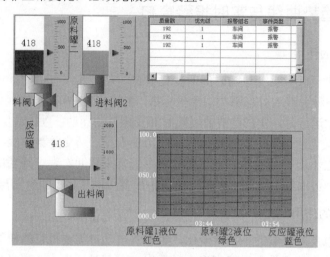

图 8.14　报警窗口画面

（1）切换到工程浏览器，在左侧窗格中选择"报警组"，然后双击右侧的图标，进入"报警组定义"对话框。在"报警组定义"对话框中将 RootNode 修改为"车间"。单击"确定"按钮，关闭"修改报警组"对话框。最后单击"报警组定义"对话框的"确定"按钮。

（2）在工程浏览器的左侧窗格中选择"数据词典"，在右侧窗格中双击变量名"原料罐1 液位"；在"定义变量"对话框中单击"报警定义"标签，对话框设置如图 8.15 所示。报警组名已经自动设为"车间"，单击"确定"按钮，关闭对话框。

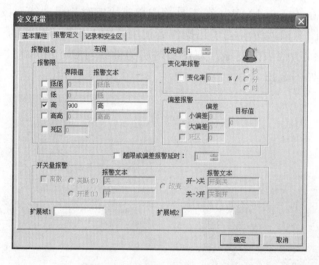

图 8.15　"定义变量"对话框

用同样的方法定义变量"原料罐 2 液位"和"反应罐液位"的报警。只有在"定义变量"对话框中定义了变量的报警方式后，才能在报警窗口中显示此变量。

（3）接下来设置报警窗口。双击报警窗口对象，弹出"报警窗口配置属性页"对话框，对话框设置如图 8.16 所示；各种文本的颜色可自由设置，如图 8.17 所示；然后依次单击"确定"按钮。

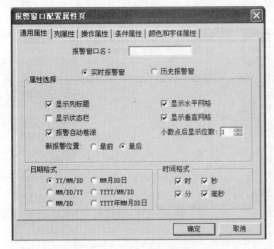

图 8.16 通用属性的设置

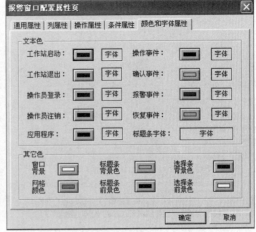

图 8.17 颜色和字体属性的设置

(4) 选择 "文件" | "全部存"命令,保存工作成果。激活画面运行程序 TouchView,画面效果如图 8.18 所示。

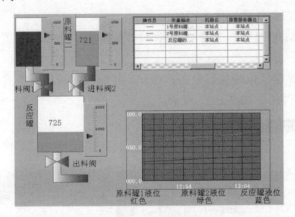

图 8.18 报警窗口运行

8.2.6 查阅历史数据

对于一个实际可用的系统来说,一幅画面常常是不够用的。组态王允许建立画面数目不限的复杂程序。本节要建立的历史趋势曲线和报警窗口将分别属于两幅画面。

1. 建立历史趋势曲线

建立历史趋势曲线的具体操作步骤如下。

(1) 新建一画面,名称为"历史趋势曲线画面"。

(2) 单击工具箱中的"文本"按钮,在画面上输入文字"历史趋势曲线"。

(3) 单击工具箱中的"插入通用控件"按钮,在画面中插入通用控件窗口中的"历史趋势曲线" 控件,如图 8.19 所示。

(4) 选中此控件后右击,在弹出的快捷菜单中执行"控件属性"命令,弹出控件属性对话框，如图 8.20 所示。

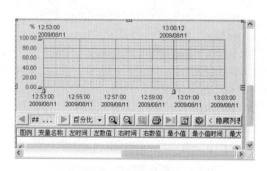

图 8.19　历史趋势曲线控件

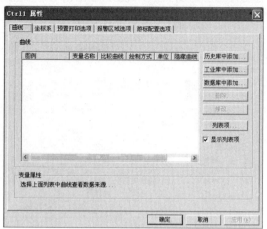

图 8.20　历史趋势曲线控件属性对话框

2. 建立历史报警窗口

建立历史报警窗口的具体操作步骤如下。

(1) 激活 TouchMak 程序，选择"文件"|"新画面"命令。设置"新画面"对话框，如图 8.21 所示。

(2) 在工具箱中单击"报警窗口"工具按钮，绘制报警窗口。"前""后"两个按钮是用来翻阅历史报警事件的，如图 8.22 所示。

图 8.21　"新画面"对话框　　　　　　　　图 8.22　历史报警窗口

(3) 双击报警窗口，将"报警窗口配置属性页"对话框设置为如图 8.23(a)所示。

选择历史报警窗口：有效。

报警窗口名：反应车间历史报警窗口。

选择显示列标题：有效。

报警组名已自动设置为"车间"，如图 8.23(b)所示。

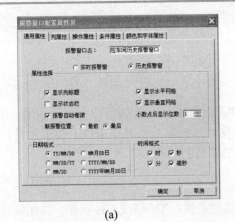
(a)

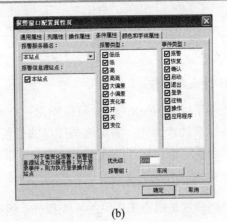
(b)

图 8.23　条件属性设置

3. 建立画面切换的控制

目前，在 TouchView 中打开画面的方法是通过选择"画面"|"打开"命令。为了使操作者使用更方便，可以设置按钮，再通过命令语言连接来完成打开、关闭画面的功能。

(1) 在画面"监控中心"上绘制"查阅历史数据"按钮，并设置"弹起时"命令语言连接：ShowPicture("历史趋势曲线")。

(2) 绘制"停止查阅历史数据"按钮，并设置"弹起时"命令语言连接：ClosePicture("历史趋势曲线")。

(3) 绘制"查阅历史报警"按钮，并设置"弹起时"命令语言连接：ShowPicture("历史报警窗口")。

(4) 绘制"停止查阅历史报警"按钮，并设置"弹起时"命令语言连接：ClosePicture("历史报警窗口")。

4. 退出程序的控制

最后，为整个应用程序设置退出功能，具体操作如下。

在画面"监控中心"上绘制按钮"停止监控"，"弹起时"的命令语言连接为：Exit(0)。最终的画面如图 8.24 所示。选择菜单"文件"|"全部存"命令。激活画面运行程序，监控系统已经完全建立起来了。

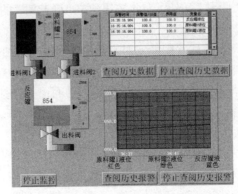

图 8.24　监控系统画面

8.2.7　控件

1. 什么是控件

控件采用 ActiveX 技术,可以作为一个相对独立的程序单位被应用程序所使用。控件的接口是标准的,因此,满足这些接口的任何控件,包括其他软件供应商开发的控件,都可以被组态王支持,这些控件极大地扩充了组态王系统的功能。

2. 使用趋势曲线控件

趋势曲线是组态王提供的一类控件,包括温控曲线、XY 曲线、柱状图、饼图等。本节将建立一个新画面,利用柱状图显示 1 号原料罐、2 号原料罐和反应罐液位的数值。

(1) 在工程浏览器左侧窗格中选择"画面"选项,在右侧窗格中双击"新建"图标,建立新画面,如图 8.25 所示。

(2) 在开发环境中选择"编辑"|"插入控件"命令,在弹出的创建控件对话框左侧选择"趋势曲线"选项,在右侧单击"立体棒图"图标,然后单击"创建"按钮,在画面上双击"立体棒图"图标,弹出设置对话框,设置属性如图 8.26 所示。

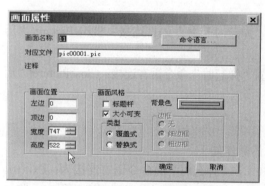

图 8.25　建立新画面

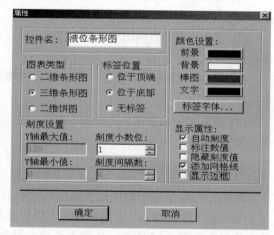

图 8.26　立体棒图设置

(3) 在画面上绘制"隐藏"按钮。为此按钮建立"弹起时"的命令语言:ClosePicture("液位柱状图"),以关闭"液位柱状图"画面。

(4) 编写命令语言。为使柱状图能实时显示变量值,需要在画面"液位柱状图"上增加"画面命令语言"。在画面空白处右击,在弹出的快捷菜单中选择"画面属性"命令,弹出"画面属性"对话框,单击"命令语言"按钮,画面语言包括"显示时""存在时""隐含时"三种。为画面设置"显示时"命令语言,具体设置如下。

chartClear("液位条形图");
chartAdd("液位条形图",原料罐 1 液位,"原料罐 1 液位");
chartAdd("液位条形图",原料罐 2 液位,"原料罐 2 液位");
chartAdd("液位条形图",反应罐液位,"反应罐液位");

在画面显示之前把柱状图设置为与三个变量相关。为画面设置"存在时"命令语言，具体设置如下。

chartSetValue（"液位条形图"，1，原料罐 1 液位）；

chartSetValue（"液位条形图"，2，原料罐 2 液位）；

chartSetValue（"液位条形图"，3，反应罐液位）；

ocxUpdate（"液位条形图"）。

执行周期是 3000ms。这样，每隔 3000ms，柱状图可以根据变量的当前值更新显示，产生动态效果，如图 8.27 所示。

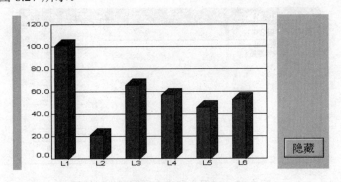

图 8.27 液位柱状图

(5) 在画面"监控中心"上绘制"柱状图"按钮，建立"弹起时"的命令语言连接为：ShowPicture（"液位柱状图"）。最终的监控画面如图 8.28 所示。

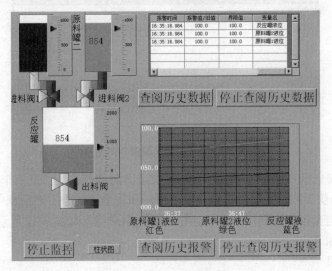

图 8.28 监控中心画面

8.2.8 用户管理与权限

在组态王系统中，为了保证运行系统的安全运行，对画面上的图形对象设置了访问权限，同时给操作者分配了访问优先级和安全区。只有操作者的优先级大于对象的优先级且操作者的安全区在对象的安全区内时才可访问,否则不能访问画面中的图形对象。

1. 设置用户的安全区与权限

优先级分 1～999 级,1 级最低,999 级最高。每个操作者的优先级别只有一个。系统安全区共有 64 个,用户在进行配置时,每个用户可选择除"无"以外的多个安全区,即一个用户可有多个安全区权限。用户安全区及权限设置过程如下。

(1) 在工程浏览器窗口左侧窗格中的"工程目录显示区"中双击"系统配置"中的"用户配置"选项,弹出"用户和安全区配置"对话框,如图 8.29 所示。

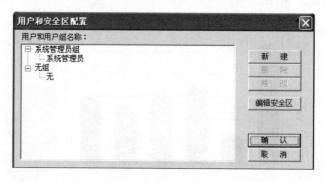

图 8.29　"用户和安全区配置"对话框

(2) 单击"编辑安全区"按钮,弹出"安全区配置"对话框,如图 8.30 所示。

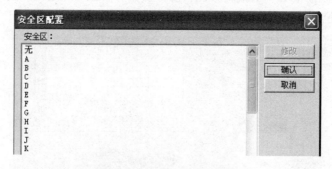

图 8.30　"安全区配置"对话框

(3) 选择 A 安全区并利用"修改"按钮将安全区名称修改为"反应车间"。

(4) 单击"确认"按钮关闭对话框,在"用户和安全区配置"对话框中单击"新建"按钮,在弹出的"定义用户组和用户"对话框中配置用户组,如图 8.31 所示。

对话框设置如下:

类型:用户组

用户组名:反应车间组。

安全区:无。

(5) 单击"确认"按钮关闭对话框,回到"用户和安全区配置"对话框后再次单击"新建"按钮,弹出"定义用户组和用户"对话框,设置如图 8.32 所示。

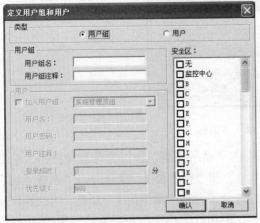

图 8.31 "定义用户组和用户"对话框

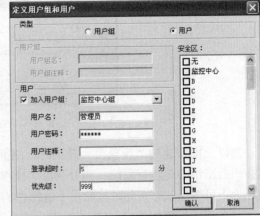

图 8.32 定义用户

用户密码设置为：master。

利用同样方法再建立两个操作员用户，用户属性设置如下。

① 操作员 1。

类型：用户　　　　　　　　　　　加入用户组：监控中心用户组

用户名：操作员 1　　　　　　　　用户密码：operater1

用户注释：具有一般权限　　　　　登录超时：5

优先级：50　　　　　　　　　　　安全区：监控中心

② 操作员 2。

类型：用户　　　　　　　　　　　加入用户组：监控中心用户组

用户名：操作员 2　　　　　　　　用户密码：operater2

用户注释：具有一般权限　　　　　登录超时：5

优先级：150　　　　　　　　　　 安全区：无

(6) 单击"确认"按钮关闭定义用户对话框，用户安全区及权限设置完毕。

2. 设置图形对象的安全区与权限

与用户一样，图形对象同样具有 1～999 个优先级别和 64 个安全区，在前面编辑的"监控中心"画面中设置的"退出"按钮，其功能是退出组态王运行环境。而对一个实际的系统来说，可能不是每个登录用户都有权利使用此按钮，只有上面建立的反应车间用户组中的"管理员"登录时可以按此按钮退出运行环境，反应车间用户组的"操作员"登录时就不可操作此按钮。其对象安全属性设置过程如下。

在工程浏览窗口中打开"监控中心"画面，双击画面中的"系统退出"按钮，在弹出的"动画连接"对话框中设置按钮的优先级：100，安全区：监控中心。单击"确定"按钮关闭此对话框，按钮对象的安全区与权限设置完毕。

选择"文件"|"全部存"命令，保存修改。选择"文件"|"切换到 VIEW"命令，进入运行系统，运行"监控中心"画面。在运行环境界面中选择"特殊"|"登录开"命令，弹出"登录"对话框，如图 8.33 所示。

图 8.33 "登录"对话框

当以上面所建的"管理员"登录时,画面中的"系统退出"按钮为可编辑状态,单击此按钮退出组态王运行系统。当分别以"操作员 1"和"操作员 2"登录时,"系统退出"按钮为不可编辑状态,此时按钮是不能操作的。这是因为对"操作员 1"来说,他的操作安全区包含按钮对象的安全区(即监控中心安全区),但是权限小于按钮对象的权限(按钮权限为 100,操作员 1 的权限为 50)。对于"操作员 2"来说,他的操作权限虽然大于按钮对象的权限(按钮权限为 100,操作员 2 的权限为 150),但是他的安全区没有包含按钮对象的安全区,所以这两个用户登录后都不能操作此按钮。

本 章 小 结

本章通过示例详细讲述了如何建立一个新工程,并对定义外部设备和数据库、动画制作、实时趋势曲线与实时报警窗口、历史数据查阅、控件、用户权限设置做了详细的讲解。通过学习本章内容,可以使读者深入理解组态王软件的功能、使用方法,为工程应用打下了良好的基础。

思考与练习

1. 组态王软件由哪几部分构成?
2. 试在新工程中定义几个熟悉的设备和变量。
3. 熟悉组态王提供的各种动画连接的使用。
4. 对报警组、变量进行相关的配置,在画面中得到报警的显示输出。
5. 在新工程中添加一个实时曲线画面。
6. 在新工程中添加一个历史曲线画面,熟悉历史曲线控件的各种使用方法。
7. 配置两个用户分别操作不同的对象。

第二部分 实践应用篇

第 9 章 可编程控制器基本应用实践

教学提示

实践环节是 PLC 教学中重要的一环，在实践中能锻炼学生的动手能力、思维能力和解决实际问题的能力。本章以任务为驱动，从简单的小程序开始，让学生熟悉、掌握基本指令的应用方法，掌握 PLC 控制系统的输入/输出分配及外部接线。教学过程中注重学生的思维引导，鼓励学生按自己的想法实现控制功能。

教学目标

通过对本章内容的学习与动手实践，掌握 PLC 的外部接线、常用软组件的使用；掌握基本指令的灵活应用，定时器、计数器的使用；掌握如启保停等常用逻辑控制功能的实现；锻炼学生的创造性思维。

9.1 FX3U 系列 PLC 的结构及接线

1. 任务目标

(1) 熟悉常用控制电器(按钮、继电器等)及其执行特点。

(2) 熟悉三菱 FX3U-48MR 型 PLC 的外部接口及面板功能。

(3) 了解 PLC 的硬件组成及各部分的作用。

2. 知识要点

(1) 输入/输出接口电路的类型及特点。

(2) 如何成功地把输入信号接入到 PLC。

(3) 如何成功地把 PLC 的输出接给被控制对象。

3. 实施过程

1) 任务一 认识 PLC

三菱(MITSUBISHI)FX3U-48MR 是由电源、CPU、存储器和输入输出器件组成的单元型可编程序控制器，是一台 AC 电源、DC 输入型、继电器输出型 PLC。其外观如图 9.1 所示。

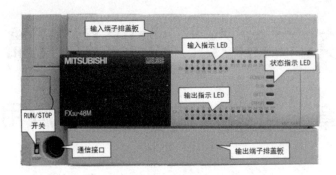

图 9.1　FX3U-48MR 的外观

(1)　PLC 供电电源：220V～。

(2)　通信接口及电缆：SC-09。

(3)　RUN-STOP 开关：拨动此开关，PLC 在 RUN 与 STOP 之间切换。

(4)　状态/报警指示。

(5)　输入/输出(I/O)接口及指示。

24 个输入点，八进制编号(X0～X7，X10～X17，X20～X27)，共用一个输入【S/S】端，【S/S】与【24V】相连时为漏型输入，【S/S】与【0V】相连时为源型输入。24 个输出点，八进制编号(Y0～Y7，Y10～Y17，Y20～Y27)，四个 4 点公用 COM(COM1～COM4)及一个 8 点公用 COM(COM5)。每一个 I/O 点都有一个 LED 指示灯，当某一指示灯亮时，即表示对应的 I/O 点有信号。

2) 任务二　认识实验台

实验台包括总电源开关及指示、PLC 电源开关、交流接触器、热继电器、12V 与 24V 直流电源、数码管、负载灯及拨码开关。

实验屏布局和用途如图 9.2 所示。

<table>
<tr><td rowspan="3">三相 380V
交流电源

220V 交流电源</td><td rowspan="3">6 个交流接触器</td><td colspan="3">开关量指示灯 12 个
(交流 220V)</td><td rowspan="2">PLC 主机

三菱 FX3U-48MR</td></tr>
<tr><td>LED
数码管</td><td>直流电源

+12V、+24V</td><td>拨码
开关</td></tr>
<tr><td colspan="3">3 个热继电器</td><td></td></tr>
</table>

图 9.2　实验屏布局和用途

3) 任务三　PLC 的 I/O 分配及接线

(1) 按钮、行程开关、转换开关的使用。

如图 9.3 所示，将按钮、行程开关、转换开关进行 I/O 分配，正确接线，熟悉常开、常

闭触点的使用。

先将 PLC【S/S】端接电源 24V 正，然后按步骤①~④完成以下操作。

① 将按钮 SB1 的动合触点接到 PLC 的输入口 X0，查看按动时的输入指示灯是否点亮。

② 将行程开关 SB2 的动合触点接到 PLC 的输入口 X1，查看按动时的输入指示灯是否点亮。

③ 将旋钮开关 SB3 的动合触点接到 PLC 的输入口 X2，查看按动时的输入指示灯是否点亮。

④ 将旋钮开关 SB3 的动断触点接到 PLC 的输入口 X3，查看按动时的输入指示灯是否点亮。

(2) 将 PLC 输出 Y0 接铁塔之光实验模块上的 L1 负载。

负载是一个发光二极管串联上一个限流电阻，要使发光管亮，需注意极性要求。要保证 PLC 有输出，使二极管正向导通工作。接线如图 9.4 所示。

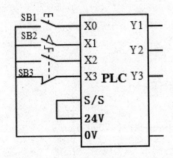

图 9.3　PLC 与按钮/行程开关的接线图

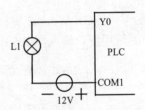

图 9.4　负载及电源与 PLC 输出端的连接

接线方法：从 12V 电源的正极→COM1；Y0→L1(正)；L1(负)→电源负极。即电源、PLC(COM1，Y0)、负载(L1)三者串联。

(3) 输入/输出外部接线原理。

输入信号的连接：漏型输入时，将 PLC 输入信号的某个端口(X000，X001，…，X027 中的某个或某些)与输入的 0V 接通，就能成功地给 PLC 送入某个输入信号，低电平有效。源型输入时，输入端口与 24V 正接通，即高电平有效。接通一般用导线加按钮开关等。

输出信号的连接：FX3U-48MR 的 PLC 是继电器输出的，有输出的时候，就是输出继电器触点闭合，也就是说，输出 COM 与输出端口(Y000，Y001，…，Y027)之间在 PLC 内部接通了。有没有输出就是输出 COM 与 Y×××之间的开关有没有闭合导通。所以要把 PLC 输出状态指示出来，或带动负载是需要外接电源的。也就是说，在输出 COM 与 Y×××之间串接上合适的电源和负载。

4. 思考与提升

(1) 将按钮 SB1 的常开触点接 X10，常闭触点接 X14，并正确连接输入。

(2) 将输出 Y14、Y15 接负载 L1、L2，正确连接电源及输出 COM。

(3) 如何使 PLC 处于 RUN 状态？

9.2　GX Works2 编程软件的使用

1. 任务目标

(1) 熟悉 MELSOFT 系列 GX Works2 编程环境和操作界面。

(2) 掌握将 GX Works2 中的程序传送到 PLC 的方法。

(3) 掌握调试程序的方法，掌握模拟仿真调试。

2. 知识要点

(1) 梯形图程序设计语言。

(2) 电路的逻辑表示及逻辑运算。

(3) 常用基本指令的编程应用。

3. 实施过程

1) 任务一　在 GX Works2 窗口编程

在梯形图编程窗口输入图 9.5 中的程序，转换并保存。

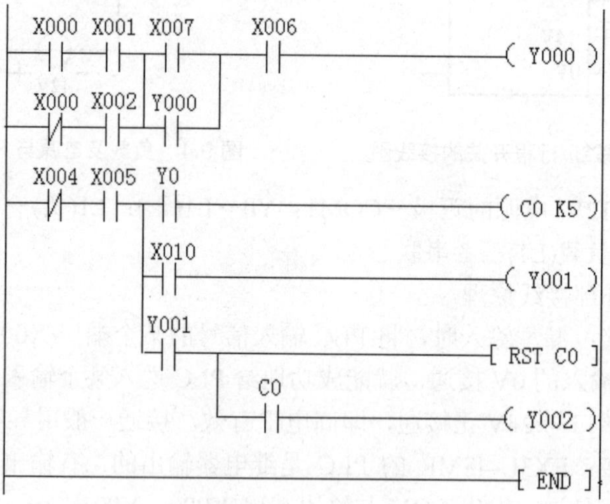

图 9.5　编写梯形图程序

做一做：

(1) 梯形图中横线、竖线的绘制与删除。

(2) 梯形图中常开、常闭触点的修改。

(3) 行的插入与删除。

2) 任务二　编程并模拟仿真

在编程窗口将图 9.6 所示梯形图输入并保存，并进行模拟仿真。

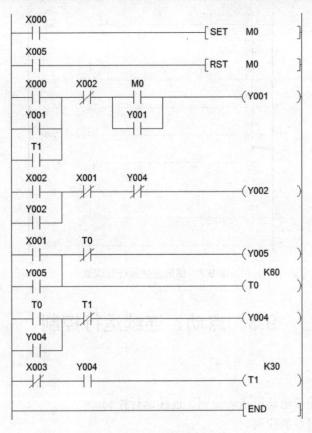

图 9.6　梯形图编程与仿真

做一做：

(1) 单击"模拟开始/停止"按钮，程序自动模拟写入 PLC，完成后单击"关闭"按钮，自动进入模拟运行状态，并处于监视状态，可以查看各软元件触点的状态。光标移动到 X0 上，右击并选择"调试"→"当前值更改"命令，在弹出的对话框中，单击"ON"，再单击"OFF"，实现按钮按动一次的操作。观察 M0 状态变化。同样，单击 X5 触点，进行模拟按动操作，查看 M0 状态。

(2) 对程序中用到的输入继电器触点，都进行模拟按动操作，观察运行结果。

3) 任务三　程序的运行与调试

将图 9.7 所示梯形图输入并保存，并将程序传入 PLC，进行监控、调试。

X0 和 X1 分别连接按钮 SB1 和 SB2 的常开触点。按下 SB1，查看 M0 的状态，T0、T1 的变化以及 C0 的变化，输出 Y0 和 Y1 的变化。按动 SB2，查看 Y0 和 Y1 的变化。

做一做：

(1) 修改 T0、T1 的设定值，查看输出 Y0、Y1 的变化。

(2) 修改 C0 的设定值，查看输出 Y1 的变化。

4. 思考与提升

(1) 分析图 9.7 中 Y1 输出的延迟时间(按动 SB1 后，过多长时间 Y1 得电)。

(2) 试画出图 9.7 的输入/输出时序波形图。

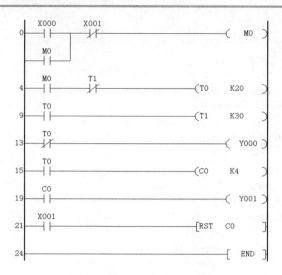

图 9.7　梯形图的运行与调试

9.3　点动、连续运行控制

1. 任务目标

(1) 实现三相异步电动机点动控制、连续运行控制。

(2) 熟悉基本指令的应用。

2. 知识要点

(1) 电气控制线路中三相异步电动机点动、连续运行的工作原理。

(2) 基本指令 LD、LDI、OR、ORI、AND、ANI、OUT。

(3) 自锁电路。

3. 实施过程

1) 任务一　点动控制

(1) 编程要求：按下按钮 SB1，KM1 得电，电动机转动；松开 SB1，KM1 失电，电动机停止。

(2) 进行 I/O 分配，编写程序，用编程软件输入程序并检验。

点动控制输入/输出端口分配表如表 9.1 所示。

表 9.1　点动控制输入/输出端口分配表

输　入		输　出	
名　称	输入点	名　称	输出点
点动按钮 SB1	X0	交流接触器 KM1	Y0
热继电器常闭触点 FR	X1		

点动控制程序如图9.8所示。

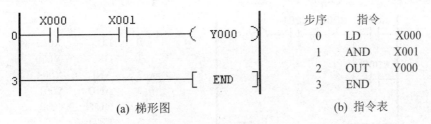

步序	指令	
0	LD	X000
1	AND	X001
2	OUT	Y000
3	END	

(a) 梯形图   (b) 指令表

图9.8 点动控制程序

当电动机正常工作时，流过电动机的三个相电流没有一个超过热继电器的动作电流，热继电器常闭触点 FR 处于闭合状态，PLC 的输入继电器 X001 是闭合的。当按下点动按钮 SB1 后，输入继电路 X000 闭合，梯形图中的输出线圈 Y000 与左母线之间全部接通，Y000 有输出。这时，交流接触器 KM1 的线圈得电，电动机工作。当松开点动按钮后，输入继电器断开，Y000 失电，电动机停止。

(3) 外部接线及调试。

按图9.9所示连接外部电器及被控对象，电动机的主电路连接见图1.17。

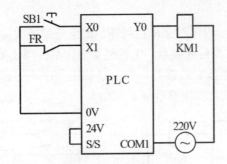

图9.9 点动控制接线图

2) 任务二 连续运转(启保停控制)

(1) 编程要求：按下按钮 SB2，KM1 得电，电动机运转，放开 SB2，电动机仍然运转；按一下 SB3，KM1 失电，电动机停止。即 SB2 为电动机的启动按钮，SB3 为电动机的停止按钮。

(2) 完成 I/O 分配，编写程序，用编程软件输入程序并检验。

连续运转控制输入/输出端口分配表，如表9.2所示。

表9.2 连续运转控制输入/输出端口分配表

输　入		输　出	
名　称	输入点	名　称	输出点
启动按钮 SB2	X2	交流接触器 KM1	Y0
停止按钮 SB3	X3		
热继电器常闭触点 FR	X1		

连续运转控制程序梯形图如图 9.10 所示。

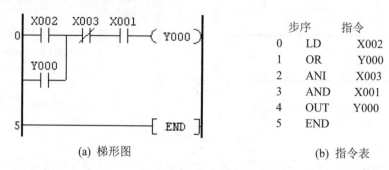

步序	指令	
0	LD	X002
1	OR	Y000
2	ANI	X003
3	AND	X001
4	OUT	Y000
5	END	

(a) 梯形图   (b) 指令表

图 9.10　连续运转控制程序梯形图

图 9.10(a)所示梯形图中，X001 对应于电动机过流保护常闭触点 FR。当没有按住 SB3 时，X003 的常闭触点是接通的。当按下起动按钮时，X002 接通，输出 Y000 与左母线之间全部接通，Y000 得电，与 X002 并联的 Y000 常开触点闭合，这时，即使 X002 断开，Y000 仍然得电。电动机一直运转。当按住 SB3 时，X003 的常闭触点断开，Y000 输出线圈失电，电动机停止。实现了启保停的自动控制。

(3) 外部接线及调试。

图 9.11(a)是图 9.10 所示程序的正确接线图。如果外部接线用图 9.11(b)，则需要把 PLC 程序中的 X003 常闭触点改为常开触点。也就是要求，不按停止按钮时，程序中对应触点是接通的，按动时断开。外接按钮的常开、常闭，决定程序中对应输入继电器的状态。两者是因果关系，不是等同关系，要注意理解。

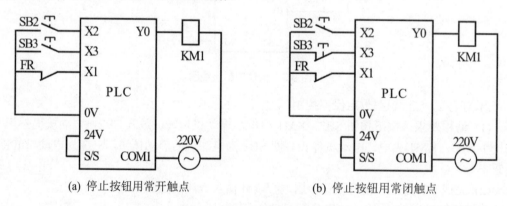

(a) 停止按钮用常开触点   (b) 停止按钮用常闭触点

图 9.11　连续运转控制接线图

3) 任务三　点动-连续运转控制

(1) 编程要求：SB1 为电动机的点动运行按钮，SB2 为电动机的连续运行按钮，SB3 为电动机的停止按钮。完成点动、连续运行控制。

(2) 完成 I/O 分配，编写程序，用编程软件输入程序并检验。

点动-连续运转控制输入/输出端口分配表如表 9.3 所示。

表 9.3　点动-连续运转控制输入/输出端口分配表

输　入		输　出	
名　称	输入点	名　称	输出点
点动按钮 SB1	X0	交流接触器 KM1	Y0
连续运行启动按钮 SB2	X2		
停止按钮 SB3	X3		
热继电器常闭触点 FR	X1		

点动-连续运转控制程序梯形图如图 9.12 所示。

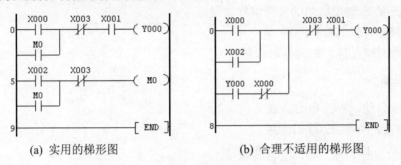

(a) 实用的梯形图　　　　　　　(b) 合理不适用的梯形图

图 9.12　点动-连续运转控制程序梯形图

图 9.12(a)中，X000 闭合，Y000 得电，X000 断开，Y000 失电，实现点动控制。当按动 X002 对应的按钮时，X002 闭合，辅助继电器 M0 得电并自锁，Y000 得电，电动机连续运转。当按动 SB3 时，使 X003 常闭触点断开，M0 和 Y000 失电，电动机停止。电动机在连续运转时，按点动按钮无效，必须按停止按钮后，点动控制才有效。图 9.12(b)在理论上，按动 X000 对应的按钮时，因不能自锁，所以放松按钮即停，实现了点动控制；当按 X002 对应按钮时，Y000 可以自锁，从而连续运转。事实上，这个电路用硬件的继电接触器来完成，一点问题都没有，因为硬件按钮"先断开常闭，后合上常开"。而在 PLC 程序中，X000 常开与常闭同时动作，存在时序竞争的现象，程序是不稳定的，调试也证明了这种编程方法不能实现点动控制。这也说明，实践是检验真理的唯一标准，工程应用中要多注意实践经验的积累。

(3) 外部接线及调试。

点动-连续运转控制外部接线图如图 9.13 所示。

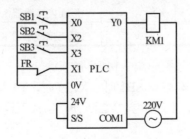

图 9.13　点动-连续运转控制外部接线图

4. 思考与提升

(1) 什么情况下，在编写 PLC 程序时需要加自锁？

(2) 外部电器按钮的常开、常闭触点与 PLC 程序中的常开、常闭触点有何关系？

9.4　电动机的 Y-△启动控制

1. 任务目标

(1) 了解降压启动的意义及各种办法。

(2) 掌握 Y-△转换启动的多种编程实现方法。

(3) 掌握定时器的编程应用。

(4) 加深对位元件与组元件的理解。

2. 知识要点

(1) 降压启动，Y-△启动的意义。

(2) 定时器 T0 和 T200 的应用。

(3) [MOV　K6　K1Y000]指令的应用。

3. 实施过程

1) 控制任务

(1) 一台三相异步电动机，要求 Y 启动，△运行。具体要求如下。

① 按下启动按钮 SB1，Y 形电动机启动(KM1 和 KM$_Y$ 接通)；2s 后电动机变为三角形运行状态(KM$_Y$ 断开、KM$_△$ 接通)。

② 按下停止按钮 SB2，电动机停止运行。

(2) 完成 I/O 分配，编写程序，用编程软件输入程序并检验。

Y-△转换启动控制输入/输出端口分配表如表 9.4 所示。

表 9.4　Y-△转换启动控制输入/输出端口分配表

输　入		输　出	
名　　称	输入点	名　　称	输出点
启动按钮 SB1	X1	交流接触器 KM1	Y1
停止按钮 SB2	X2	Y 形连接接触器 KM$_Y$	Y2
		△形连接接触器 KM$_△$	Y3

Y-△转换启动控制程序梯形图如图 9.14 所示。

图 9.14(a)程序：当按下启动按钮 SB1 时，X1 接通，Y1 得电并自锁，Y2 得电。同时，T0 开始计时；定时 2s 时间到，Y3 得电，Y2 断开。当按下停止按钮 SB2 时，Y1 失电，定时器 T0 复位，Y3 断开，电机停止。

图 9.14(b)程序：当按下启动按钮 SB1 时，X1 接通，[MOV　K6　K1Y000]使"Y3Y2Y1Y0"

＝"0110"，即 Y1=1，Y2=1，KM1、KM$_Y$ 得电，星形启动。同时，T0 开始计时，T0 计时到，[MOV　K10　K1Y000]使 "Y3Y2Y1Y0" ＝ "1010"，即 Y3=1，Y1=1，Y2=0，电机变为三角形运行状态。按下停止按钮 SB2，"Y3Y2Y1Y0" ＝ "0000"，电机停止运转。

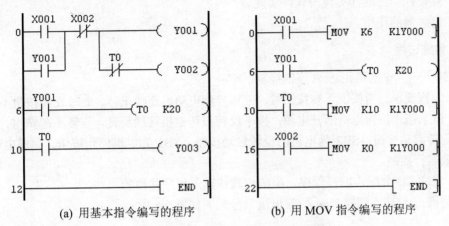

(a) 用基本指令编写的程序　　　　(b) 用 MOV 指令编写的程序

图 9.14　Y-△转换启动控制程序梯形图

(3) 外部接线及调试。

Y-△转换控制接线图如图 9.15 所示。

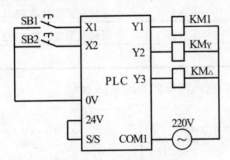

图 9.15　Y-△转换控制接线图

4. 思考与提升

编程：按下启动按钮 SB1，Y 形电动机启动(KM1 和 KM$_Y$ 接通)；3.45s 后 KM$_Y$ 断开，再过 1s 后 KM$_△$ 接通，电动机变为三角形运行状态；按下停止按钮 SB2，电动机停止运行。

9.5　电动机正/反转连锁控制

1. 任务目标

(1) 了解三相异步电动机实现正/反转的工作原理。

(2) 掌握正/反转连锁的实现。

(3) 掌握定时器的应用，编程实现延时启动、延时停止控制。

2. 知识要点

(1) 三相异步电动机正/反转工作原理。

(2) 互锁控制的硬件实现与软件实现。

(3) 定时器的使用。

3. 实施过程

1) 任务一　电动机正/反转连锁控制

(1) 编程要求：当按下正转按钮时，三相异步电动机连续正转，此时反转按钮不起作用 (互锁)；按下停止按钮电机断开电源；按下反转按钮电机连续反转，正转不起作用。SB1 为电机的正转启动按钮，SB2 为电机的反转启动按钮，SB3 为电机停止按钮。完成电动机正/反转连锁运行控制。

(2) 完成 I/O 分配，编写程序，用编程软件输入程序并检验。

电动机正/反转连锁控制输入/输出端口分配表如表 9.5 所示。

表 9.5　正/反转连锁控制输入/输出端口分配表

输　　入		输　　出	
名　称	输 入 点	名　称	输 出 点
正转启动按钮 SB1	X1	正转交流接触器 KM1	Y1
反转启动按钮 SB2	X2	反转交流接触器 KM2	Y2
停止按钮 SB3	X3		

电动机正/反转连锁控制程序梯形图如图 9.16 所示。

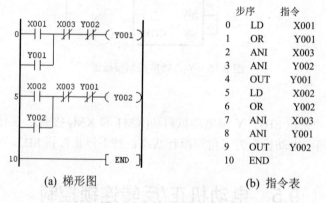

步序	指令	
0	LD	X001
1	OR	Y001
2	ANI	X003
3	ANI	Y002
4	OUT	Y001
5	LD	X002
6	OR	Y002
7	ANI	X003
8	ANI	Y001
9	OUT	Y002
10	END	

(a) 梯形图　　　　　　(b) 指令表

图 9.16　正/反转连锁控制程序梯形图

(3) 外部接线及调试。

正/反转连锁控制接线如图 9.17 所示。

2) 任务二　正/反转延时连锁控制

编程要求：SB1 为三相异步电动机的正转启动按钮，SB2 为电机的反转启动按钮，SB3 为电机停止按钮。要改为相反方向运转时，必须先停止，且停止后满 5s 才能启动相反方向的运行，相同方向则不用等待。完成电动机正/反转延时连锁运行控制。

正/反转延时启锁控制程序梯形图如图 9.18 所示。

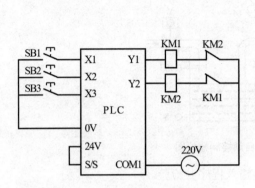

图 9.17　正/反转连锁控制接线图

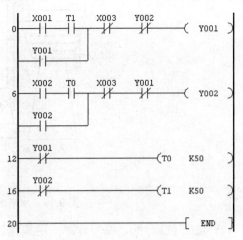

图 9.18　正/反转延时连锁控制程序梯形图

4. 思考与提升

(1) 为什么要进行连锁(互锁)？控制程序中和外部硬件接线是如何实现连锁的？

(2) 为什么要反转延时？延时时间 T0 和 T1 如何选取？

9.6　水塔水位自动控制

1. 任务目标

(1) 掌握基本指令 SET、RST 的使用。

(2) 了解液面传感器的信号定义。

(3) 熟悉水塔水位自动控制的工作过程。

2. 知识要点

(1) 启保停控制电路的应用。

(2) 用 SET、RST 指令实现启保停控制。

3. 实施过程

1) 任务一　水塔水位自动控制

(1) 编程要求：当水池水位低于水池下限水位(S4 为 ON 表示)时，电磁阀 Y 打开注水(Y 为 ON)。S4 为 OFF，表示水位高于下限水位。当水池液面高于上限水位(S3 为 ON)后，电磁阀 Y 关闭(Y 为 OFF)。当 S4 为 OFF 时，且水塔水位低于水塔下限水位(S2 为 ON)时，电机 M 运转抽水。S2 为 OFF，表示水塔水位高于下限水位。当水塔水位高于水塔上限水位(S1 为 ON)时，电机 M 停止，如图 9.19 所示。

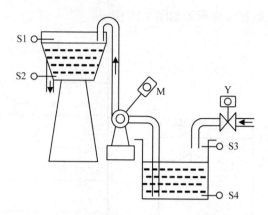

图 9.19　水塔水位自动控制模拟图

(2) 完成 I/O 分配，编写程序，用编程软件输入程序并检验。

水塔水位自动控制输入/输出端口分配如表 9.6 所示。

表 9.6　水塔水位自动控制输入/输出端口分配表

输　入		输　出	
名　称	输入点	名　称	输出点
水塔上限水位传感器信号 S1	X1	注水电磁阀 Y	Y1
水塔下限水位传感器信号 S2	X2	抽水电机 M	Y2
水池上限水位传感器信号 S3	X3		
水池下限水位传感器信号 S4	X4		

水塔水位自动控制程序梯形图如图 9.20 所示。

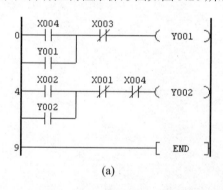
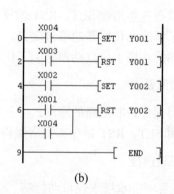

图 9.20　水塔水位自动控制程序梯形图

图 9.20(a)使用一般的输出指令(OUT 指令)，是典型的启保停电路；图 9.20(b)采用置位、复位指令，实现相同的功能。由于 SET 指令输出具有自保持，逻辑关系变得比较清晰，缺水时注水(或抽水)，水满停止。水塔不能抽水的条件是水塔满或水池没有水，所以[RST Y002]指令的前面是 X001 与 X004 的并联。

(3) 外部接线及调试。水塔水位自动控制外部接线图如图 9.21 所示。在操作演示控制过程时，要严格符合实际情况。在理解实际控制工艺的基础上，演示出所有的控制功能。首

高职高专计算机实用规划教材——案例驱动与项目实践

先是水池的注水，什么时候启动注水？什么时候停止注水？水池缺水时，打开电磁阀注水，水池满时停止注水。这是一个典型的启保停控制。初始时，所有传感器信号都没有信号。闭合 S4 表示缺水，此时 Y1 应该有输出，表示放开电磁阀注水；随着注水的进行，首先应该不再缺水，所以在操作上应该断开 S4，然后才能闭合 S3，表示水池满。在操作演示过程中，不能出现不符合实际的"既缺水又水满"的情况，即 S3 和 S4 同时有信号。水塔的抽水控制，同样是一个启保停。只是要能抽水必须"水池不缺水"，在演示时，将水池和水塔都缺水的情况演示出来，看看是否符合要求。

2) 任务二　下限水位传感器定义改变后的水塔水位自动控制

(1) 编程要求：当水池水位低于水池下限水位(S4 为 OFF)时，电磁阀 Y 打开注水(Y 为 ON)。S4 为 ON，表示水位高于下限水位。当水池液面高于上限水位(S3 为 ON)后，电磁阀 Y 关闭(Y 为 OFF)。当 S4 为 ON 时，且水塔水位低于水塔下限水位时(S2 为 OFF)，电机 M 运转抽水。S2 为 ON，表示水塔水位高于下限水位。当水塔水位高于水塔上限水位(S1 为 ON)时，电机 M 停止。

(2) 控制程序编写。

下限水位传感器信号定义改变后的控制程序梯形图如图 9.22 所示。

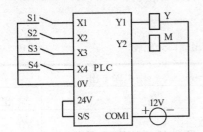

图 9.21　水塔水位自动控制外部接线图

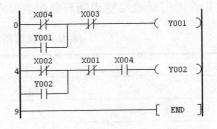

图 9.22　下限水位传感器信号定义改变后的
控制程序梯形图

对比图 9.20(a)，不难发现，只要将程序中表示下限水位的输入继电器的常开、常闭取反，即 X4 和 X2 的常开触点的地方改为常闭触点，原来常闭触点的地方改为常开触点。

(3) 外部接线及调试。

外部接线同图 9.21。

4. 思考与提升

在任务二的设计基础上增加，当水池水位低于下限水位(S4 为 OFF)时，电磁阀 Y 应打开注水，若 5s 内开关 S4 仍未由断开转为闭合，表明电磁阀 Y 未打开，出现故障，则指示灯 Y 闪烁报警。

9.7　抢答器控制

1. 任务目标

(1) 理解抢答器的控制原理。

(2) 熟悉互锁控制的编程，辅助继电器的应用，定时器的使用。

(3) 掌握七段译码程序的编写。

(4) 功能指令 MOV、SEGD。

2. 知识要点

(1) 抢答器：在竞赛、文体娱乐活动(抢答活动)中，能准确、公正、直观地判断出抢答者的机器。通过抢答者的指示灯显示、数码显示和警示显示等手段指示出第一抢答者。第一抢答者，要锁定其他抢答者不能再抢答。

(2) 抢答后，显示抢答者的组号，并提示已有人抢答。

(3) 组号的显示可以采用直接译码输出七段数码，也可以用功能指令 SEGD。

3. 实施过程

(1) 一个四组抢答器，任一组抢先按下按键后，显示器能及时显示该组的编号并使蜂鸣器发出 2s 的响声，同时锁住抢答器，使其他组按下按键无效。抢答器有复位开关，复位后可重新抢答。

(2) 完成 I/O 分配，编写程序，用编程软件输入程序并检验。

抢答器控制输入/输出端口分配表如表 9.7 所示。

表 9.7　抢答器控制输入/输出端口分配表

输　入		输　出	
名　称	输 入 点	名　　称	输 出 点
第一组抢答按钮 SB1	X1	七段数码管 A 段	Y0
第二组抢答按钮 SB2	X2	七段数码管 B 段	Y1
第三组抢答按钮 SB3	X3	七段数码管 C 段	Y2
第四组抢答按钮 SB4	X4	七段数码管 D 段	Y3
复位按钮 SB6	X6	七段数码管 E 段	Y4
		七段数码管 F 段	Y5
		七段数码管 G 段	Y6
		抢答蜂鸣指示 L1	Y10

组号直接译码的抢答器控制程序如图 9.23 所示。

程序中，M1～M4 分别为第一至四组抢答成功辅助继电器，若第一组抢答成功，则 M1 得电。同样，其他组抢答成功，对应辅助继电器得电。当某一组抢答成功后，其他各组被这一组的常闭触点断开抢答支路，抢答不再有效。

在译码显示时，若第一组抢答成功，应该显示"1"，即"B"和"C"段应点亮，也就是 Y1 和 Y2 应该有输出。所以，Y1、Y2 输出支路前接 M1 常开触点，当 M1 接通时，Y1、Y2 有输出。同理，要显示哪个数字，看哪些段需要点亮，则这些段的输出前要并上相应组号的辅助继电器。

也可以这样考虑，"A"段显示哪几个数字的时候需要点亮？应该是"2""3"，所以 M2、M3 并联在 Y0 输出前，一旦第二组或第三组抢答成功，则"A"段点亮，以显示"2"

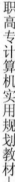

或 "3" 的 "A" 段。同理，"B" 段应该在显示 "1" "2" "3" "4" 时都点亮，所以 Y1 输出前是 M1~M4 四个辅助继电器的并联。同样的方法，编写 Y2~Y6 的输出，即 "C" ~ "G" 段的译码。

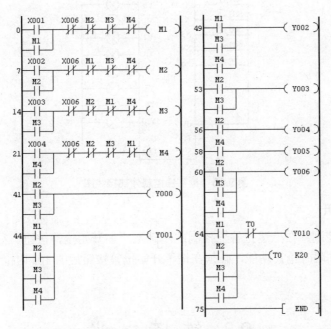

图 9.23　组号直接译码的抢答器控制程序

图 9.24 所示程序，将抢答成功的组号放入数据寄存器 D0；复位时，D0 中存放数据 "0"。再用功能指令 SEGD，将 D0 中的数据七段译码后在 Y0~Y7 上输出。同样达到组号的译码显示。不同的是，复位后，显示 "0"，而在图 9.23 所示程序中，复位后不显示，即数码管不亮。

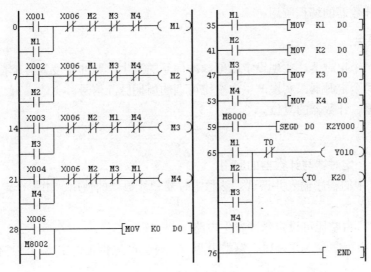

图 9.24　用译码指令的抢答器控制程序

(3) 外部接线及调试。

抢答器控制外部接线图如图 9.25 所示。

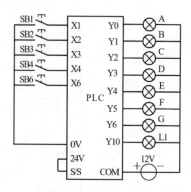

图 9.25　抢答器控制外部接线图

4. 思考与提升

限时抢答器控制：在上述抢答器控制的基础上，加开始抢答按钮，只有按了该按钮，抢答才有效。增加限时抢答功能，必须在按了开始抢答按钮后的 10s 内抢答才有效，过 10s 后该题作废。

9.8　铁　塔　之　光

1. 任务目标

(1) 学习用定时器产生设定周期的脉冲信号。

(2) 掌握用定时器产生高、低电平时间可设定的脉冲信号。

(3) 掌握计数器的编程应用。

2. 知识要点

(1) 使用一个定时器，实现设定周期脉冲信号的产生，脉冲宽度为一个扫描周期。

(2) 使用两个定时器，实现产生占空比可调的周期脉冲信号。

(3) 定时器、计数器的复位。

3. 实施过程

1) 任务一　定时器与计数器的应用

将图 9.26 中的程序输入并调试。熟悉定时器和计数器的使用。由单个定时器产生指定周期的脉冲信号。

2) 任务二　占空比可设定脉冲发生电路

将图 9.27 中程序输入并调试。熟悉由两个定时器产生指定占空比的脉冲信号。

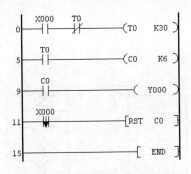

图 9.26　定时器与计数器的应用

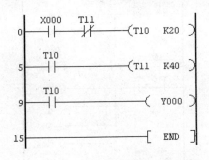

图 9.27　占空比可设定脉冲发生器

3) 任务三　铁塔之光自动控制

(1) 某电视发射塔上有 9 盏夜间闪光灯。用 PLC 实现发射形闪烁。即合上开关 SB12 后，L1 亮 2s 后灭→L2、L3、L4、L5 亮 2s 后灭→L6、L7、L8、L9 亮 2s 后灭→L1 亮 2s 后灭……如此循环。

(2) 完成 I/O 分配，编写程序，用编程软件输入程序并检验。

铁塔之光控制输入/输出端口分配表如表 9.8 所示。

表 9.8　铁塔之光控制输入/输出端口分配表

输　入		输　出	
名　称	输入点	名　称	输出点
启停开关 SB12	X10	闪光灯 L1	Y0
		闪光灯 L2	Y1
		闪光灯 L3	Y2
		闪光灯 L4	Y3
		闪光灯 L5	Y4
		闪光灯 L6	Y5
		闪光灯 L7	Y6
		闪光灯 L8	Y7
		闪光灯 L9	Y10

铁塔之光控制程序如图 9.28 所示。

(3) 外部接线及调试。

铁塔之光控制外部接线图如图 9.29 所示。

4. 思考与提升

(1) 图 9.28 所示的铁塔之光控制程序为什么能够实现不断地循环？

(2) PLC 运行后，灯光自动开始显示，有时每次一个灯，向上依次轮流点亮，然后又自上而下依次点亮熄灭；有时从上而下依次全部点亮，然后又从下向上依次熄灭；如此循环。

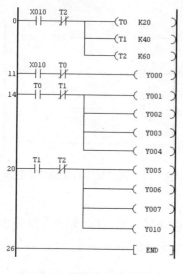

图 9.28　铁塔之光控制程序

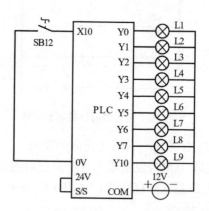

图 9.29　铁塔之光控制外部接线图

9.9　物料传送系统自动控制

1. 任务目标

(1) 掌握步进指令 STL、RET 的应用及状态编程。

(2) 掌握接力式延迟启动与停止。

(3) 掌握定时起点的灵活选择。

2. 知识要点

(1) 选择性分支的状态编程。

(2) 延时顺序启动的编程方法和延时顺序停止的编程方法。

(3) 同一起点定时器开始计时与接力式定时。

3. 实施过程

(1) 物料传送系统自动控制,某一生产线的末端有一台物料传送系统,分别由 M1、M2、M3 三台电动机拖动。物料传送系统的启动和停止分别由启动按钮(SB1)和停止按钮(SB2)来控制。由 SB12 按钮开关设置自动方式和手动方式,具体设置如下。

① 自动方式:启动时要求按 5s 的时间间隔,并按 M1→M2→M3 的顺序启动;停止时按 6s 的时间间隔,并按 M1→M2→M3 的顺序停止。

② 手动方式:按下启动按钮,M1、M2、M3 同时启动;按下停止按钮,三台电动机同时停止。

物料传送系统自动控制模拟图如图 9.30 所示。

(2) 完成 I/O 分配,编写程序,用编程软件输入程序并检验。

物料传送系统自动控制输入/输出端口分配表如表 9.9 所示。

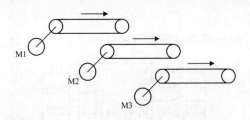

图 9.30　物料传送系统自动控制模拟图

表 9.9　物料传送系统自动控制输入/输出端口分配表

输　入		输　出	
名　称	输 入 点	名　称	输 出 点
启动按钮 SB1	X0	M1 交流接触器 KM1	Y1
停止按钮 SB2	X1	M2 交流接触器 KM2	Y2
自动循环 SB12-0	X2	M3 交流接触器 KM3	Y3
手动 SB12-1	X3		

　　物料传送系统自动控制程序的编写，首先依据控制要求，分成两种工作方式，即手动与自动。这两种工作方式是相互独立的，可以把这两种方式作为两个 SFC 状态。S0 为自动循环工作状态，S1 为手动工作状态。这样就可以分别考虑各个状态的编程，简化了编程复杂度。对于自动状态，可以先实现顺序启动的过程[启动过程的编程如图 9.31(a)所示]，然后考虑加上停止的常闭触点。由简单到复杂，一步一步地完成所要求的控制功能。

　　物料传送系统自动控制程序梯形图如图 9.31(b)所示。

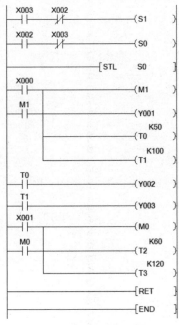

(a) 延时启动的编程

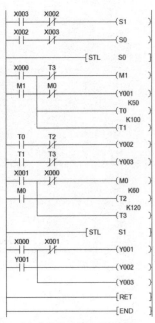

(b) 全功能控制梯形图

图 9.31　物料传送系统自动控制程序梯形图

(3) 外部接线及调试。

物料传送系统自动控制外部接线图如图 9.32 所示。

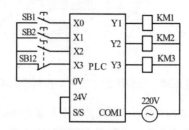

图 9.32　物料传送系统自动控制外部接线图

4. 思考与提升

自动方式：启动时要求按 5s 的时间间隔，并按 M1→M2→M3 的顺序启动；停止时按 6s 的时间间隔，并按 M3→M2→M1 的顺序停止。

第 10 章 可编程控制器综合应用实践

教学提示

本章的综合应用实践项目是常见的典型控制课题，通过学习可较全面地掌握 PLC 控制系统的设计方法、编程思路和接线原理等，培养学生的工程应用能力。本章项目包括十字路口交通灯控制、数码显示控制、自动送料装车系统、液体自动混合、步进电机控制、四层电梯控制等。在这些项目中将尽量使用功能指令来简化编程，以便学习功能指令的应用。教学过程中注重学生的思维引导，鼓励学生用不同的指令、不同的编程方法来实现相同的控制功能。

教学目标

通过对本章的学习与动手实践，掌握典型控制项目的 PLC 系统设计、各种控制功能的程序实现，学会常用功能指令的使用，培养学生的综合应用能力。

10.1 十字路口交通信号灯控制

1. 课题设计要求

某十字路口，南北向和东西向分别有绿、黄、红各两组信号灯。开关合上后，东西绿灯亮 4s 后闪两次(0.5s 亮, 0.5s 灭)→黄灯亮 2s 灭→南北接着绿灯亮 4s 后闪两次(0.5s 亮, 0.5s 灭)→黄灯亮 2s；如此循环。当东西绿灯亮、绿灯闪、黄灯亮时，对应南北红灯亮。而当南北绿灯亮、绿灯闪、黄灯亮时，对应东西红灯亮。

图 10.1 所示为十字路口交通灯模拟图和信号灯时序波形图。

2. 实践硬件支持

(1) PLC 应用综合实验实训考核台。

(2) 十字路口交通灯实验单元模块、按钮开关模块。

(3) 各种连接导线。

3. 课题原理与提示

(1) 步进指令及状态编程。

(2) 指定周期方波信号的产生。

(3) 信号的跨状态输出。

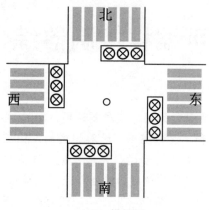

北

西　　○　　东

南

(a) 模拟图

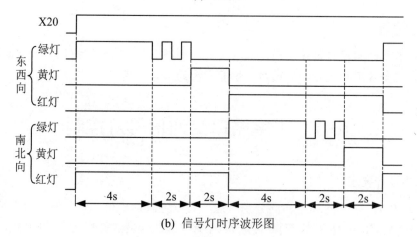

(b) 信号灯时序波形图

图 10.1　十字路口交通灯控制

4. 课题实施过程

1) I/O 分配

十字路口交通灯控制输入/输出端口分配表如表 10.1 所示。

表 10.1　十字路口交通灯控制输入/输出端口分配表

输　入		输　出	
名　称	输入点	名　称	输出点
启停开关 SB12	X20	东西向绿灯	Y20
		东西向黄灯	Y21
		东西向红灯	Y22
		南北向绿灯	Y23
		南北向黄灯	Y24
		南北向红灯	Y25

2) 控制程序编写

十字路口交通灯控制程序梯形图如图 10.2 所示。

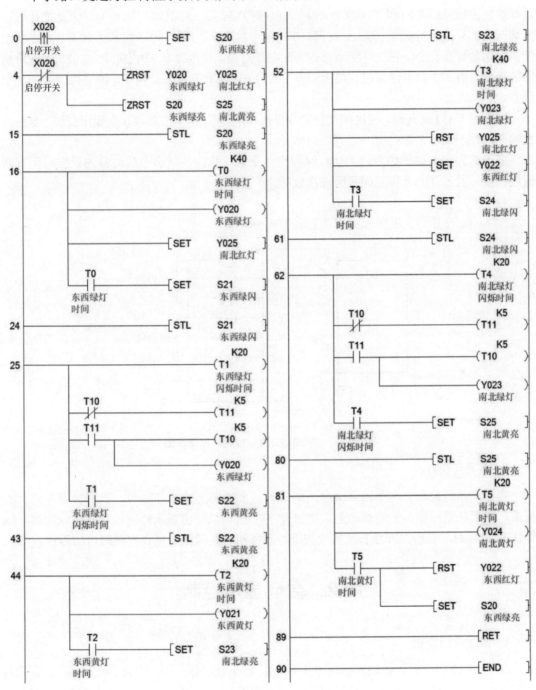

图 10.2　十字路口交通灯控制程序梯形图

程序中采用步进状态编程，将交通灯的循环分为 6 个状态 S20～S25，分别对应于东西向绿灯、东西向绿灯闪烁、东西向黄灯、南北向绿灯、南北向绿灯闪烁、南北向黄灯。在

SB12 开关闭合的上升沿，S20 状态被激活，这时东西向绿灯点亮，同时南北向红灯点亮。经过 T0 设定的 4s 时间，便转移到 S21 状态，即东西向绿灯闪烁状态。在这个状态，绿灯闪烁的脉冲信号由 T10 和 T11 联合产生，使绿灯 0.5s 灭 0.5s 亮，周期为 1s，因此要让绿灯闪烁两次，只需维持这个状态 2s 时间。T1 定时 2s 时间到后，转移到 S22 状态。S22 状态使东西向黄灯点亮 2s。在这 3 个状态，南北向红灯亮，在 S20 状态用[SET Y025]实现跨状态的输出。当 S22 状态结束时，用[RST Y025]关闭南北向红灯。同理，编写接下来的 3 个状态。

当开关 SB12 断开时，用区间复位指令(ZRST)把所有 6 个状态和 6 个输出复位，东西南北的红、绿、黄灯全部熄灭。

采用这种状态编程的方法，使红绿灯交替变化。修改各状态中定时器的设定时间，修改红、绿、黄各灯的点亮时间及闪烁次数等。

3) 接线与调试

十字路口交通灯控制外部接线图如图 10.3 所示。

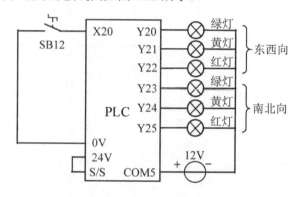

图 10.3　十字路口交通灯控制外部接线图

5. 思考与提升

为了满足当某个方向车流量大时，能延长这个方向上的绿灯时间，以增加该方向上的流量，需要在原控制要求的基础上，增加暂停按钮(可以停留在东西向绿灯状态或南北向绿灯状态)，使对应状态时间延长，再次按下暂停按钮，红绿灯恢复设定时间自动运行。

10.2　数码显示控制

1. 课题设计要求

开关 SB12 闭合时，数码管循环显示 0~9，每个数字显示 1s。SB12 断开时，无显示或显示 0。

2. 实践硬件支持

(1) 铁塔之光/LED 数码管显示实验单元模块、按钮开关模块。

(2) PLC 应用综合实验实训考核台。

(3) 各种连接导线。

3. 课题原理与提示

(1) 数码管的 ABCDEFG 七段对应 Y0~Y6，计数器循环计数。

(2) 用数据寄存器存放变化的数字，用 INC(加 1)指令使数字不断递增，用 CMP(比较)指令实现数据的循环。

(3) 也可以用功能指令直接七段译码。

4. 课题实施过程

1) I/O 分配

数码显示控制输入/输出端口分配表如表 10.2 所示。

表 10.2　数码显示控制输入/输出端口分配表

输　入		输　出	
名　称	输入点	名　称	输出点
启停开关 SB12	X10	七段数码管 A 段	Y0
		七段数码管 B 段	Y1
		七段数码管 C 段	Y2
		七段数码管 D 段	Y3
		七段数码管 E 段	Y4
		七段数码管 F 段	Y5
		七段数码管 G 段	Y6

2) 控制程序编写

数码显示控制程序梯形图如图 10.4 所示。

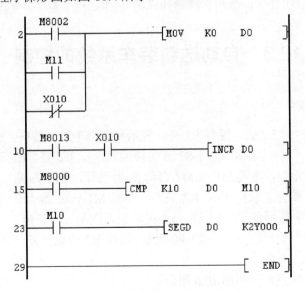

图 10.4　数码显示控制程序梯形图

用数据寄存器 D0 存放变化的数字 0～9。用特殊功能继电器 M8013 产生秒脉冲,采用加 1 指令使 D0 中的数据不断递增,每过一秒加 1。当 D0 中的数据递增到 10 时,D0 中再次赋值为 0。

程序中的 M8002 对程序初始化,把 K0(十制数 0)放入数据寄存器 D0 中。当比较指令(CMP)的比较结果为等于时(D0=10),M11=1,则 D0 中赋值 0。

当 SB12 断开时,D0=0,[INCP D0]指令不工作,数码管上显示 0。

3) 接线与调试

数码显示控制外部接线图如图 10.5 所示。

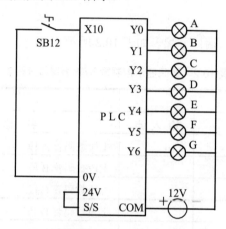

图 10.5 数码显示控制外部接线图

5. 思考与提升

(1) 当 SB12 开关闭合时,数码管就循环显示 0～A,每个数字显示 0.5s;当 SB12 开关断开时,数码管上显示"H"。

(2) 当 SB12 开关闭合时,数码管就循环显示 9～0,每个数字显示 0.8s。

10.3 自动送料装车系统的控制

1. 课题设计要求

(1) 初始状态,红灯 L2 灭,绿灯 L1 亮,表示允许汽车进来装料。料斗 K2,电机 M1、M2、M3 皆为 OFF。当汽车到来时(用 S2 开关接通表示),L2 亮,L1 灭,M3 运行,电机 M2 在 M3 接通 2s 后运行,电机 M1 在 M2 启动 2s 后运行,延时 2s 后,料斗 K2 打开出料。当汽车装满后(用 S2 断开表示),料斗 K2 关闭,电机 M1 延时 2s 后停止,M2 在 M1 停 2s 后停止,M3 在 M2 停 2s 后停止。L1 亮,L2 灭,表示汽车可以开走。

(2) S1 是料斗中料位检测开关,其闭合表示料满,K2 可以打开;S1 分断时,表示料斗内未满,K1 打开,K2 不打开。

自动送料装车系统模拟图如图 10.6 所示。

2. 实践硬件支持

(1) 自动送料装车系统实验单元模块、按钮开关模块。

(2) PLC 应用综合实验实训考核台。

(3) 各种连接导线。

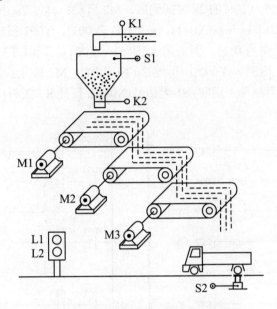

图 10.6　自动送料装车系统模拟图

3. 课题原理与提示

(1) 用 M8002 特殊功能继电器进行初始化。

(2) 可以用两个状态分别表示"汽车到""汽车装满"，进行分状态编程。

4. 课题实施过程

1) I/O 分配

自动送料装车系统输入/输出端口分配表如表 10.3 所示。

表 10.3　自动送料装车系统输入/输出端口分配表

输　入		输　出	
名　称	输入点	名　称	输出点
料位检测 S1	X0	料斗进料 K1	Y0
汽车到/装满 S2	X1	料斗放料 K2	Y1
		电动机 M1	Y2
		电动机 M2	Y3
		电动机 M3	Y4
		绿灯 L1	Y5
		红灯 L2	Y6

2) 控制程序编写

自动送料装车系统控制程序梯形图如图 10.7 所示。M8002 对程序进行初始化,绿灯亮,红灯灭,其余输出均 OFF。

装料的汽车到,S2 闭合,X1=1,X1 上升沿使绿灯灭、红灯亮;电机 M3 得电运行,同时定时器 T0 开始计时,定时的 2s 时间到后,M2 启动;再过 2s(由 T1 定时),M1 启动;再过 2s(由 T2 定时),如果料斗满(X0=1),则[SET Y001],Y001 得电,打开 K2 放料。

汽车装满(X1 由 1 变为 0)后,则关闭 K2[RST Y001],同时 T3 开始计时;T3 计时时间到后,电机 M1 停止[RST Y002];再过 2s(T4 定时),M2 停止;再过 2s(T5 定时),M3 停止,红灯灭,绿灯亮。当料斗不满时,S1 无信号(X0=0),打开 K1 进料(Y0=1);料斗满(X0=1),停止进料(Y0=0)。

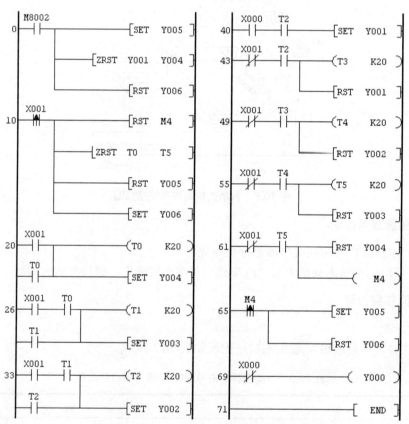

图 10.7　自动送料装车系统控制程序梯形图

3) 接线与调试

自动送料装车系统外部接线图如图 10.8 所示。

5. 思考与提升

(1) 根据上述控制要求,如何增加车辆计数功能?

(2) 采用步进状态编程来实现本课题设计要求。

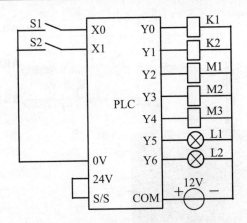

图 10.8　自动送料装车系统控制外部接线图

10.4　液体自动混合控制装置

1. 课题设计要求

1) 任务一　液体自动混合控制 1

在液体混合罐上有三个电磁阀和一个搅拌电动机，如图 10.9 所示。Y1、Y2 电磁阀控制不同液体注入，Y4 控制液体排出。电动机 M 用于搅拌混合液体。要求如下。

(1) 初始状态时容器空，Y1、Y2、Y4 电磁阀和搅拌系统均为 OFF，液面传感器 L1、L2、L3 均为 OFF。

(2) 按下 SB1 按钮，Y1 为 ON，开始注入液体 A，液面升到 L2 时(此时 L2、L3 为 ON)，Y1=OFF，停止注入；打开液体 B 电磁阀(Y2=ON)，注入液体 B，液面升至 L1=ON，关闭 B 阀门(Y2=OFF)。开启搅拌机 M，搅拌混合 6s 后停止。然后，排放混合液体，Y4=ON，当液面降至 L3 时，再经过 3s 容器即可放空，使 Y4=OFF。由此完成一个混合搅拌周期，随后将周期性自动循环。

(3) 当按下 SB2(停止)开关，操作完毕后，停止操作，回到初始状态。

2) 任务二　液体自动混合控制 2

在液体混合罐上有三个电磁阀和一个搅拌电动机。Y1、Y2 电磁阀控制不同液体注入，Y4 控制液体排出。电动机 M 用于搅拌混合液体。加热器 H 用于给液体加热。要求如下。

(1) 初始状态时容器空，Y1、Y2、Y4 电磁阀和搅拌系统均为 OFF，液面传感器 L1、L2、L3 均为 OFF。

(2) 按下 SB1(启动)按钮，Y2 为 ON，开始注入液体 B，液面升到 L2 时(此时 L2、L3 为 ON)，Y2=OFF，停止注入；打开液体 A 电磁阀(Y1=ON)，注入液体 A，液面升至 L1=ON，关闭 A 阀门(Y1=OFF)。开启搅拌机 M，搅拌混合 5s 后停止。加热器 H 开始工作。

(3) 当液体温度达到指定的温度时，温度传感器 T=ON，加热器停止工作 H=OFF。然后，排放混合液体，Y4=ON，当液面降至 L3 时，再经过 3s 容器即可放空，使 Y4=OFF。由此完成一个混合搅拌加热周期，随后将自动停止。

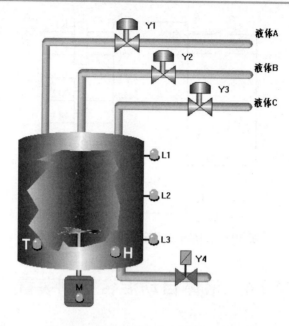

图 10.9 液体自动混合控制装置模拟图

2. 实践硬件支持

(1) 多种液体自动混合实验单元模块、按钮开关模块。

(2) PLC 应用综合实验实训考核台。

(3) 各种连接导线。

3. 课题原理与提示

(1) 液面传感器均为有水时有信号输出,无水时无信号输出。

(2) 自动信号产生电路只适用于任务一。

(3) 混液过程开始后,必须完成完整的混合过程才能停止。

4. 课题实施过程

1) I/O 分配

液体自动混合控制输入/输出端口分配表如表 10.4 所示。

表 10.4 液体自动混合控制输入/输出端口分配表

输 入		输 出	
名　　称	输入点	名　　称	输出点
开始按钮 SB1	X0	注液电磁阀 Y1	Y1
停止按钮 SB2	X5	注液电磁阀 Y2	Y2
液面传感器 L1	X1	排液电磁阀 Y4	Y4
液面传感器 L2	X2	搅拌电动机 M	Y5
液面传感器 L3	X3	加热器 H	Y6
温度传感器 T	X4		

2) 控制程序编写

任务一控制程序如图 10.10(a)所示。辅助继电器 M0 作为启停控制用，按下开始按钮，M0 得电，按下停止按钮，M0 失电。液体混合工作过程如下。

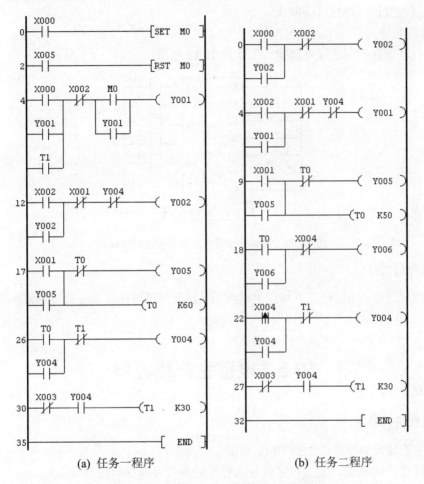

(a) 任务一程序　　　　　　(b) 任务二程序

图 10.10　液体自动混合控制装置梯形图

(1) 按下开始按钮，打开电磁阀 Y1(Y1=1)，并自锁，注入液体 A。

(2) 当液面达到 L2(X2=1)时，电磁阀 Y1 关闭(Y1=0)，打开电磁阀 Y2，注入液体 B。为了防止在排放液体时也会打开 Y2，在 Y2 输出前串联 Y4 的常闭触点，以保证排放液体时不会注入液体 B。

(3) 当液体升高至 L1(X1=1)时，关闭电磁阀 Y2，同时，搅拌电动机开始工作(Y5=1)、T0 开始计时。

(4) T0 设定的 6s 时间到，搅拌电动机停止工作，同时打开排液电磁阀 Y4，开始排放混合液体。

(5) 当液面下降到 L3 以下(X3=0)时，定时器 T1 开始计时，3s 后排空混合液体，关闭 Y4，同时自动进入下一个混液过程(即程序中的第 6 步，T1 的常开触点与 X0 的常开触点并联来实现)。

当按下停止按钮时，M0 失电断开，如果 Y1 没有在输出，则当前混液过程结束时，自动停止；如果 Y1 已经在注入液体 A，则表示已经开始了一个混液过程，Y1 不能马上停止注入。所以在 M0 常开触点上并联 Y1，加以锁住，以保证一个完整的混液过程结束后才停止。

任务二控制程序如图 10.10(b)所示。控制任务要求增加液体的加热，要求按一下开始，执行一次混液过程，然后自动停止。

3) 接线与调试

液体自动混合控制装置外部接线图如图 10.11 所示。

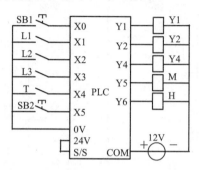

图 10.11　液体自动混合控制装置外部接线图

5. 思考与提升

在混液过程中，如果打开了相应电磁阀 10s 后液面仍未达到相应的传感器，则关闭电磁阀并报警。

10.5　电镀生产线控制

1. 课题设计要求

电镀生产线控制模拟图如图 10.12 所示。

在电镀生产线左侧，工人将零件装入行车的吊篮并发出自动启动信号，行车提升吊篮并自动前进。按工艺要求在需要停留的槽位停止，并自动下降。在停留一段时间后自动上升，如此完成工艺规定的每一道工序直至生产线末端，行车便自动返回原始位置，并由工人装卸零件。

工作流程如下。

(1) 返回原位：表示设备处于初始状态，吊钩在下限位置，行车在左限位置。

自动工作过程：启动→吊钩上升→上限行程开关闭合→右行至 1 号槽→XK1 行程开关闭合→吊钩下降进入 1 号槽内→下限行程开关闭合→电镀延时 3s→吊钩上升→上限行程开关闭合→右行至 2 号槽→XK2 行程开关闭合→吊钩下降进入 2 号槽内→下限行程开关闭合→电镀延时 3s→吊钩上升→上限行程开关闭合→右行至 3 号槽→XK3 行程开关闭合→吊钩下降进入 3 号槽内→下限行程开关闭合→电镀延时 3s→吊钩上升→上限行程开关闭合→左行至左限位→吊钩下降至下限位(即原位)。

(2) 连续工作：当吊钩回到原点后，延时一段时间(装卸零件)，自动上升右行。按照工作流程要求不停地循环。当按下"停止"按钮时，设备并不立即停车，而是完成整个工作

高职高专计算机实用规划教材——案例驱动与项目实践

周期后返回原点，再停车。

(3) 单周期操作：设备始于原位，按下启动按钮，设备工作一个周期，然后停于原位。要重复第二个工作周期，必须再按一下启动按钮。当按下"停止"按钮时，设备立即停车，按下"启动"按钮后，设备继续运行。

(4) 步进操作：每按下启动按钮，设备只向前运行一步。

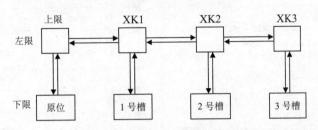

图 10.12　电镀生产线控制模拟图

2. 实践硬件支持

(1) 电镀生产线实验单元模块、按钮开关模块。

(2) PLC 应用综合实验实训考核台。

(3) 各种连接导线。

3. 课题原理与提示

顺序控制类课题，用步进状态编程。

4. 课题实施过程

1) I/O 分配

电镀生产线控制输入/输出端口分配表如表 10.5 所示。

表 10.5　电镀生产线控制输入/输出端口分配表

输　入		输　出	
名　称	输入点	名　称	输出点
下限位开关	X0	上升	Y0
上限位开关	X1	下降	Y1
左限位开关	X2	右行	Y3
1 号槽行程开关 XK1	X3	左行	Y4
2 号槽行程开关 XK2	X4	原位指示	Y7
3 号槽行程开关 XK3	X5	原位装卸	Y10
返回原位	X6	1 号槽处理	Y11
连续工作	X7	2 号槽处理	Y12
启动按钮	X10	3 号槽处理	Y13
停止按钮	X11		
步进操作	X12		
单周期操作	X13		

2) 控制程序编写

电镀生产线控制程序梯形图如图 10.13 所示。

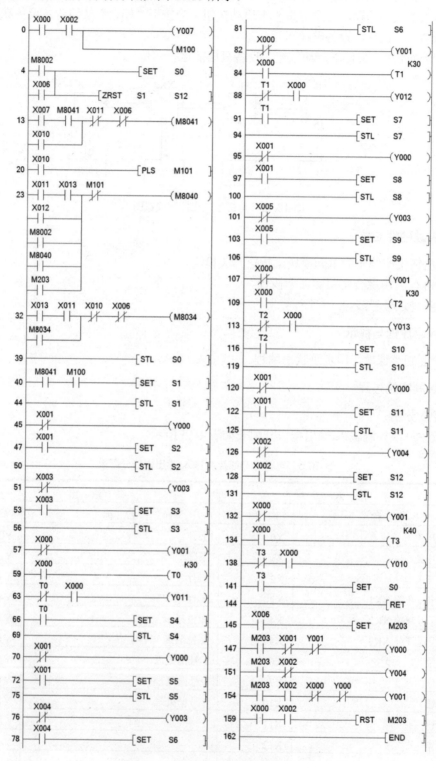

图 10.13　电镀生产线控制程序梯形图

程序中所用软元件说明如表 10.6 所示。

表 10.6 电镀生产线控制所用软元件说明

元件名称	说　明	元件名称	说　明
M100	吊钩在原位	S2	行车从原位上方移动到 1 号槽上方
M8002	初始化脉冲	S3	吊篮下降到 1 号槽中，并电镀处理
M8041	允许状态转移	S4	吊篮从 1 号槽上升
M8040	禁止状态转移	S5	吊篮右行至 2 号槽上方
M101	辅助启动	S6	吊篮下降到 2 号槽中，并电镀处理
M8034	禁止所有输出	S7	吊篮从 2 号槽上升
M203	辅助返回原位	S8	吊篮右行至 3 号槽上方
T1	1 号槽处理时间	S9	吊篮下降到 3 号槽中，并电镀处理
T2	2 号槽处理时间	S10	吊篮从 3 号槽上升
T3	3 号槽处理时间	S11	吊篮左行至左限位
S0	初始状态	S12	吊篮下降至原位
S1	吊篮从原位上升状态		

3) 接线与调试

电镀生产线控制外部接线图如图 10.14 所示。

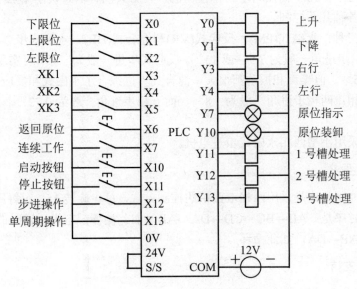

图 10.14 电镀生产线控制外部接线图

操作过程如下。

(1) 按下"原点"开关，设备处于初始位置，即零件位于左下方，此时原点指示灯亮。

(2) 按下"连续工作"开关，再按"启动"按钮，设备连续工作，观察设备的工作过程。按停止按钮，观察设备如何停止。

(3) 按下"单周期"开关,选择单周期工作方式,按"启动"按钮,设备工作一个周期后,应停于原位。在设备工作过程中按"停止"按钮,观察设备是否立即停止,再按下"启动"按钮,观察设备是否继续工作。

(4) 按下"单步"开关,选择单步工作方式,每按一下启动按钮,设备只工作一步。

5. 思考与提升

(1) 试分析返回原位的操作、程序执行过程。

(2) 试分析单周期操作的程序执行过程。

10.6 步进电机控制

步进电机作为执行元件,是机电一体化的关键产品之一,广泛应用在各种自动化控制系统中。随着微电子和计算机技术的发展,步进电机的需求量与日俱增,在各个国民经济领域中都有应用。

步进电机是一种将电脉冲转化为角位移的执行机构。当步进驱动器接收到一个脉冲信号时,它就驱动步进电机按设定的方向转动一个固定的角度(称为"步距角"),它的旋转是以固定的角度一步一步运行的。可以通过控制脉冲个数来控制角位移量,从而达到准确定位的目的;同时可以通过控制脉冲频率来控制电机转动的速度和加速度,从而达到调速的目的。步进电机可以作为一种控制用的特种电机,利用其没有积累误差(精度为 100%)的特点,广泛应用于各种开环控制。

步进电机分三种:永磁式(PM)、反应式(VR)和混合式(HB)。永磁式步进一般为两相,转矩和体积较小,步进角一般为 7.5° 或 15°。反应式步进一般为三相,可实现大转矩输出,步进角一般为 1.5°,但噪声和振动都很大。混合式步进综合了永磁式和反应式的优点。它又分为两相和五相:两相步进角一般为 1.8°,而五相步进角一般为 0.72°。这种步进电机的应用最为广泛。

本课题实验采用小型四相永磁式步进电机。

1. 课题设计要求

步进电机的控制方式是采用四相双四拍的控制方式,每步旋转 15°,每周走 24 步。电机正转时的供电时序是:AB→BC→CD→DA→AB,如此循环;电机反转时的供电时序是:DA→CD→BC→AB→DA,如此循环。

2. 实践硬件支持

(1) 步进电机实验单元模块、按钮开关模块。

(2) PLC 应用综合实验实训考核台。

(3) 各种连接导线。

3. 课题原理与提示

步进电机单元设有一些开关,其功能如下。

(1) 启动/停止开关：控制步进电机连续运转和单步运转的启动或停止。

(2) 正转/反转开关：控制步进电机正转或反转。

(3) 速度开关：控制步进电机连续运转。其中：速度Ⅰ的速度为 62.5r/min(脉冲周期为 40ms)，速度Ⅱ的速度为 15.6r/min(脉冲周期为 160ms)，速度Ⅲ的速度为 8.93r/min(脉冲周期为 280ms)，速度Ⅳ的速度为 6.25r/min(脉冲周期为 400ms)。

(4) 单步运转，当四个速度开关全部弹起(断开)时，按一下单步按钮，电机运行一步。

4. 课题实施过程

1) I/O 分配

步进电机控制输入/输出端口分配表如表 10.7 所示。

表 10.7　步进电机控制输入/输出端口分配表

输　入		输　出	
名　称	输入点	名　称	输出点
启动/停止开关	X6	步进电机 A 相	Y10
正转/反转开关	X0	步进电机 B 相	Y11
速度Ⅰ	X1	步进电机 C 相	Y12
速度Ⅱ	X2	步进电机 D 相	Y13
速度Ⅲ	X3		
速度Ⅳ	X4		
手动单步按钮	X5		

2) 控制程序编写

步进电机控制程序梯形图如图 10.15 所示。S0～S3 对应于步进电机的四拍。T200、T201 联合产生周期为 40ms 的脉冲信号，即速度Ⅰ所需要的步进脉冲；T202、T203 联合产生周期为 160ms 的脉冲信号，即速度Ⅱ所需要的步进脉冲；T204、T205 联合产生周期为 280ms 的脉冲信号，即速度Ⅲ所需要的步进脉冲；T206、T207 联合产生周期为 400ms 的脉冲信号，即速度Ⅳ所需要的步进脉冲。

M8002 初始化脉冲，允许状态转移[RST　M8040]。当停止时，X6=1，S0～S3 被复位，Y10～Y13 输出复位。当启动时(X6=0)，每来一个步进脉冲，通过左移位指令[SFTLP　M0　M1　K3　K1] 使 M3、M2、M1、M0 四位输出，在 0001→0010→0100→1000 四种组合中循环。对应 S0～S3，以实现四拍不同的输出组合。在每一个状态，X0 决定不同的相得电，实现正转还是反转。

单步运转时，四个速度开关都断开，定时器 T200～T207 不计时，不产生步进脉冲给左移位指令。这时，按一下单步按钮，X5 接通一下，S0～S3 中的活动状态向下转移一个，电机运行一步。

3) 接线与调试

步进电机控制外部接线图如图 10.16 所示。

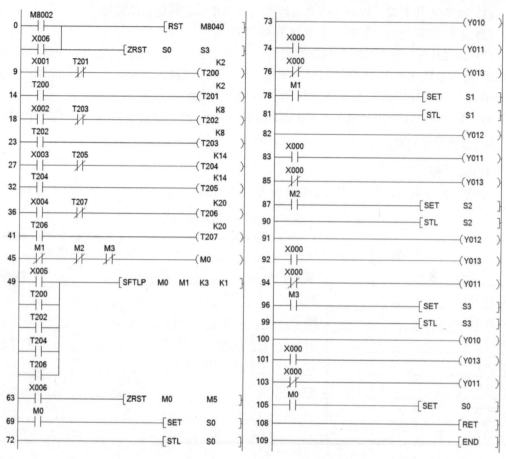

图 10.15　步进电机控制程序梯形图

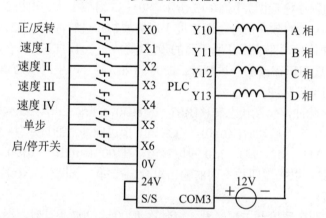

图 10.16　步进电机控制外部接线图

按下列步骤进行实验操作。

(1) 将正转/反转开关设置为正转。

(2) 分别选定速度Ⅰ、速度Ⅱ、速度Ⅲ和速度Ⅳ，然后将启动/停止开关置为"启动"，观察电动机如何运行。按停止按钮，使电机停转。

(3) 将正转/反转开关，设置为"反转"，重复步骤(2)的操作。

选定速度 I 挡，进入手动单步方式，启动/停止开关设置为启动时，每按一下单步按钮，电机进一步。将启动/停止开关设置为"停止"，使步进电机退出工作状态。尝试正反转。

5. 思考与提升

(1) 如何改变步进电机的转速？

(2) 如果采用 200ms 的脉冲，则转速是多少？

(3) 编写一个使步进电机正转 3.5 圈、反转 3 圈的循环程序。

10.7　机械手自动控制及组态设计

1. 课题设计要求

某机械手要求实现：向左移动→下降→抓工件→上升→向右移动→放工件→向左移动，如此循环。其 I/O 分配表如表 10.8 所示。

表 10.8　机械手自动控制输入/输出分配表

输　入		输　出	
名　称	输入点	名　称	输出点
上极限	X0	上升	Y0
下极限	X1	下降	Y1
左极限	X2	向左移动	Y2
右极限	X3	向右移动	Y3
启停开关 SB12	X10	抓工件	Y4

抓、放工件时间都为 1.5s。

2. 实践硬件支持

(1) 按钮开关模块。

(2) PLC 应用综合实验实训考核台。

(3) 各种连接导线。

3. 课题原理与提示

(1) 机械手自动控制是一个典型的顺序控制类课题，采用步进状态编程比较合适。

(2) 利用组态王软件产生各个方向上的极限开关信号，提供给 PLC。

(3) 用内存整型变量来控制机械手的运动、夹爪的夹紧与松开等。

4. 课题实施过程

1) PLC 控制程序

机械手控制程序梯形图如图 10.17 所示。

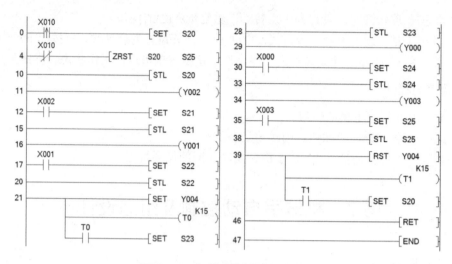

图 10.17 机械手控制程序梯形图

2) 组态仿真设计与调试

(1) 构造数据库。

根据机械手控制的输入/输出,新建 I/O 离散变量,这里变量名与输入/输出继电器同名。共建立 10 个 I/O 离散变量。另外,建立 6 个内存整型变量 k1～k6,用于控制机械手的动画效果。所有变量的设置如表 10.9 所示。

表 10.9 机械手自动控制组态仿真变量设置

变 量 名	变量描述	变量类型	连接设备	寄 存 器
X10	启停开关	I/O 离散	PLC1	X010
X0	上极限	I/O 离散	PLC1	X000
X1	下极限	I/O 离散	PLC1	X001
X2	左极限	I/O 离散	PLC1	X002
X3	右极限	I/O 离散	PLC1	X003
Y0	上升	I/O 离散	PLC1	Y000
Y1	下降	I/O 离散	PLC1	Y001
Y2	向左移动	I/O 离散	PLC1	Y002
Y3	向右移动	I/O 离散	PLC1	Y003
Y4	抓工件	I/O 离散	PLC1	Y004
K1	左右移动	内存整型		
K2	上下移动	内存整型		
K3	抓紧	内存整型		
K4	工件 X 值	内存整型		
K5	工件 Y 值	内存整型		
K6	工件数量	内存整型		

(2) 设计图形监控界面。

在绘制监控界面的环境下，运用各种作图工具完成如图 10.18 所示仿真界面。画面包括立柱、X 方向滑竿、Y 方向滑竿、夹爪、四个极限开关、工件和接工件平台，以及一些显示信息，如机械手的当前位置信息、夹爪状态。

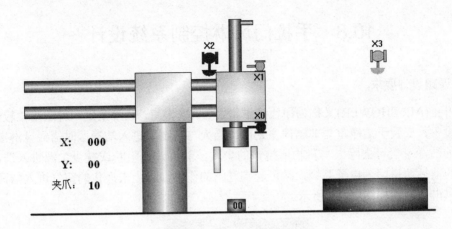

图 10.18 机械手仿真界面

(3) 建立动画连接。

为监控界面中需要移动的组件设置相应的变量，控制其水平方向和垂直方向的移动。当某个方向的控制变量达到一定值时，产生极限信号给 PLC，控制程序进入下一个步进状态。具体的画面属性命令语言如下：

if (k1==0)	{x2=1;}	//如果 k1=0，左极限=1
if (k1>0)	{x2=0;}	//如果 k1>0，左极限=0
if (k1<170)	{x3=0;}	//如果 k1<170，右极限=0
if (k1==170)	{x3=1;}	//如果 k1=170，右极限=1
if (y2==1)	{k1=k1-10;}	//如果 y2=1(向左移动)，k1 减去 10，不断递减
if (y3==1)	{k1=k1+10;}	//如果 y3=1(向右移动)，k1 加上 10，不断递加
if (k2==0)	{x0=1;}	//如果 k2=0，上极限=1
if (k2==63)	{x1=1;}	//如果 k2=63，下极限=1
if (k2>0)	{x0=0;}	//如果 k2>0，上极限=0
if (k2<63)	{x1=0;}	//如果 k2<63，下极限=0
if (y1==1)	{k2=k2+7;}	//如果 y1=1(下降)，k1 加上 7，不断递加
if (y0==1)	{k2=k2-7;}	//如果 y0=1(上升)，k1 减去 7，不断递减
if (y4==1)	{k3=k3-5;}	//夹爪夹紧
if (y4==0)	{k3=k3+5;}	//夹爪放松
if (k3==0)	{k5=63-k2;k4=k1;}	//夹爪夹紧时，工件的坐标随夹爪位置变化
if (k3==10)	{k5=0;k4=0;}	//夹爪松开时，工件的坐标为(0，0)
if (y2==1)	{if (k1==10) k6=k6+1;}	//工件计数
if (k6==99)	{k6=0;}	//工件计到 99 时，清零

5. 思考与提升

要求实现：向左移动→下降→抓工件→上升→向右移动→下降→放工件→上升→向左移动，如此循环。

10.8 手拉门风淋控制系统设计

1. 课题设计要求

风淋室(AIR SHOWER)又称为净化风淋室、空气吹淋室。风淋室是一种通用性较强的局部净化设备，安装于洁净室与非洁净室之间。当人与货物要进入洁净区时需经风淋室吹淋，其吹出的洁净空气可去除人与货物所携带的尘埃，能有效地阻断或减少尘源进入洁净区。风淋室的前后两道门为电子互锁，又可起到气闸的作用，阻止未净化的空气进入洁净区域。手拉门风淋室外观如图 10.19 所示。

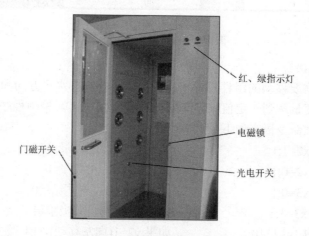

图 10.19 手拉门风淋室外观图

风淋室有两个手拉门：A 门通向非洁净区，B 门通向洁净区。每个门安装有弹力闭门器、电磁门锁和门磁开关，门关好时，门磁开关接通。另外还有红、绿指示灯各一个。具体工程流程与要求如下。

(1) 当员工要从非洁净区进入洁净区时(即 A 门进 B 门出)，拉开 A 门，B 门自动上锁；人或货从 A 门进入风淋室，A 门弹力关门；风淋室中有一光电传感器，可感应到有人或货进入；此时语音播报"站到感应区"。

(2) A 门关好后，过 0.5 秒(时间可设定)，播报"开始吹淋"，启动风机高速吹淋，吹淋过程中，A 门和 B 门同时锁止。吹淋时间长度可以设置为 0～99.9 秒。

(3) 吹淋完成后，语音播报"吹淋结束，从 B 门出"，A 门 B 门都解锁。推门走出 B 门，自动弹力关门。从 A→B 的流程结束。

(4) 当员工要从洁净区进入非洁净区时(即 B 门进 A 门出)，拉开 B 门，A 门锁止，人、物进入风淋室，B 门自动关好，解锁 A 门和 B 门。人或货从 B→A，不吹淋。

(5) 当处于 A→B 或 B→A 的流程中时，风淋室的照明灯点亮，流程结束，过 3 秒照明灯熄灭。两扇门互锁，不能同时打开。

(6) 当处于 A→B 或 B→A 的流程中时，红指示灯亮，吹淋时红指示灯闪烁。不在上述流程中时，绿指示灯亮，表示"可以进入"，可设置平时是否低速吹淋。

(7) 在任何时候，只要按文本屏上的"ALM"键，就停止吹淋，门锁断电，可开门。

2. 实践硬件支持

(1) 指示灯、光电开关、门磁开关等。

(2) PLC 应用综合实验实训考核台。

(3) 各种连接导线。

3. 课题原理与提示

1) 硬件选型

(1) PLC 选择。

本课题输入点为 3 点，输出点为 10 点，且有高速输入，输出被控对象有 AC220V 交流接触器和需要干触点控制的设备，没有高速输出，故选择三菱 FX3U-32MR/ES，AC 电源、DC 输入型、继电器输出型 PLC。

(2) 人机界面 HMI 选择。

本课题的 HMI 仅用于现场调试时设定各定时器的定时值、开关量参数，故选择信捷文本显示屏，型号为 OP320A。

(3) 光电传感器选择。

本课题中的光电传感器用于检测人或物进入风淋区域，从而触发吹淋。配用反光板反射式光电开关，将反光板和光电开关分别安装于风淋通道两边，当有人或物阻断发射光时，光电开关输出低电平。故选 24V 供电三线制 NPN 型常闭输出的带反光板的光电开关(例如沪工 E3F-R2N2)。

(4) 语音模块选择。

TY07 语音模块是一款普及型语音播放模块，如图 10.20 所示，具有可重复录音、开关触点控制、宽电源电压、体积小等特点。控制放音主要有两种方式：通过 7 组触点控制、485 串行总线。

图 10.20　TY07 语音模块

(5) 开关电源选择。

FX3U-32MR/ES 可提供 DC24V 电源 600mA 以下的电流。一个光电开关消耗电流 5mA～30mA，文本显示屏消耗电流小于 140mA，所以无须外加 24V 开关电源。电磁锁工作电压为 DC12V，工作电流一般为 500mA 以下。指示灯和电磁锁共用一个输出 COM 时，选用 12V 供电的工作电流小于 20mA 的 LED 红、绿指示灯各 2 只，总计消耗电流小于 1.1A。系统需配置 12V、50W 开关电源 1 个。

2) 参数设置中的寄存器选择

吹淋时间、延迟时间等使用的定时器采用 100ms 的定时器就满足要求。定时范围 100 秒以下，所以用 16 位定时器，定时数据用 16 位停电保持寄存器，停电时设置的参数不会丢失。FX3U-32MR PLC 默认停电保持寄存器范围为 D512～D7999。本项目中选用 D4000～D4030 之间的部分寄存器作为设置参数寄存器。ALARM、照明开关等开关量的参数设置，选用停电保持用辅助继电器 M3000～M3010。

4. 课题实施过程

1) I/O 端口分配

PLC 的输出四点共用一个 COM，所以同一种类电源的负载需安排在同一 COM 的对应输出端口。COM1 接交流电 L，Y0～Y3 接 220V 的交流负载(交流接触器、照明灯)。COM2 接语音模块的控制公共端，语音控制信号分配在 Y4～Y6。COM3 接 DC12 正，Y10～Y13 接 12V 的负载(电磁锁，红、绿指示灯)。风淋室控制系统 I/O 分配表如表 10.10 所示。

表 10.10　风淋室控制系统输入/输出分配表

输　入		输　出	
名　　称	输 入 点	名　　称	输 出 点
A 门门磁开关	X0	交流接触器 1 高速	Y0
B 门门磁开关	X1	交流接触器 2 低速	Y1
进门光电	X2	照明	Y3
		语音播报 1	Y4
		语音播报 2	Y5
		语音播报 3	Y6
		A 门电磁锁	Y10
		B 门电磁锁	Y11
		红指示灯	Y12
		绿指示灯	Y13

2) 人机界面的设计

用 OP20 画面设置工具，在各页面中输入"文本"、设置"寄存器""功能键""指示灯"。属性设置界面如图 10.21 所示，部分设计画面如图 10.22 所示。

3) PLC 控制程序

根据设计要求，工作流程分为从非洁净区进入洁净区的"A→B 流程"和从洁净区出来到非洁净区的"B→A 流程"。采用选择分支的 SFC 状态编程比较合适。初始状态 S0，实现等待分支选择。S10～S13 为"A→B 流程"，S20～S21 为"B→A 流程"。其流程图如图 10.23 所示。

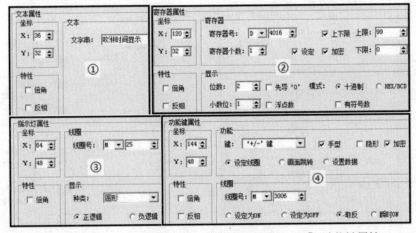

① 文本属性　② 寄存器属性　③ 指示灯属性　④ 功能键属性

图 10.21　属性设置窗口

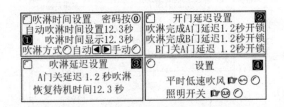

图 10.22　文本显示屏部分设计画面

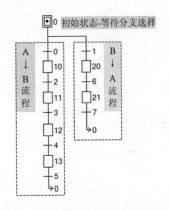

图 10.23　风淋系统程序流程图

(1) 初始状态与 A→B 流程程序。

初始状态与 A→B 流程程序梯形图如图 10.24 所示。初始状态 S0 将 S10～S22 清 0，并等待选择分支的触发。若检测到有 A 门磁信号断开(X0)，则转移至 S10 状态，即进入 A→B 流程。若检测到有 B 门磁信号断开(X1)，则转移至 S20 状态，即进入 B→A 流程。

进入 A→B 流程，在 S10 状态，M10 得电；Y4 得电 0.5s，播报第一段语音"请站到感应区"。当光电开关感应到后，M0 得电，并当 A 门关好时(X0=1)，状态转移到 S11。当处于 A、B 门都关闭，一直没有感应光电，系统 T5 计时到恢复待机时间(如设定 30s)时，则自动恢复到 S0 状态。进入 S11 吹淋状态，播报第二段语音"吹淋开始"，定时器 T2 进行吹淋计时，吹淋时间由 D4000 设定。吹淋时间到，转移至 S12 状态，延时并解锁 A、B 门。状态转移至 S13，等待开门操作或超时恢复待机，流程结束，回到初始状态。

(2) B→A 流程与输出控制程序。

在 S0 状态，当打开 B 门时，程序进入 B→A 流程。S20 状态激活，在 S20 状态，等待 B 门关闭，关闭后延时 D4003 设置的时间，时间到状态转移至 S21。在 S21 状态，等待 A 门开启和关闭，或超时自动恢复待机。然后返回至 S0 初始状态，B→A 流程结束。

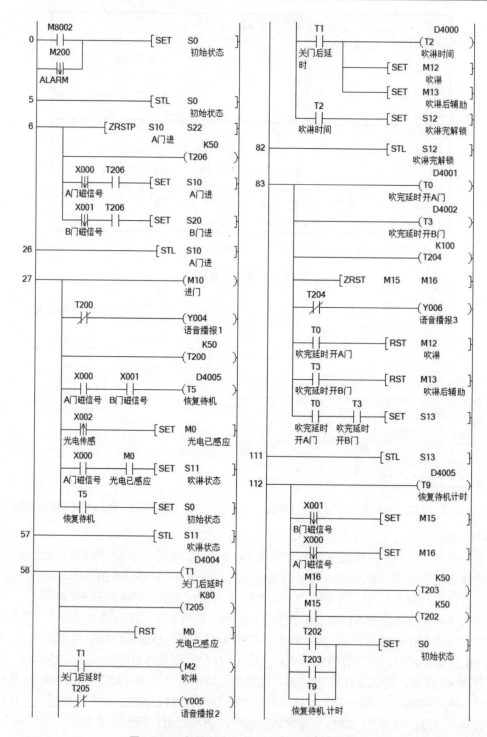

图 10.24　初始状态与 A→B 流程程序梯形图

　　输出控制程序，输出门锁的控制信号，高速、低速风淋控制交流接触器控制信号，红、绿指示灯控制信号。同时，输出 M100～M110 等人机界面所需的辅助继电气控制信号。程序梯形图如图 10.25 所示。

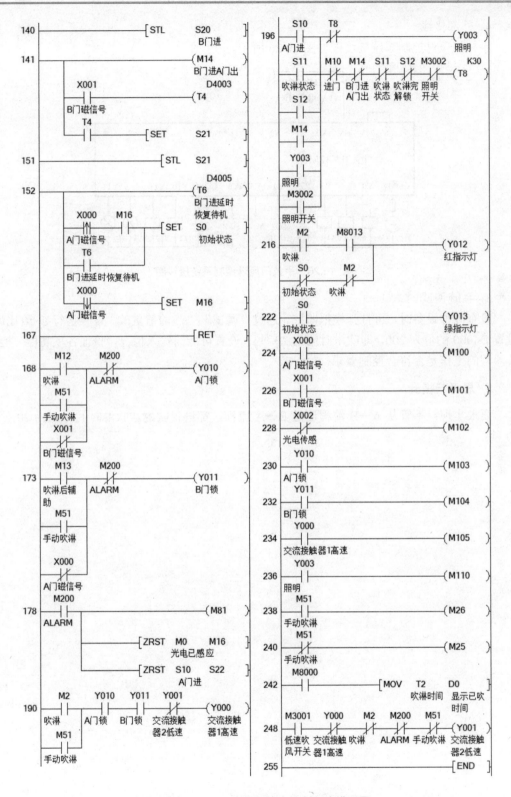

图 10.25　B→A 流程与输出控制程序梯形图

4) 外部接线

手拉门风淋控制系统接线图如图 10.26 所示。

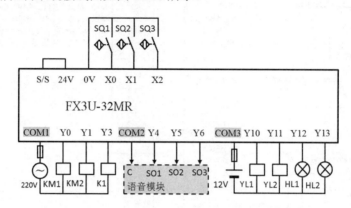

图 10.26　手拉门风淋控制系统接线图

5) 系统调试

没有硬件设备时,可打开模拟监控。通过"调试"|"当前值更改"设置运行参数(比如:设置 D4000 的值为 200,即吹淋时间为 20 秒)。设置可能的输入情况,验证各项功能。检验各流程的工作是否符合控制要求。

5. 思考与提升

要求实现:不管从 A→B 流程还是 B→A 流程,都进行吹淋。吹淋时间分别为 20 秒和 10 秒。

第 11 章 PLC 在 MPS 中的应用

教学提示

MPS(模块化生产系统)是一套模拟实际自动化生产典型实例的训练装置，该装置集机械、气动、电气及电子、传感器、可编程控制(PLC)技术于一体。本章介绍了 MPS 的结构和工作原理，以及上料检测站、搬运站、加工站、安装站、安装搬运站、分类站的 PLC 控制系统的输入、输出、程序功能图及 PLC 程序。

教学目标

通过本章的学习，了解 MPS 的结构和工作原理；了解在上料检测站、搬运站、加工站、安装站、安装搬运站、分类站中，工件从一站到另一站的物流传递过程及工件信息传递过程；通过程序功能图和程序的学习，掌握各站的编程思路及方法。

11.1 MPS 概述

MPS(Modular Production System，模块化生产系统)装置由 6 个单独站组成，分别为上料检测站、搬运站、加工站、安装站、安装搬运站和分类站。每站各由一套 PLC 控制系统独立控制。该系统囊括了机电一体化专业学习中所涉及的电机驱动、气动、PLC、传感器等多种技术，为学生提供了一个典型的综合科技环境，让学过的诸多单科专业知识在这里得到综合训练和提升。

图 11.1 给出了系统中工件从一站到另一站的物流传递过程。

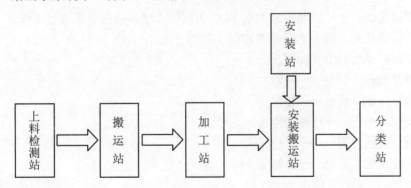

图 11.1 MPS 物流示意图

上料检测站将大工件按顺序排好后提升送出。搬运站将大工件从上料检测站搬至加工站。加工站将大工件加工后送出工位。安装搬运站将大工件搬至安装工位放下。安装站再将对应的小工件装入大工件中。而后，安装搬运站再将安装好的工件送分类站，分类站再将工件送入相应的料仓。

上面提到的工件分为可由工件 1(黑、白)、工件 2(黑、白)组合为 4 种，如图 11.2 所示。

工件可在系统中重复使用。

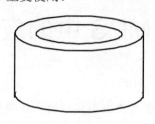

工件 1 (黑、白)
直径: ϕ32mm
高度: 22mm
内孔直径: ϕ24mm
内孔深度: 15mm
材料: 塑料
颜色: 黑、白

工件 2 (黑、白)
直径: ϕ22mm
高度: 10mm
材料: 塑料
颜色: 黑、白

图 11.2 工件示意图

MPS 系统的每一站都有一套独立的控制系统,因此,可将该系统拆分开来学习,以保证初学者容易入门和有足够的学习工位;而将各站连在一起集成为系统后,能为学员提供一个学习复杂和大型的控制系统的平台。

图 11.3 所示为 PLC I/O 控制的控制框图。

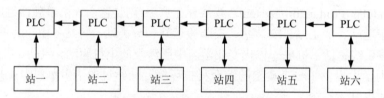

图 11.3 I/O 控制的控制框图

各站都可通过一个控制面板来控制 PLC 的程序,使各站按要求进行工作。一个控制面板上有 5 个按钮开关,两个选择开关和一个急停开关。

各开关的控制功能定义如下。

- 带灯按钮,绿色——开始。
- 带灯按钮,黄色——复位。
- 按钮,黄色——特殊功能按钮。
- 两位旋钮,黑色——自动/手动。
- 两位旋钮,黑色——单站/联网。
- 按钮,红色——停止。
- 带灯按钮,绿色——上电。
- 急停按钮,红色——急停。

为保证系统中各站能联网运行,必须将各站的 PLC 连接在一起使独立的各站间能交换信息。而且加工过程中所产生的数据,如工件颜色、装配信息等,也需要能向下站传送,以保证工作正确(如分类正确、安装正确等)。

联网后的各站运动可能会相互影响,为使系统安全、可靠运行,每一站与前后各站需

要交换信息，而各站只有进入正常工作程序后，才能相互通信，交换信息。每一站要开始工作，需前站给出信号，只有第一站(上料检测站)是通过"开始"按钮启动工作的。这是因为第一站没有上站了。

工件的信息用 D0、D1 两个二进制数表示，具体如表 11.1 所示。

表 11.1　工件信息表

工　件	D0	D1
工件 1(黑)　工件 2(黑)	0	0
工件 1(白)　工件 2(黑)	1	0
工件 1(黑)　工件 2(白)	0	1
工件 1(白)　工件 2(白)	1	1

这些数据从上站传送到下站，最后分类站根据数据将工件分类推入库房。

表 11.2 所示为各站通信信号的地址表。

表 11.2　各站通信信号的地址表

绝对地址	符号地址	注　解
X20	Di0	从前站读入的数据 d0
X21	Di1	从前站读入的数据 d1
X22	Di2	从前站读入的数据 d2
X23	Ciq	通信-从前站读入前站状态
X24	Cih	通信-从后站读入后站状态
Y20	Do0	向后站输出的数据 d0
Y21	Do1	向后站输出的数据 d1
Y22	Do2	向后站输出的数据 d2
Y23	Coq	通信-向前站输出本站状态
Y24	Coh	通信-向后站输出本站状态

各站可通过 4 根 I/O 线与前后各站进行通信，互相交换信息(向前两根通信线，一输出一输入；向后两根通信线，一输出一输入)。

本章将以各站为单位，分析 PLC 在自动流水线 MPS 中的应用。

11.2　上料检测站

上料检测站由料斗、回转台、工件滑道、提升装置、计数电容开关、检测工件和颜色的光电开关、控制板组成，如图 11.4 所示。

可编程控制器应用与实践(三菱 FX 系列)(第 2 版)

图 11.4　上料检测站装置图

1. 设计要求

PLC 上电后，复位灯闪烁，将大工件随机放在回转台面上，按下复位按钮，提升装置向下伸出等待工件，开始灯闪烁，按下开始按钮，回转台电机转动，将大工件转入工件滑道，直到检测工件传感器有信号，回转台电机停止转动；提升装置将工件提起，颜色传感器检测黑色输出 0，白色输出 1。

2. I/O 分配

上料检测站控制输入/输出端口分配表如表 11.3 所示。

表 11.3　上料检测站控制输入/输出端口分配表

输　入		输　出	
名　称	输 入 点	名　称	输 出 点
开始	X010	开始灯	Y010
复位	X011	复位灯	Y011
有工件 B1	X000	回转电机	Y000
颜色辨别	X001	报警灯	Y001
汽缸上限 1B2	X005	蜂鸣器	Y002
汽缸下限 1B1	X006	汽缸上升	Y003

3. 程序功能图

上料检测站功能图如图 11.5 所示。

高职高专计算机实用规划教材——案例驱动与项目实践

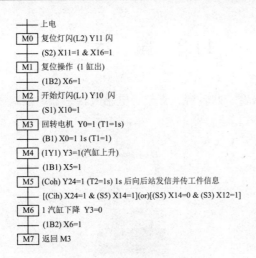

图 11.5　上料检测站功能图

4. 控制程序编写

上料检测站程序梯形图如图 11.6 所示。

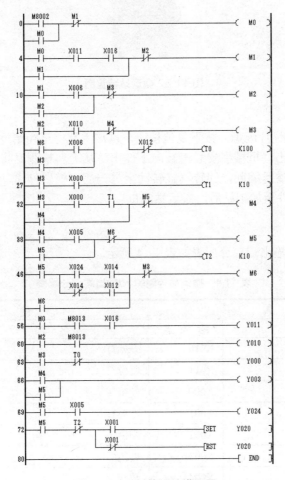

图 11.6　上料检测站梯形图

11.3　搬　运　站

搬运站由机械手、横臂、回转台、支架、电感式传感器、控制板组成,如图 11.7 所示。

图 11.7　搬运站装置图

1. 设计要求

PLC 上电后,复位灯闪烁,按下复位按钮,机械手复位至初始位置。开始灯闪烁,按下开始按钮,横臂伸出,机械手安装汽缸向下伸出,从上料检测站将大工件夹住,机械手安装汽缸向上缩回;横臂缩回,回转汽缸转动至另一侧;横臂伸出,机械手安装汽缸向下伸出,机械手放下工件至加工站后,搬运站复位。

2. I/O 分配

搬运站控制输入/输出端口分配表如表 11.4 所示。

表 11.4　搬运站控制输入/输出端口分配表

输　入		输　出	
名　称	输 入 点	名　称	输 出 点
开始	X010	开始灯	Y010
复位	X011	复位灯	Y011
左极限 1B1	X000	左旋转	Y000
右极限 1B2	X001	右旋转	Y001
后极限 2B1	X002	缩回	Y002
前极限 2B2	X003	伸出	Y003
放松检测 3B1	X004	放松	Y004

输　入		输　出	
名　称	输入点	名　称	输出点
上极限 4B1	X005	夹紧	Y005
下极限 4B2	X006	下降	Y006

3. 程序功能图

搬运站程序功能图如图 11.8 所示。

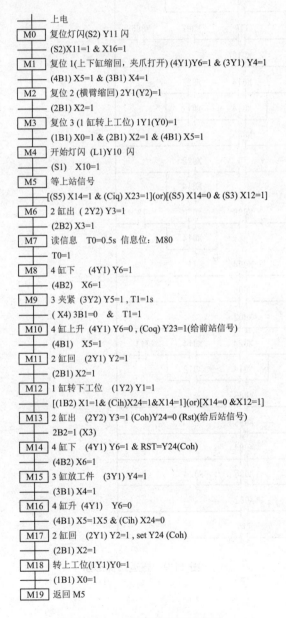

图 11.8　搬运站程序功能图

4. 控制程序编写

搬运站梯形图如图 11.9 所示。

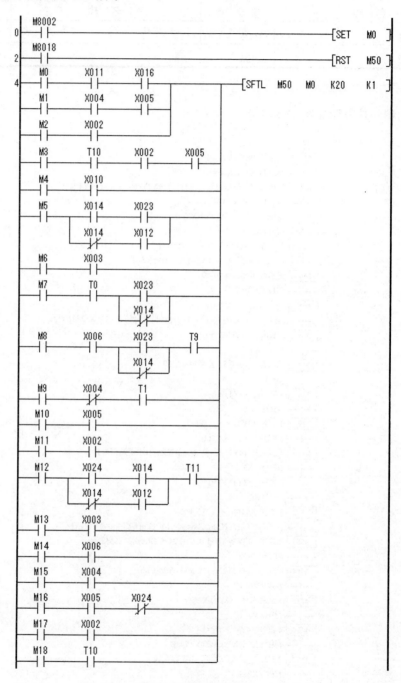

图 11.9　搬运站梯形图

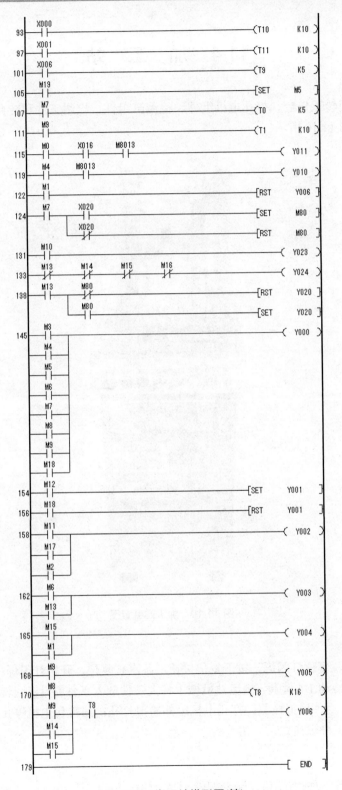

图 11.9　搬运站梯形图(续)

11.4 加 工 站

加工站由回转工作台、打孔电机组件、检测缸组件、检测工件和转台到位传感器及控制板组成，如图 11.10 所示。

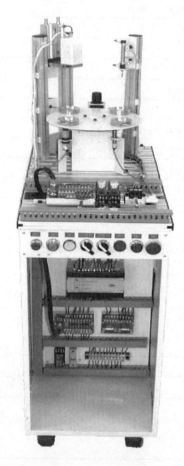

图 11.10 加工站装置图

1. 设计要求

PLC 上电后，复位灯闪烁，按下复位按钮，各汽缸复位，开始灯闪烁；按下开始按钮，回转工作台电机转动 1/4 圆周，搬运站机械手将大工件放入工件料斗；回转工作台电机转动 1/4 圆周，检测缸组件模拟检测，打孔电机组件模拟打孔；回转台电机停止转动，等待第五站搬运机械手将工件取走。

2. I/O 分配

加工站控制输入/输出端口分配表如表 11.5 所示。

表 11.5　加工站控制输入/输端口分配表

输　入		输　出	
名　称	输 入 点	名　称	输 出 点
开始	X010	开始灯	Y010
复位	X011	复位灯	Y011
有工件 B1	X000	回转电机	Y000
90°位置 B2	X001	钻孔电机	Y001
钻孔上极限(1B1)	X002	钻孔进给汽缸下	Y002
钻孔下极限(1B2)	X003	测孔汽缸下	Y003
测孔上限(2B1)	X004	夹紧汽缸伸出	Y004
测孔下限(2B2)	X005		
夹紧缸后极限(3B1)	X006		
夹紧缸前极限(3B2)	X007		

3. 程序功能图

加工站程序功能图如图 11.11 所示。

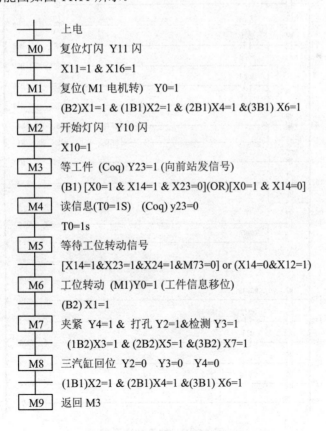

图 11.11　加工站程序功能图

4. 控制程序编写

加工站梯形图如图 11.12 所示。

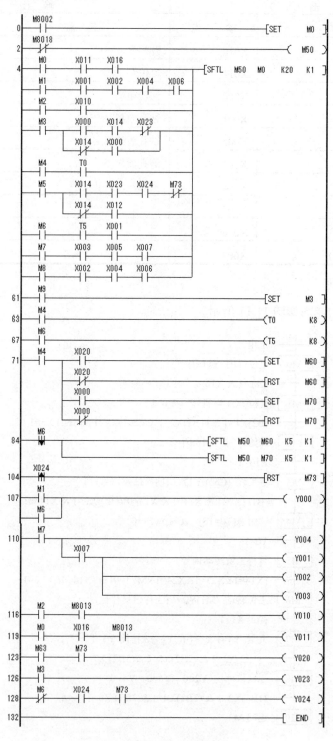

图 11.12　加工站梯形图

11.5　安　装　站

安装站由吸盘机械手、上下摇臂部件、料仓换位部件、工件推出部件、控制板组成，如图 11.13 所示。

图 11.13　安装站装置图

1. 设计要求

PLC 上电后，复位灯闪烁，按下复位按钮，各汽缸复位；开始灯闪烁，按下开始按钮，上下摇臂部件摆出，推出部件推出小工件；上下摇臂部件返回，真空发生器工作，吸盘机械手将工件吸住；上下摇臂部件摆出，将小工件安装到第 5 站大工件中；上下摇臂部件返回，下次推工件前料仓换位部件动作，保证每次推出的是不同颜色的小工件。

2. I/O 分配

安装站控制输入/输出端口分配如表 11.6 所示。

表 11.6　安装站控制输入/输出端口分配表

输　入		输　出	
名　称	输入点	名　称	输出点
开始	X010	开始灯	Y010
复位	X011	复位灯	Y011

续表

输　入		输　出	
名　称	输入点	名　称	输出点
摆出极限 1B1	X000	摆回	Y000
摆回极限 1B2	X001	摆出	Y001
工件缩回极限 2B1	X002	工件伸出	Y002
工件伸出极限 2B2	X003	工件缩回	Y003
推杆缩回极限 4B1	X005	停止吸气	Y004
推杆推出极限 4B2	X006	吸气	Y005
		推杆推工件	Y006

3. 程序功能图

安装站程序功能图如图 11.14 所示。

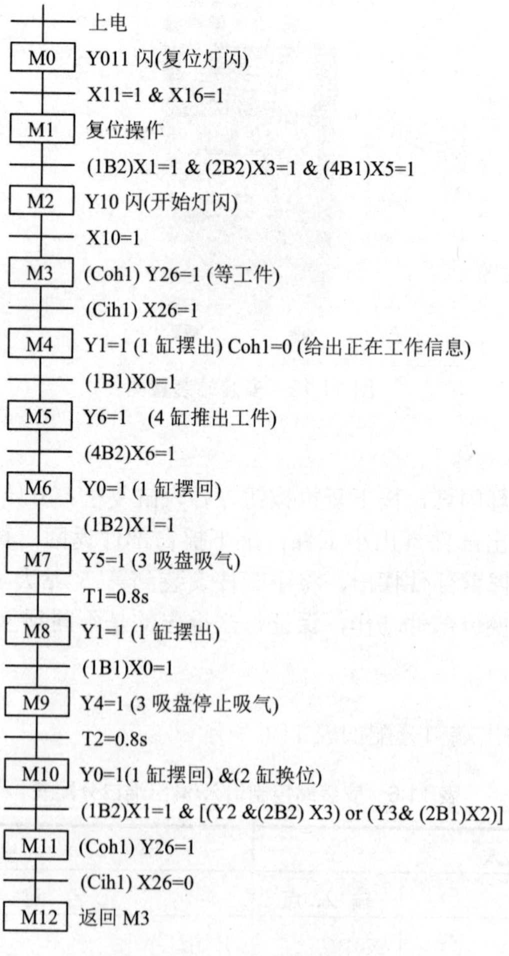

上电

M0　Y011 闪(复位灯闪)

X11=1 & X16=1

M1　复位操作

(1B2)X1=1 & (2B2)X3=1 & (4B1)X5=1

M2　Y10 闪(开始灯闪)

X10=1

M3　(Coh1) Y26=1 (等工件)

(Cih1) X26=1

M4　Y1=1 (1 缸摆出) Coh1=0 (给出正在工作信息)

(1B1)X0=1

M5　Y6=1　(4 缸推出工件)

(4B2)X6=1

M6　Y0=1 (1 缸摆回)

(1B2)X1=1

M7　Y5=1 (3 吸盘吸气)

T1=0.8s

M8　Y1=1 (1 缸摆出)

(1B1)X0=1

M9　Y4=1 (3 吸盘停止吸气)

T2=0.8s

M10　Y0=1(1 缸摆回) &(2 缸换位)

(1B2)X1=1 & [(Y2 &(2B2) X3) or (Y3& (2B1)X2)]

M11　(Coh1) Y26=1

(Cih1) X26=0

M12　返回 M3

图 11.14　安装站程序功能图

4. 控制程序编写

安装站程序梯形图如图 11.15 所示。

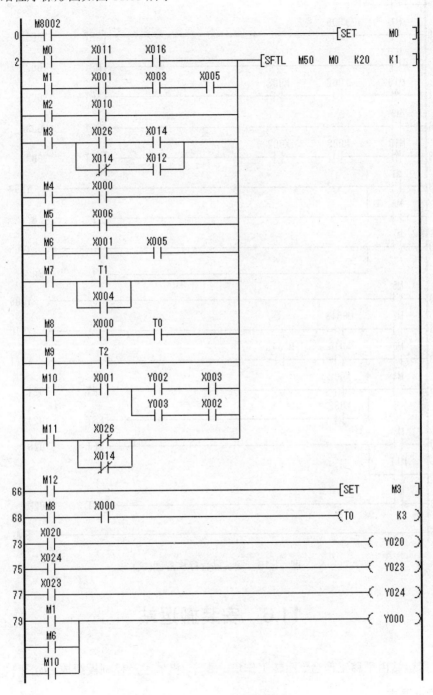

图 11.15　安装站程序梯形图

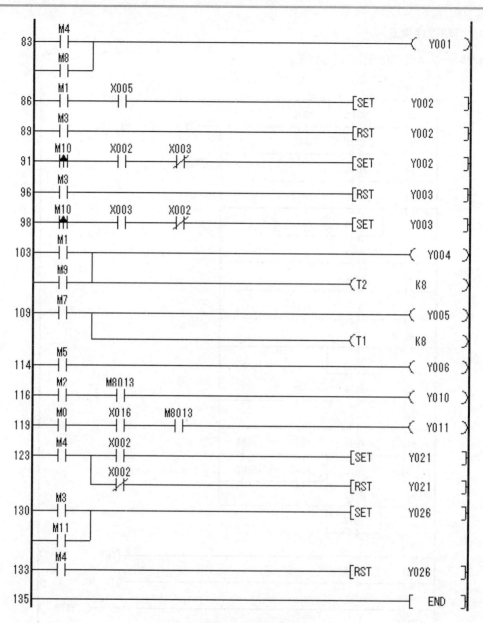

图 11.15 安装站程序梯形图(续)

11.6 安装搬运站

安装搬运站由平移工作台、回转工作塔、吊臂、机械手及控制板组成,如图 11.16 所示。

1. 设计要求

PLC 上电后,复位灯闪烁,按下复位按钮,系统复位;开始灯闪烁,按下开始按钮,机械手抓取大工件送至安装位置,安装完后,抓取大工件至分类站等待平台;放下工件,系统复位。

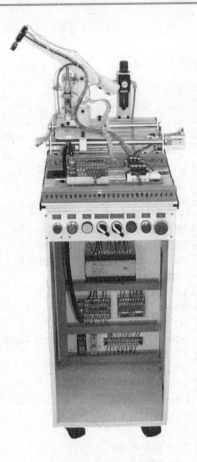

图 11.16　安装搬运站装置图

2. I/O 分配

安装搬运站控制输入/输出端口分配表如表 11.7 所示。

表 11.7　安装搬运站控制输入/输出端口分配表

输　入		输　出	
名　称	输 入 点	名　称	输 出 点
开始	X010	开始灯	Y010
复位	X 011	复位灯	Y011
左汽缸左极限 1B1	X000	左汽缸伸(左旋)	Y000
左汽缸右极限 1B2	X001	左汽缸缩(右旋)	Y001
右汽缸右极限 2B1	X002	右汽缸伸(左旋)	Y002
右汽缸左极限 2B2	X003	右汽缸缩(右旋)	Y003
手臂下位 4B2	X005	放松	Y004
手臂上位 4B1	X006	抓	Y005
		手臂下压	Y006

3. 程序功能图

安装搬运站程序功能图如图 11.17 所示。

```
              上电
    M0    Y011  闪动(复位灯闪)
              X11=1 & X16=1
    M1    Y4=1 & Y6=0(复位 1：夹爪打开，夹臂抬起)
              X4=1 & (4B1)X6=1
    M2    (1Y1)Y0=1 & Y2=1(复位 2：夹臂转到上工位)
              (1B2)X1=1 & (2B2)X3=1
    M3    Y10 闪动 (开始灯闪)
              X10=1
    M4    等工件   (Coq)Y23=1
              X23=1
    M5    Y6=1 &(Coq)Y23=0(拿工件，读信息)
              (4B2)X5=1
    M6    Y5=1(夹工件) T0=0.5S
              T0=1s
    M7    (4Y1)Y6=0(4 缸抬臂)
              (4B1)X6=1   &   (Ciq1) X25=1 (4 站许可)
    M8    Y23=1 &   Y3=1(转安装工位)
              (2B1)X2=1
    M9    Y6=1(4 缸臂下)
              (4B2)X5=1
    M10   Y4=1 (3 缸夹爪开)
              T5=0.6s
    M11   Y6=0 (4 缸抬臂)
              (4B1)X6=1
    M12   (Coq1)Y25=1(许可 4 站安装)
              X25=0(Ciq1)
    M13   等装好(读信息)!
              (Ciq1) X25=1
    M14   Y6=1(4 缸臂下) & (Coq1)Y25=0
              (4B2)X5=1
    M15   Y5=1(3 缸夹工件)T1=0.5S
              T1=1s
    M16   (4Y1)Y6 =0 (4 缸抬臂)
              (4B1)X6=1
    M17   (1Y2)Y1=1(1 缸转下工位)
              (1B1)X0=1 &(Cih) X24=1 (6 站许可)
    M18   Y6=1(臂下) &(Coh) Y24=1( 给出信息)!
              (4B2)X5=1 &(Cih) X24=0 (6 站收到工件)
    M19   Y4=1(3 缸夹爪开)
              (3B1)X4=1 & (Cih) X24=0
    M20   (4 缸抬臂)(4Y1)Y6=0
              (4B1)X6=1
    M21   Y0=1& Y2=1 & (Coh)Y24=0 (许可 6 站分类)
              (1B2)X1=1 & (2B2)X3=1
    M22   返回 M4
```

图 11.17   安装搬运站程序功能图

4. 控制程序编写

安装搬运站程序梯形图如图 11.18 所示。

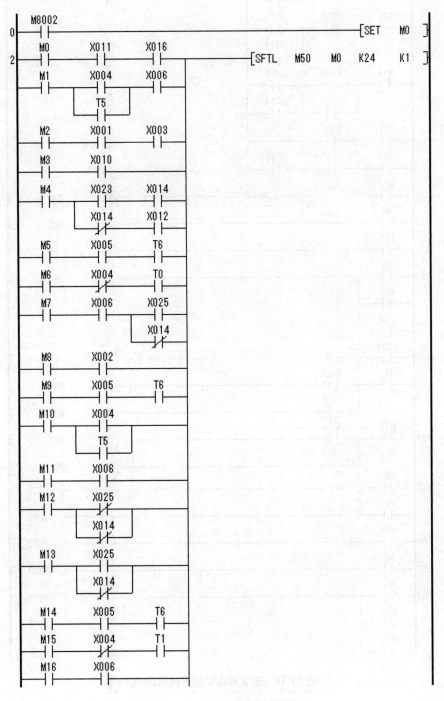

图 11.18　安装搬运站程序梯形图

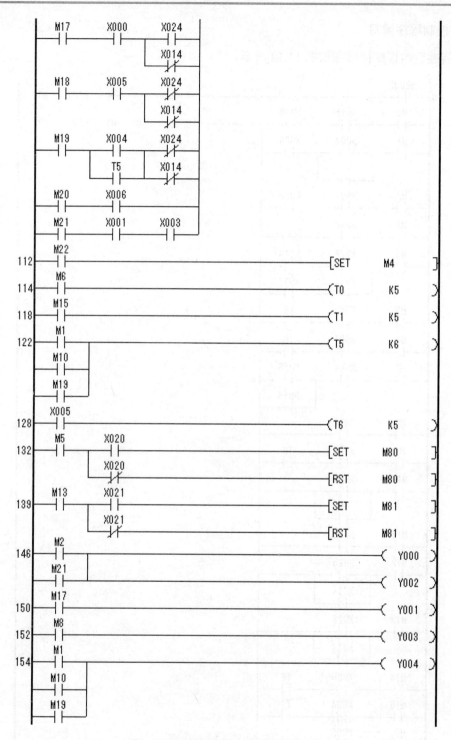

图 11.18　安装搬运站程序梯形图(续)

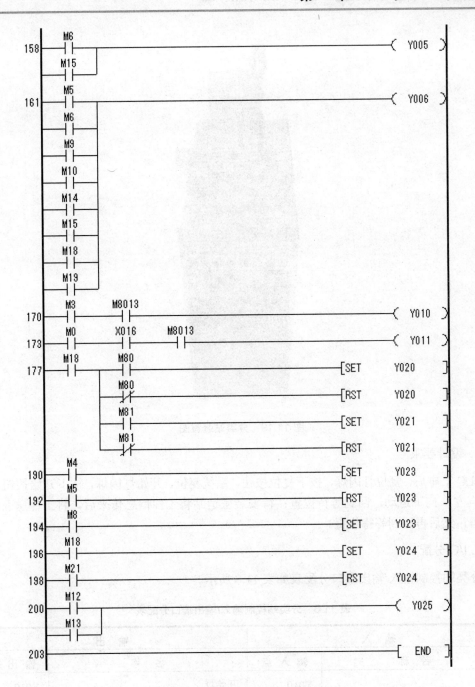

图 11.18　安装搬运站程序梯形图(续)

11.7　分　类　站

分类站由滚珠丝杠、滑杠、推出部件、分类立体仓库及控制板组成，如图 11.19 所示。

图 11.19   分类站装置图

1. 设计要求

PLC 上电后，复位灯闪烁，按下复位按钮，系统复位，开始灯闪烁，按下开始按钮，X、Y 轴向左、向下运动，回到等待位置；待安装搬运站将工件信息传来后，将工件送入相应的库房，然后再回到等待位置。

2. I/O 分配

分类站控制输入/输出端口分配表如表 11.8 所示。

表 11.8   分类站控制输入/输出端口分配表

输　　入		输　　出	
名　　称	输 入 点	名　　称	输 出 点
开始	X010	开始灯	Y010
复位	X011	复位灯	Y011
左极限	X000	X 轴电机脉冲	Y000
下极限	X001	Y 轴电机脉冲	Y001
推出缸前极限 1B1	X003	X 轴电机方向	Y002
推出缸后极限 1B2	X004	Y 轴电机方向	Y003
		推出	Y004

3. 程序功能图

分类站程序功能图如图 11.20 所示。

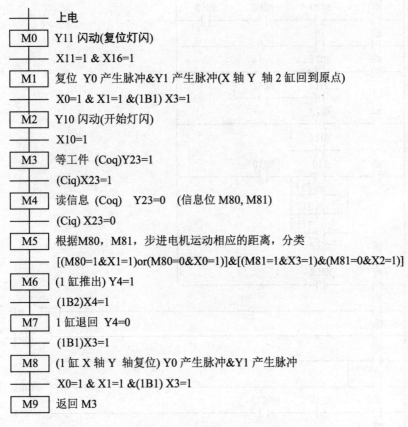

图 11.20　分类站程序功能图

4. 控制程序编写

分类站程序梯形图如图 11.21 所示。

其中，PLSY：16 位连续执行型脉冲输出指令。

PLSY 指令的编程格式：[PLSY　　K1000　　D0　　Y0]

- K1000：指定的输出脉冲频率，可以是 T、C、D，数值或是位元件组合，如 K4X0。
- D0：指定的输出脉冲数，可以是 T、C、D，数值或是位元件组合，如 K4X0。当该值为 0 时，输出脉冲数不受限制。
- Y0：指定的脉冲输出端子，只能是 Y0 或 Y1。

例如：

LD　　M0

PLSY　D0　D10　Y1

当 M0 闭合时，以 D0 指定的脉冲频率从 Y1 输出 D10 指定的脉冲数。

在输出过程中，当 M0 断开时，立即停止脉冲输出，当 M0 再次闭合后，从初始状态开始重新输出 D10 指定的脉冲数。

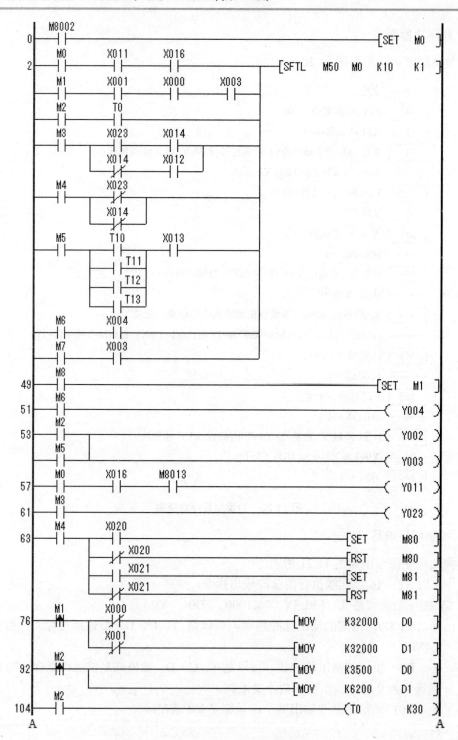

图 11.21　分类站程序梯形图

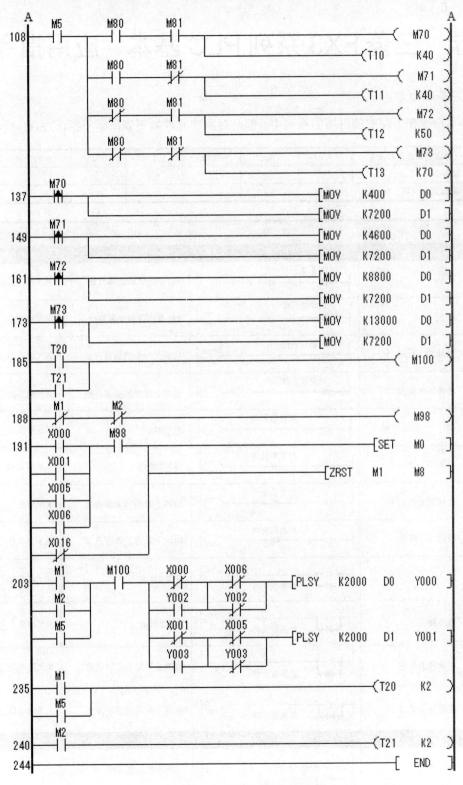

图 11.21　分类站程序梯形图(续)

附录　三菱 FX3 系列 PLC 基本、应用指令表

1. 基本命令

基本指令在下面对应可用的系列中，但是对象软元件如下表所示不同(○为有，×为无)

对应的可编程控制器	FX3U	FX3UC	FX1S	FX1N	FX2N	FX1NC	FX2NC
所有基本指令	○	○	○	○	○	○	○
有/无对象软元件（D□.b, R）	○	○	×	×	×	×	×

记号	称　呼	符　号	功　能	对象软元件
触点指令				
LD	取	对象软元件	a触点的逻辑运算开始	X,Y,M,S,D□.b,T,C
LDI	取反	对象软元件	a触点的逻辑运算开始	X,Y,M,S,D□.b,T,C
LDP	取脉冲上升沿	对象软元件	检测上升沿的运算开始	X,Y,M,S,D□.b,T,C
LDF	取脉冲下降沿	对象软元件	检测下降沿的运算开始	X,Y,M,S,D□.b,T,C
AND	与	对象软元件	串联a触点	X,Y,M,S,D□.b,T,C
ANI	与反转	对象软元件	串联b触点	X,Y,M,S,D□.b,T,C
ANDP	与脉冲上升沿	对象软元件	检测上升沿的串联连接	X,Y,M,S,D□.b,T,C
ANDF	与脉冲下降沿	对象软元件	检测下降沿的串联连接	X,Y,M,S,D□.b,T,C
OR	或	对象软元件	并联a触点	X,Y,M,S,D□.b,T,C
ORI	或反转	对象软元件	并联b触点	X,Y,M,S,D□.b,T,C
ORP	或脉冲上升沿	对象软元件	检测上升沿的并联连接	X,Y,M,S,D□.b,T,C
ORF	或脉冲下降沿	对象软元件	检测下降沿的并联连接	X,Y,M,S,D□.b,T,C
指令				
ANB	回路块与		回路块的串联连接	—

记号	称 呼	符 号	功 能	对象软元件
ORB	回路块或		回路块的并联连接	–
MPS	存储器进栈	MPS	运算存储	
MRD	存储器读栈	MRD	存储读出	–
MPP	存储器出栈	MPP	存储读出与复位	
INV	取反	INV	运算结果的反转	–
MEP	M・E・P		上升沿时导通	–
MEF	M・E・F		下降沿时导通	–
输出指令				
OUT	输出	对象软元件	线圈驱动指令	Y,M,S,D□.b,T,C
SET	置位	SET 对象软元件	保持线圈动作	Y,M,S,D□.b
RST	复位	RST 对象软元件	解除保持的动作，当前值及寄存器的清除	Y,M,S,D□.b,T,C D,R,V,Z
PLS	脉冲	PLS 对象软元件	上升沿检测输出	Y,M
PLF	下降沿脉冲	PLF 对象软元件	下降沿检测输出	Y,M
主控指令				
MC	主控	MC N 对象软元件	连接到公共触点的指令	–
MCR	主控复位	MCR N	解除连接到公共触点的指令	–
其他指令				
NOP	空操作		无操作	–
结束指令				
END	结束	END	程序结束	–

2. 步进梯形图指令

记号	称 呼	符 号	功 能	对象软元件
STL	步进梯形图	STL 对象软元件	步进梯形图的开始	S
RET	返回	RET	步进梯形图的结束	–

3. 应用指令——按 FNC.No 顺序

应用指令主要有四则运算、传送、位移、便捷指令等,尤其是处理数值数据的场合使用。FX3U、FX3UC 系列可编程控制器中新增指令所在的行,用阴影表示。

FNC No.	指令记号	符 号	功 能	FX3U	FX3UC	FX1S	FX1N	FX2N	FX1NC	FX0NC
程序流程										
00	CJ	—‖—[CJ Pn]—	条件跳转	○	○	○	○	○	○	○
01	CALL	—‖—[CALL Pn]—	子程序调用	○	○	○	○	○	○	○
02	SRET	—[SRET]—	子程序返回	○	○	○	○	○	○	○
03	IRET	—[IRET]—	中断返回	○	○	○	○	○	○	○
04	EI	—[EI]—	允许中断	○	○	○	○	○	○	○
05	DI	—[DI]—	禁止中断	○	○	○	○	○	○	○
06	FEND	—[FEND]—	主程序结束	○	○	○	○	○	○	○
07	WDT	—‖—[WDT]—	监控定时器	○	○	○	○	○	○	○
08	FOR	—[FOR S]—	循环范围的开始	○	○	○	○	○	○	○
09	NEXT	—[NEXT]—	循环范围的结束	○	○	○	○	○	○	○
传送・比较										
10	CMP	—‖—[CMP S1 S2 D]—	比较	○	○	○	○	○	○	○
11	ZCP	—‖—[ZCP S1 S2 S D]—	区间比较	○	○	○	○	○	○	○
12	MOV	—‖—[MOV S D]—	传送	○	○	○	○	○	○	○
13	SMOV	—‖—[SMOV S m1 m2 D n]—	移位传送	○	○	—	—	○	—	○
14	CML	—‖—[CML S D]—	反向传送	○	○	—	—	○	—	○
15	BMOV	—‖—[BMOV S D n]—	成批传送	○	○	○	○	○	○	○
16	FMOV	—‖—[FMOV S D n]—	多点传送	○	○	—	—	○	—	○
17	XCH	—‖—[XCH D1 D2]—	交换	○	○	—	—	○	—	○
18	BCD	—‖—[BCD S D]—	BCD转换	○	○	○	○	○	○	○
19	BIN	—‖—[BIN S D]—	BIN转换	○	○	○	○	○	○	○

续表

FNC No.	指令记号	符号	功能	FX3U	FX3UC	对应的可编程控制器				
						FX1S	FX1N	FX2N	FX1NC	FX2NC
四则·逻辑运算										
20	ADD	⊢⊢─ ADD S1 S2 D ⊣	BIN加法	○	○	○	○	○	○	○
21	SUB	⊢⊢─ SUB S1 S2 D ⊣	BIN减法	○	○	○	○	○	○	○
22	MUL	⊢⊢─ MUL S1 S2 D ⊣	BIN乘法	○	○	○	○	○	○	○
23	DIV	⊢⊢─ DIV S1 S2 D ⊣	BIN除法	○	○	○	○	○	○	○
24	INC	⊢⊢─── INC D ⊣	BIN加1	○	○	○	○	○	○	○
25	DEC	⊢⊢─── DEC D ⊣	BIN减1	○	○	○	○	○	○	○
26	WAND	⊢⊢─ WAND S1 S2 D ⊣	逻辑字与	○	○	○	○	○	○	○
27	WOR	⊢⊢─ WOR S1 S2 D ⊣	逻辑字或	○	○	○	○	○	○	○
28	WXOR	⊢⊢─ WXOR S1 S2 D ⊣	逻辑字异或	○	○	○	○	○	○	○
29	NEG	⊢⊢─── NEG D ⊣	求补码	○	○	－	－	○	－	○
循环·移位										
30	ROR	⊢⊢─── ROR D n ⊣	循环右转	○	○	－	－	○	－	○
31	ROL	⊢⊢─── ROL D n ⊣	循环左转	○	○	－	－	○	－	○
32	RCR	⊢⊢─── RCR D n ⊣	带进位循环右移	○	○	－	－	○	－	○
33	RCL	⊢⊢─── RCL D n ⊣	带进位循环左移	○	○	－	－	○	－	○
34	SFTR	⊢⊢─ SFTR S D n1 n2 ⊣	位右移	○	○	○	○	○	○	○
35	SFTL	⊢⊢─ SFTL S D n1 n2 ⊣	位左移	○	○	○	○	○	○	○
36	WSFR	⊢⊢─ WSFR S D n1 n2 ⊣	字右移	○	○	－	－	○	－	○
37	WSFL	⊢⊢─ WSFL S D n1 n2 ⊣	字左移	○	○	－	－	○	－	○
38	SFWR	⊢⊢─ SFWR S D n ⊣	移位写入[先入先出/后入先出的控制用]	○	○	○	○	○	○	○
39	SFRD	⊢⊢─ SFRD S D n ⊣	移位读出[先入先出控制用]	○	○	○	○	○	○	○

续表

FNC No.	指令记号	符号	功能	FX3U	FX3UC	FX1S	FX1N	FX2N	FX1NC	FX2NC
数据处理										
40	ZRST	ZRST D1 D2	批次复位	○	○	○	○	○	○	○
41	DECO	DECO S D n	译码	○	○	○	○	○	○	○
42	ENCO	ENCO S D n	编码	○	○	○	○	○	○	○
43	SUM	SUM S D	ON位数	○	○	−	−	○	−	○
44	BON	BON S D n	ON位的判定	○	○	−	−	○	−	○
45	MEAN	MEAN S D n	平均值	○	○	−	−	○	−	○
46	ANS	ANS S m D	信号报警置位	○	○	−	−	○	−	○
47	ANR	ANR	信号报警复位	○	○	−	−	○	−	○
48	SQR	SQR S D	BIN开平方	○	○	−	−	○	−	○
49	FLT	FLT S D	BIN整数→2进制浮点数转换	○	○	−	−	○	−	○
高速处理										
50	REF	REF D n	输入输出刷新	○	○	○	○	○	○	○
51	REFF	REFF n	输入刷新（带滤波器设定）	○	○	−	−	○	−	○
52	MTR	MTR S D1 D2 n	矩阵输入	○	○	○	○	○	○	○
53	HSCS	HSCS S1 S2 D	比较置位（高速计数器用）	○	○	○	○	○	○	○
54	HSCR	HSCR S1 S2 D	比较复位（高速计数器用）	○	○	○	○	○	○	○
55	HSZ	HSZ S1 S2 S D	区间比较（高速计数器用）	○	○	−	−	○	−	○
56	SPD	SPD S1 S2 D	脉冲密度	○	○	○	○	○	○	○
57	PLSY	PLSY S1 S2 D	脉冲输出	○	○	○	○	○	○	○
58	PWM	PWM S1 S2 D	脉宽调制	○	○	○	○	○	○	○
59	PLSR	PLSR S1 S2 S3 D	带加减速的脉冲输出	○	○	○	○	○	○	○

续表

FNC No.	指令记号	符　号	功　能	FX3U	FX3UC	FX1S	FX1N	FX2N	FX1NC	FX2NC
						对应的可编程控制器				
便捷指令										
60	IST	IST S D1 D2	初始化状态	○	○	○	○	○	○	○
61	SER	SER S1 S2 D n	数据检索	○	○	−	−	○	−	○
62	ABSD	ABSD S1 S2 D n	凸轮控制（绝对方式）	○	○	○	○	○	○	○
63	INCD	INCD S1 S2 D n	凸轮控制（相对方式）	○	○	○	○	○	○	○
64	TTMR	TTMR D n	示教定时器	○	○	−	−	○	−	○
65	STMR	STMR S m D	特殊定时器	○	○	−	−	○	−	○
66	ALT	ALT D	交替输出	○	○	○	○	○	○	○
67	RAMP	RAMP S1 S2 D n	斜坡信号	○	○	○	○	○	○	○
68	ROTC	ROTC S m1 m2 D	旋转工作台控制	○	○	−	−	○	−	○
69	SORT	SORT S m1 m2 D n	数据排列	○	○	−	−	○	−	○
外围设备I/O										
70	TKY	TKY S D1 D2	数字键输入	○	○	−	−	○	−	○
71	HKY	HKY S D1 D2 D3	16键输入	○	○	−	−	○	−	○
72	DSW	DSW S D1 D2 n	数字式开关	○	○	○	○	○	○	○
73	SEGD	SEGD S D	7段译码	○	○	−	−	○	−	○
74	SEGL	SEGL S D n	7段码时间分割显示	○	○	○	○	○	○	○
75	ARWS	ARWS S D1 D2 n	箭头开关	○	○	−	−	○	−	○
76	ASC	ASC S D	ASCII 数据输入	○	○	−	−	○	−	○
77	PR	PR S D	ASCII码打印	○	○	−	−	○	−	○
78	FROM	FROM m1 m2 D n	BFM 读出	○	○	−	○	○	−	○
79	TO	TO m1 m2 S n	BFM 写入	○	○	−	○	○	−	○

续表

FNC No.	指令记号	符 号	功 能	FX3u	FX3uc	对应的可编程控制器				
						FX1s	FX1n	FX2n	FX1nc	FX2nc
外部设备（选件设备）										
80	RS	─┤├── RS S m D n	串行数据传送	○	○	○	○	○	○	○
81	PRUN	─┤├── PRUN S D	8进制位传送	○	○	○	○	○	○	○
82	ASCI	─┤├── ASCI S D n	HEX→ ASCII 的转换	○	○	○	○	○	○	○
83	HEX	─┤├── HEX S D n	ASCII →HEX的转换	○	○	○	○	○	○	○
84	CCD	─┤├── CCD S D n	校验码	○	○	○	○	○	○	○
85	VRRD	─┤├── VRRD S D	电位器读出	－	－	○	○	○	○	○
86	VRSC	─┤├── VRSC S D	电位器刻度	－	－	○	○	○	○	○
87	RS2	─┤├─ RS2 S m D n n1	串行数据传送2	○	○	－	－	－	－	－
88	PID	─┤├─ PID S1 S2 S3 D	PID运算	○	○	○	○	○	○	○
89、99	－									
数据传送 2										
100、101	－									
102	ZPUSH	─┤├── ZPUSH D	变址寄存器的批次躲避	○	※5	－	－	－	－	－
103	ZPOP	─┤├── ZPOP D	变址寄存器的恢复	○	※5	－	－	－	－	－
104~109	－									

续表

FNC No.	指令记号	符号	功能	FX3U	FX3UC	对应的可编程控制器				
						FX1S	FX1N	FX2N	FX1NC	FX2NC
浮点数										
110	ECMP	ECMP S1 S2 D	2进制浮点数比较	○	○	–	–	○	–	○
111	EZCP	EZCP S1 S2 S D	2进制浮点数区间比较	○	○	–	–	○	–	○
112	EMOV	EMOV S D	2进制浮点数数据传送	○	○	–	–	○	–	○
113~115	—									
116	ESTR	ESTR S1 S2 D	2进制浮点数→字符串的转换	○	○	–	–	–	–	–
117	EVAL	EVAL S D	字符串→2进制浮点数的转换	○	○	–	–	–	–	–
118	EBCD	EBCD S D	2进制浮点数→10进制浮点数的转换	○	○	–	–	○	–	○
119	EBIN	EBIN S D	10进制浮点数→2进制浮点数的转换	○	○	–	–	○	–	○
120	EADD	EADD S1 S2 D	2进制浮点数加法运算	○	○	–	–	○	–	○
121	ESUB	ESUB S1 S2 D	2进制浮点数减法运算	○	○	–	–	○	–	○
122	EMUL	EMUL S1 S2 D	2进制浮点数乘法运算	○	○	–	–	○	–	○
123	EDIV	EDIV S1 S2 D	2进制浮点数除法运算	○	○	–	–	○	–	○
124	EXP	EXP S D	2进制浮点数指数运算	○	○	–	–	–	–	–
125	LOGE	LOGE S D	2进制浮点数自然对数运算	○	○	–	–	–	–	–
126	LOG10	LOG10 S D	2进制浮点数常用对数运算	○	○	–	–	–	–	–
127	ESQR	ESQR S D	2进制浮点数开平方运算	○	○	–	–	○	–	○
128	ENEG	ENEG D	2进制浮点数符号翻转	○	○	–	–	–	–	–
129	INT	INT S D	2进制浮点数→BIN 整数的转换	○	○	–	–	○	–	○

续表

FNC No.	指令记号	符号	功能	FX3U	FX3UC	FX1S	FX1N	FX2N	FX1NC	FX2NC
浮点数										
130	SIN	─┤├─ SIN S D	2进制浮点数SIN运算	○	○	–	–	○	–	○
131	COS	─┤├─ COS S D	2进制浮点数COS运算	○	○	–	–	○	–	○
132	TAN	─┤├─ TAN S D	2进制浮点数TAN运算	○	○	–	–	○	–	○
133	ASIN	─┤├─ ASIN S D	2进制浮点数SIN-1运算	○	○	–	–	–	–	–
134	ACOS	─┤├─ ACOS S D	2进制浮点数COS-1运算	○	○	–	–	–	–	–
135	ATAN	─┤├─ ATAN S D	2进制浮点数TAN-1运算	○	○	–	–	–	–	–
136	RAD	─┤├─ RAD S D	2进制浮点数角度→弧度的转换	○	○	–	–	–	–	–
137	DEG	─┤├─ DEG S D	2进制浮点数弧度→角度的转换	○	○	–	–	–	–	–
138, 139										
浮点数										
140	WSUM	─┤├─ WSUM S D n	算出数据合计值	○	※5	–	–	–	–	–
141	WTOB	─┤├─ WTOB S D n	字节单位的数据分离	○	※5	–	–	–	–	–
142	BTOW	─┤├─ BTOW S D n	字节单位的数据结合	○	※5	–	–	–	–	–
143	UNI	─┤├─ UNI S D n	16位数据的4位结合	○	※5	–	–	–	–	–
144	DIS	─┤├─ DIS S D n	16位数据的4位分离	○	※5	–	–	–	–	–
145, 146	–									
147	SWAP	─┤├─ SWAP S	上下字节转换	○	○	–	–	○	–	○
148	–									
149	SORT2	─┤├─ SORT2 S m1 m2 D n	数据排列2	○		–	–	–	–	–

续表

FNC No.	指令记号	符 号	功 能	FX3U	FX3UC	对应的可编程控制器				
						FX1S	FX1N	FX2N	FX1NC	FX2NC
定位										
150	DSZR	⊢⊦—DSZR S1 S2 D1 D2⊣	带DOG搜索的原点回归	○	※4	–	–	–	–	–
151	DVIT	⊢⊦—DVIT S1 S2 D1 D2⊣	中断定位	○	※2,4	–	–	–	–	–
152	TBL	⊢⊦—TBL D n⊣	表格设定定位	○	※5	–	–	–	–	–
153, 154	–									
155	ABS	⊢⊦—ABS S D1 D2⊣	读出ABS当前值	○	○	○	○	※1	○	※1
156	ZRN	⊢⊦—ZRN S1 S2 S3 D⊣	原点返回	○	※4	○	○	–	○	–
157	PLSV	⊢⊦—PLSV S D1 D2⊣	可变速脉冲输出	○	○	○	○	–	○	–
158	DRVI	⊢⊦—DRVI S1 S2 D1 D2⊣	相对定位	○	○	○	○	–	○	–
159	DRVA	⊢⊦—DRVA S1 S2 D1 D2⊣	绝对定位	○	○	○	○	–	○	–
时钟运算										
160	TCMP	⊢⊦—TCMP S1 S2 S3 S D⊣	时钟数据比较	○	○	○	○	○	○	○
161	TZCP	⊢⊦—TZCP S1 S2 S D⊣	时钟数据区间比较	○	○	○	○	○	○	○
162	TADD	⊢⊦—TADD S1 S2 D⊣	时钟数据加法运算	○	○	○	○	○	○	○
163	TSUB	⊢⊦—TSUB S1 S2 D⊣	时钟数据减法运算	○	○	○	○	○	○	○
164	HTOS	⊢⊦—HTOS S D⊣	小时，分，秒数据的秒转换	○	○	–	–	–	–	–
165	STOH	⊢⊦—STOH S D⊣	秒数据的[小时，分，秒]转换	○	○	○	○	○	○	○
166	TRD	⊢⊦—TRD D⊣	时钟数据读出	○	○	○	○	○	○	○
167	TWR	⊢⊦—TWR S⊣	时钟数据写入	○	○	○	○	○	○	○
168	–									
169	HOUR	⊢⊦—HOUR S D1 D2⊣	计时	○	○	○	○	※1	○	※1

FNC No.	指令记号	符　号	功　能	FX3U	FX3UC	对应的可编程控制器				
						FX1S	FX1N	FX2N	FX1NC	FX2NC
外部设备										
170	GRY	⊣⊢——[GRY | S | D]	格雷码的转换	○	○	–	–	○	–	○
171	GBIN	⊣⊢——[GBIN | S | D]	格雷码的逆转换	○	○	–	–	○	–	○
172~ 175	—									
176	RD3A	⊣⊢——[RD3A | m1|m2 | D]	模拟量模块的读出	○	○	–	○	※1	○	※1
177	WR3A	⊣⊢——[WR3A | m1|m2 | S]	模拟量模块的写入	○	○	–	○	※1	○	※1
178, 179	—									
扩展功能										
180	EXTR	⊣⊢——[EXTR | S |SD1|SD2|SD3]	扩展ROM功能(FX2N/FX2NC)	–	–	–	–	※1	–	※1
其他指令										
181	—									
182	COMRD	⊣⊢——[COMRD | S | D]	读出软元件的注释数据	○	※5	–	–	–	–	–
183	—									
184	RND	⊣⊢——[RND | D]	产生随机数	○	○	–	–	–	–	–
185	—									
186	DUTY	⊣⊢——[DUTY | n1 | n2 | D]	出现定时脉冲	○	※5	–	–	–	–	–
187	—									
188	CRC	⊣⊢——[CRC | S | D | n]	CRC 运算	○	○	–	–	–	–	–
189	HCMOV	⊣⊢——[HCMOV | S | D | n]	高速计数器传送	○	※4	–	–	–	–	–
数据块的处理										
190, 191	—									
192	BK+	⊣⊢——[BK+ | S1 | S2 | D | n]	数据块加法运算	○	※5	–	–	–	–	–
193	BK–	⊣⊢——[BK– | S1 | S2 | D | n]	数据块减法运算	○	※5	–	–	–	–	–

续表

FNC No.	指令记号	符 号	功 能	FX3U	FX3UC	对应的可编程控制器				
						FX1S	FX1N	FX2N	FX1NC	FX2NC
数据块的处理										
194	BKCMP=	⊢⊢— BKCMP= S1 S2 D n ⊣	数据块的比较 (S1)=(S2)	○	※5	–	–	–	–	–
195	BKCMP>	⊢⊢— BKCMP> S1 S2 D n ⊣	数据块的比较 (S1)>(S2)	○	※5	–	–	–	–	–
196	BKCMP<	⊢⊢— BKCMP< S1 S2 D n ⊣	数据块的比较 (S1)<(S2)	○	※5	–	–	–	–	–
197	BKCMP<>	⊢⊢— BKCMP<> S1 S2 D n ⊣	数据块的比较 (S1)≠(S2)	○	※5	–	–	–	–	–
198	BKCMP<=	⊢⊢— BKCMP<= S1 S2 D n ⊣	数据块的比较 (S1)≦(S2)	○	※5	–	–	–	–	–
199	BKCMP>=	⊢⊢— BKCMP>= S1 S2 D n ⊣	数据块的比较 (S1)≧(S2)	○	※5	–	–	–	–	–
字符串的控制										
200	STR	⊢⊢— STR S1 S2 D ⊣	BIN→字符串的转换	○	※5	–	–	–	–	–
201	VAL	⊢⊢— VAL S D1 D2 ⊣	字符串→BIN的转换	○	※5	–	–	–	–	–
202	$+	⊢⊢— $+ S1 S2 D ⊣	字符串的合并	○	○	–	–	–	–	–
203	LEN	⊢⊢— LEN S D ⊣	检测出字符串的长度	○	○	–	–	–	–	–
204	RIGHT	⊢⊢— RIGHT S D n ⊣	从字符串的右侧开始取出	○	○	–	–	–	–	–
205	LEFT	⊢⊢— LEFT S D n ⊣	从字符串的左侧开始取出	○	○	–	–	–	–	–
206	MIDR	⊢⊢— MIDR S1 D S2 ⊣	从字符串中任意取出	○	○	–	–	–	–	–
207	MIDW	⊢⊢— MIDW S1 D S2 ⊣	字符串中的任意替换	○	○	–	–	–	–	–
208	INSTR	⊢⊢— INSTR S1 S2 D n ⊣	字符串的检索	○	※5	–	–	–	–	–
209	$MOV	⊢⊢— $MOV S D ⊣	字符串的传送	○	○	–	–	–	–	–
数据处理3										
210	FDEL	⊢⊢— FDEL S D n ⊣	数据表的数据删除	○	※5	–	–	–	–	–
211	FINS	⊢⊢— FINS S D n ⊣	数据表的数据插入	○	※5	–	–	–	–	–
212	POP	⊢⊢— POP S D n ⊣	后入的数据读取 [后入先出控制用]	○	○	–	–	–	–	–

续表

FNC No.	指令记号	符 号	功 能	FX3U	FX3UC	对应的可编程控制器 FX1S	FX1N	FX2N	FX1NC	FX2NC
数据处理3										
213	SFR	⊢⊢ SFR D n	16位数据n位右移（带进位）	○	○	–	–	–	–	–
214	SFL	⊢⊢ SFL D n	16位数据n位左移（带进位）	○	○	–	–	–	–	–
215~219	—									
触点比较										
220~223	—			○	○	○	○	○	○	○
224	LD=	⊢ LD= S1 S2	触点比较LD $(S1)=(S2)$	○	○	○	○	○	○	○
225	LD>	⊢ LD> S1 S2	触点比较LD $(S1)>(S2)$	○	○	○	○	○	○	○
226	LD<	⊢ LD< S1 S2	触点比较LD $(S1)<(S2)$	○	○	○	○	○	○	○
227	—									
228	LD<>	⊢ LD<> S1 S2	触点比较LD $(S1)\neq(S2)$	○	○	○	○	○	○	○
229	LD<=	⊢ LD<= S1 S2	触点比较LD $(S1)\geqq(S2)$	○	○	○	○	○	○	○
230	LD>=	⊢ LD>= S1 S2	触点比较LD $(S1)\geqq(S2)$	○	○	○	○	○	○	○
231	—									
232	AND=	⊢⊢ AND= S1 S2	触点比较AND $(S1)=(S2)$	○	○	○	○	○	○	○
233	AND>	⊢⊢ AND> S1 S2	触点比较AND $(S1)>(S2)$	○	○	○	○	○	○	○
234	AND<	⊢⊢ AND< S1 S2	触点比较AND $(S1)<(S2)$	○	○	○	○	○	○	○
235	—									
236	AND<>	⊢⊢ AND<> S1 S2	触点比较AND $(S1)\neq(S2)$	○	○	○	○	○	○	○
237	AND<=	⊢⊢ AND<= S1 S2	触点比较AND $(S1)\geqq(S2)$	○	○	○	○	○	○	○
238	AND>=	⊢⊢ AND>= S1 S2	触点比较AND $(S1)\geqq(S2)$	○	○	○	○	○	○	○
239	—									

高职高专计算机实用规划教材——案例驱动与项目实践

续表

FNC No.	指令记号	符 号	功 能	FX3U	FX3UC	对应的可编程控制器				
						FX1S	FX1N	FX2N	FX1NC	FX2NC
触点比较										
240	OR=	┤├──◯ ┤OR= S1 S2├	触点比较OR $\boxed{S1} = \boxed{S2}$	○	○	○	○	○	○	○
241	OR>	┤├──◯ ┤OR > S1 S2├	触点比较OR $\boxed{S1} > \boxed{S2}$	○	○	○	○	○	○	○
242	OR<	┤├──◯ ┤OR < S1 S2├	触点比较OR $\boxed{S1} < \boxed{S2}$	○	○	○	○	○	○	○
243	—									
244	OR<>	┤├──◯ ┤OR<> S1 S2├	触点比较OR $\boxed{S1} \neq \boxed{S2}$	○	○	○	○	○	○	○
245	OR<=	┤├──◯ ┤OR<= S1 S2├	触点比较OR $\boxed{S1} \geqslant \boxed{S2}$	○	○	○	○	○	○	○
246	OR>=	┤├──◯ ┤OR>= S1 S2├	触点比较OR $\boxed{S1} \geqslant \boxed{S2}$	○	○	○	○	○	○	○
247~ 249	—									
数据表的处理										
250~ 255	—									
256	LIMIT	┤├─┤LIMIT S1 S2 S3 D├	上下限限位控制	○	○	—	—	—	—	—
257	BAND	┤├─┤BAND S1 S2 S3 D├	死区控制	○	○	—	—	—	—	—
258	ZONE	┤├─┤ZONE S1 S2 S3 D├	区域控制	○	○	—	—	—	—	—
259	SCL	┤├─┤SCL S1 S2 D├	定标（不同点坐标数据）	○	○	—	—	—	—	—
260	DABIN	┤├─┤DABIN S D├	十进制ASCII→BIN的转换	○	※5	—	—	—	—	—
261	BINDA	┤├─┤BINDA S D├	BIN→十进制ASCII的转换	○	※5	—	—	—	—	—
262~ 268	—									
269	SCL2	┤├─┤SCL2 S1 S2 D├	定标2（X/Y坐标数据）	○	※3	—	—	—	—	—

续表

FNC No.	指令记号	符 号	功 能	FX3U	FX3UC	FX1S	FX1N	FX2N	FX1NC	FX2NC
外部设备通信（变频器通信）										
270	IVCK	IVCK S1 S2 D n	变频器的运行监控	○	○	-	-	-	-	-
271	IVDR	IVDR S1 S2 S3 n	变频器的运行控制	○	○	-	-	-	-	-
272	IVRD	IVRD S1 S2 D n	变频器的参数读取	○	○	-	-	-	-	-
273	IVWR	IVWR S1 S2 S3 n	变频器的参数写入	○	○	-	-	-	-	-
274	IVBWR	IVBWR S1 S2 S3 n	变频器的参数成批写入	○	○	-	-	-	-	-
275~277	—									
数据传送 3										
278	RBFM	RBFM m1 m2 D n1 n2	BFM分割读出	○	※5	-	-	-	-	-
279	WBFM	WBFM m1 m2 S n1 n2	BFM分割写入	○	※5	-	-	-	-	-
高速处理 2										
280	HSCT	HSCT S1 m S2 D n	高速计数器表比较	○	○	-	-	-	-	-
281~289	—									
扩展文件寄存器的控制										
290	LOADR	LOADR S n	读出扩展文件寄存器	○	○	-	-	-	-	-
291	SAVER	SAVER S m D	扩展文件寄存器的一并写入	○	○	-	-	-	-	-
292	INITR	INITR S m	扩展寄存器的初始化	○	○	-	-	-	-	-
293	LOGR	LOGR S m D1 n D2	存入扩展寄存器	○	○	-	-	-	-	-
294	RWER	RWER S n	扩展文件寄存器的删除·写入	○	※3	-	-	-	-	-
295	INITER	INITER S n	扩展文件寄存器的初始化	○	※3	-	-	-	-	-
296~299	—									

*1：FX₂N/FX₂NC 系列 Ver.3.00 以上产品中对应   *4：FX₃UC 系列 Ver.2.20 以上产品中可以更改功能

*2：FX₃UC 系列 Ver.1.30 以上产品中可以更改功能   *5：FX₃UC 系列 Ver.2.20 以上产品中对应

*3：FX₃UC 系列 Ver.1.30 以上产品中对应

参 考 文 献

[1] FX3G·FX3U·FX3UC 系列微型可编程控制器编程手册(基本·应用指令说明书). 三菱电机自动化(上海)有限公司，2009.

[2] FX3U 系列微型可编程控制器用户手册——硬件篇. 三菱电机自动化(上海)有限公司，2012.

[3] 俞国亮. PLC 原理与应用[M]. 北京：清华大学出版社，2005.

[4] 高钦和. PLC 应用开发案例精选[M]. 2 版. 北京：人民邮电出版社，2008.

[5] 阮友德. 电气控制与 PLC 实训教程[M]. 北京：人民邮电出版社，2006.

[6] 王兆义. 可编程控制器教程[M]. 北京：机械工业出版社，2005.

[7] 郑凤翼，等. 图解 PLC 控制系统梯形图和语句表[M]. 北京：人民邮电出版社，2006.

[8] FX1S、FX1N、FX2N、FX2NC 编程手册[M]. 三菱电机自动化(上海)有限公司，2006.

[9] 郁汉琪. 电气控制与可编程序控制器应用技术[M]. 南京：东南大学出版社，2003.

[10] 陈苏波，等. 三菱 PLC 快速入门与实例提高[M]. 北京：人民邮电出版社，2008.

[11] 王万丽，等. 三菱系列 PLC 原理及应用[M]. 北京：人民邮电出版社，2009.

[12] 杨青杰，等. 三菱 FX 系列 PLC 应用系统设计指南[M]. 北京：机械工业出版社，2008.